U0387610

21世纪高等学校规划教材 | 计算机应用

C语言程序设计实践教程
——基于VS2010环境

刘光蓉　汪靖　陆登波　杨建红　编著

清华大学出版社

北　京

内 容 简 介

本书以培养计算思维为导向,以应用为背景,面向编程实践和问题求解能力训练,针对C语言每个知识点,精心设计实验内容,由浅入深、循序渐进,全面、系统地介绍了面向计算思维的C语言程序设计实践。全书共11章,内容包含面向计算思维的C语言程序设计上机实践;Visual Studio 2010环境下C语言程序设计与调试;C语言程序设计基础;C语言程序基本结构;用数组处理批量数据;用函数实现模块化程序设计;指针;编译预处理;结构体、共用体与链表;位运算和文件;综合项目——歌手比赛系统设计。

本书注重基础知识讲解和综合应用训练,具有很强的通用性和实用性,既适用于程序设计的初学者,也适用于想更深入了解C语言的进阶者。

本书可作为高等学校各专业的C语言程序设计课程实践教材、C语言课程设计指导教材,也可作为计算机等级考试、计算机爱好者及自学人员的参考用书。

图书在版编目(CIP)数据

C语言程序设计实践教程:基于VS2010环境/刘光蓉等编著.—北京:清华大学出版社,2020.2(2024.1重印)
21世纪高等学校规划教材·计算机应用
ISBN 978-7-302-54672-6

Ⅰ.①C… Ⅱ.①刘… Ⅲ.①C语言—程序设计—高等学校—教材 Ⅳ.①TP312.8

中国版本图书馆CIP数据核字(2019)第286090号

责任编辑:陈景辉 黄 芝
封面设计:傅瑞学
责任校对:李建庄
责任印制:杨 艳

出版发行:清华大学出版社
   网   址:https://www.tup.com.cn,https://www.wqxuetang.com
   地   址:北京清华大学学研大厦A座   邮 编:100084
   社 总 机:010-83470000   邮 购:010-62786544
   投稿与读者服务:010-62776969,c-service@tup.tsinghua.edu.cn
   质量反馈:010-62772015,zhiliang@tup.tsinghua.edu.cn
   课件下载:https://www.tup.com.cn,010-83470236
印 装 者:北京同文印刷有限责任公司
经 销:全国新华书店
开 本:185mm×260mm 印 张:25   字 数:605千字
版 次:2020年2月第1版   印 次:2024年1月第5次印刷
印 数:6501~8000
定 价:59.90元

产品编号:085051-01

出 版 说 明

随着我国改革开放的进一步深化,高等教育也得到了快速发展,各地高校紧密结合地方经济建设发展需要,科学运用市场调节机制,加大了使用信息科学等现代科学技术提升、改造传统学科专业的投入力度,通过教育改革合理调整和配置了教育资源,优化了传统学科专业,积极为地方经济建设输送人才,为我国经济社会的快速、健康和可持续发展以及高等教育自身的改革发展做出了巨大贡献。但是,高等教育质量还需要进一步提高以适应经济社会发展的需要,不少高校的专业设置和结构不尽合理,教师队伍整体素质亟待提高,人才培养模式、教学内容和方法需要进一步转变,学生的实践能力和创新精神亟待加强。

教育部一直十分重视高等教育质量工作。2007 年 1 月,教育部下发了《关于实施高等学校本科教学质量与教学改革工程的意见》,计划实施"高等学校本科教学质量与教学改革工程(简称'质量工程')",通过专业结构调整、课程教材建设、实践教学改革、教学团队建设等多项内容,进一步深化高等学校教学改革,提高人才培养的能力和水平,更好地满足经济社会发展对高素质人才的需要。在贯彻和落实教育部"质量工程"的过程中,各地高校发挥师资力量强、办学经验丰富、教学资源充裕等优势,对其特色专业及特色课程(群)加以规划、整理和总结,更新教学内容、改革课程体系,建设了一大批内容新、体系新、方法新、手段新的特色课程。在此基础上,经教育部相关教学指导委员会专家的指导和建议,清华大学出版社在多个领域精选各高校的特色课程,分别规划出版系列教材,以配合"质量工程"的实施,满足各高校教学质量和教学改革的需要。

为了深入贯彻落实教育部《关于加强高等学校本科教学工作,提高教学质量的若干意见》精神,紧密配合教育部已经启动的"高等学校教学质量与教学改革工程精品课程建设工作",在有关专家、教授的倡议和有关部门的大力支持下,我们组织并成立了"清华大学出版社教材编审委员会"(以下简称"编委会"),旨在配合教育部制定精品课程教材的出版规划,讨论并实施精品课程教材的编写与出版工作。"编委会"成员皆来自全国各类高等学校教学与科研第一线的骨干教师,其中许多教师为各校相关院、系主管教学的院长或系主任。

按照教育部的要求,"编委会"一致认为,精品课程的建设工作从开始就要坚持高标准、严要求,处于一个比较高的起点上;精品课程教材应该能够反映各高校教学改革与课程建设的需要,要有特色风格、有创新性(新体系、新内容、新手段、新思路,教材的内容体系有较高的科学创新、技术创新和理念创新的含量)、先进性(对原有的学科体系有实质性的改革和发展,顺应并符合 21 世纪教学发展的规律,代表并引领课程发展的趋势和方向)、示范性(教材所体现的课程体系具有较广泛的辐射性和示范性)和一定的前瞻性。教材由个人申报或各校推荐(通过所在高校的"编委会"成员推荐),经"编委会"认真评审,最后由清华大学出版社审定出版。

目前,针对计算机类和电子信息类相关专业成立了两个"编委会",即"清华大学出版社计算机教材编审委员会"和"清华大学出版社电子信息教材编审委员会"。推出的特色精品教材包括:

(1) 21世纪高等学校规划教材·计算机应用——高等学校各类专业,特别是非计算机专业的计算机应用类教材。

(2) 21世纪高等学校规划教材·计算机科学与技术——高等学校计算机相关专业的教材。

(3) 21世纪高等学校规划教材·电子信息——高等学校电子信息相关专业的教材。

(4) 21世纪高等学校规划教材·软件工程——高等学校软件工程相关专业的教材。

(5) 21世纪高等学校规划教材·信息管理与信息系统。

(6) 21世纪高等学校规划教材·财经管理与应用。

(7) 21世纪高等学校规划教材·电子商务。

(8) 21世纪高等学校规划教材·物联网。

清华大学出版社经过三十多年的努力,在教材尤其是计算机和电子信息类专业教材出版方面树立了权威品牌,为我国的高等教育事业做出了重要贡献。清华版教材形成了技术准确、内容严谨的独特风格,这种风格将延续并反映在特色精品教材的建设中。

清华大学出版社教材编审委员会

联系人:魏江江

E-mail:weijj@tup.tsinghua.edu.cn

前　言

　　程序设计是一门非常重要的课程,其重要性不仅仅体现在一般意义上的程序编制,更体现在培养读者计算思维能力,引导读者实现问题求解思维方式的转换。本教材以 Visual Studio 2010 为编程环境,以 C 语言为工具,从初学者的需求出发,面向编程实践和问题求解能力训练,针对 C 语言每个知识点精心设计实验内容,模拟这些知识点在实际生活中的运用,真正做到了知识的由浅入深、由易到难,启发引导读者循序渐进地编写规模逐渐加大的程序,让读者在不知不觉中逐步加深对 C 语言程序设计方法的了解和掌握的同时,培养计算思维能力,掌握计算思维方法。本教材的编写以新工科为背景,在面向工程应用型人才培养方面进行了有益的探索。

　　全书共 11 章,内容包含面向计算思维的 C 语言程序设计上机实践;Visual Studio 2010 环境下 C 语言程序设计与调试;C 语言程序设计基础;C 语言程序基本结构;用数组处理批量数据;用函数实现模块化程序设计;善于利用指针;编译预处理;结构体、共用体与链表;位运算和文件;综合项目——歌手比赛系统设计。

　　本书注重教材的易用易学性,每章开头都有关于本章的思维导图,便于指导读者阅读。第 1 章让读者明确 C 语言上机实践的目的即为计算思维能力的培养。第 2 章让读者熟悉 C 语言的 Visual Studio 2010 上机实践环境。第 3～10 章是核心部分,涵盖 C 语言全部知识,每章节基本框架结构为知识点介绍、实验部分、练习与思考、综合应用、常见问题集锦、实践拓展。本书在保证知识体系完整的基础上精简了 C 语言教学内容。实验题从"巩固基础(实验部分)、综合设计(综合应用)、创新应用(实践拓展)"三个层次进行设计,内容兼具趣味性和实用性。实验题型则结合当前计算机等级考试要求,分为程序填空、程序改错、程序设计。练习与思考题型为选择题和填空题,以巩固基本知识点和强化程序设计阅读为目的。第 11 章通过综合项目的训练,帮助读者掌握知识、提高能力,培养创新精神。

　　配套资源

　　扫描下述二维码,即可观看下载。

　　(1) 全书程序采用统一的代码规范编写,并且在编码中注重程序的可读性,可以扫描二维码下载源程序。

　　(2) 常见问题集锦以表格形式给出本章知识点常见问题实例、错误原因、错误类型,帮助读者发现问题、分析问题、解决问题。

　　(3) 参考答案。

源程序　　　　　　　　　　问题集锦　　　　　　　　　　参考答案

　　本书既适用于程序设计的初学者,也适用于想要深入了解 C 语言的进阶者,还可以作为计算机等级考试的参考用书。

　　本书的编写由任职于武汉轻工大学,具有多年从事计算机基础教学经验的一线教师刘光蓉、汪靖、陆登波、杨建红编写。前言、第 1～4、第 11 章由刘光蓉编写,第 5～6 章由陆登波编写,第 7～8 章由杨建红编写,第 9～10 章由汪靖编写,各章参考答案由承担该章编写任务的作者完成。

　　本书的编写得到武汉轻工大学校领导、教务处、数学与计算机学院领导的悉心指导与支持,同时,计算机基础教研室的全体教师对本书提出了许多宝贵的意见和建议。在此,一并表示深深的感谢!

　　由于时间紧迫以及作者水平有限,书中难免有不足之处,恳请批评和指正!

作　者

2020 年 1 月

目　录

面向计算思维的C语言程序设计上机实践

随着计算学科的蓬勃发展,计算机技术已经渗透人类生活的各个方面,社会的各个领域都需要用到计算学科的知识和方法,人们正以各种形式和方法生活在计算的世界中,因此,社会对人才的需求不再停留在仅仅会用计算机的阶段。

程序设计语言是培养计算思维的一个最直接、最具操作性的平台,它对问题的分析、求解、实现等过程能够充分体现出计算思维抽象和自动化的本质。因此,在 C 语言程序设计上机实践中融入计算思维能力培养,不仅能为学生的编程学习和应用研究打下坚实的基础,还能培养学生养成用计算思维思考和解决问题的习惯。

为方便读者了解和学习本章的内容,本章思维导图如图 1-1 所示。

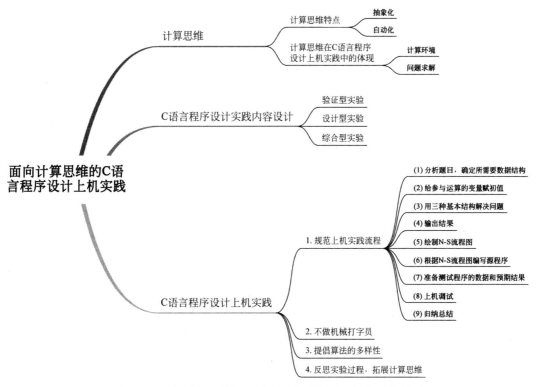

图 1-1　"面向计算思维的 C 语言程序设计上机实践"思维导图

1.1 计算思维

1. 计算思维特点

2006年,周以真教授在 *Computational Thinking* 中提出计算思维的概念:计算思维是运用计算机科学的基础概念求解问题、设计系统和理解人类的行为。计算思维是人的、根本的、概念化的思维方式,是数学和工程思维的互补与融合,是思想而不是人造物,其本质是抽象(abstraction)和自动化(automation)。抽象是通过简化、转换、递归、嵌入等方法,将一个复杂问题转换成许多简单的子问题并进行求解的过程,这是所有科学发现的必然过程;自动化是充分利用计算机运算能力实现问题求解,弥补人的计算缺陷,丰富计算机的应用范围。因此,计算思维是一种形式规整、问题求解和人机共存的思维。

2. 计算思维在 C 语言程序设计上机实践中的体现

大学教育最主要的目标是培养学生综合素质与能力,而计算机基础教学在实现大学教育目标方面起着非常重要的作用。教育部高等学校计算机基础课程教学指导委员会提出了大学计算机基础教育 4 个方面的能力培养目标:对计算机的认知能力;应用计算机解决问题的能力;基于网络的学习能力;依托信息技术的共处能力。这 4 个方面的能力目标中,对计算机的认知能力和应用计算机的问题求解能力,恰好反映了计算思维的两个核心要素:计算环境和问题求解。

C 语言程序设计是一门实践性很强的学科,C 语言编程能力必须依靠上机实践,不断地"思考—编程—调试—运行—反思",进而逐步提高。C 语言是高度过程化的计算机编程语言,结构非常严谨,需要格外注意其语法和语义的准确性和完整性,需要在大量的上机实践中培养编程者的良好习惯和注意度。计算思维将问题引入、归纳、分解、进而求解的过程与C 语言自顶向下、逐步求精、模块化的设计思路是类似的。因此,在 C 语言程序设计上机实践中融入计算思维,可以让学生通过实践确实感受和领悟计算机问题求解的基本方法和思维模式,为提高学生综合素质,培养学生创新能力奠定坚实的基础。

1.2 面向计算思维的 C 语言程序设计实践内容设计

本书以"理论够用、突出实践"为原则,将 C 语言相关知识点进行细分,归纳整理《C 语言程序设计》课程教学内容逻辑框架如图 1-2 所示。

《C 语言程序设计》课程知识逻辑框架,具有很强的理论性、实用性和创新性。将计算思维融入具体的上机实践过程中,一方面可以简化学习内容,降低学习难度,激发学生的学习兴趣;另一方面可以培养计算思维,提高计算机的综合应用能力和创新能力。鉴于此,每个模块的上机实践内容采用循序渐进、由浅入深的方法,具体分为以下 3 个方面:

(1) 验证型实验,使学生熟悉 C 语言程序设计计算环境;

(2) 设计型实验,培养学生计算思维;

(3) 综合型实验,培养学生应用和创新意识。

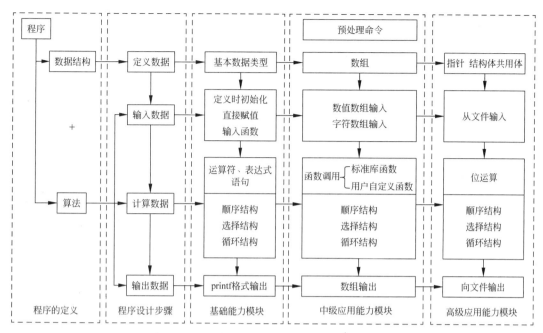

图 1-2 《C语言程序设计》课程教学内容逻辑框架

1.3 面向计算思维的 C 语言程序设计上机实践

C 语言程序设计上机实践是提高实践能力、积累经验、学懂计算思维方式的重要环节，是锻炼学生对计算思维方法的运用、探索解决实际问题的重要过程。因此，C 语言程序设计课程在重视理论学习的同时，也重视以培养计算思维为导向的上机实践。让学生在编程过程中学习知识，在学习过程中拓展思维。

1. 规范上机实践流程

规范的上机实践流程，能够使学生养成一个良好的学习和思维习惯，提高学生分析问题、解决问题的能力。对于每次实践内容，按照"课前预习—上机调试—归纳总结"的顺序依次进行，对于每一个题目都按如下步骤进行。

（1）分析题目，确定所需数据结构；

（2）给参与运算的变量赋初值；

（3）用 3 种基本结构解决问题；

（4）输出结果；

（5）绘制 N-S 流程图；

（6）根据 N-S 流程图编写源程序；

（7）准备测试程序的数据和预期结果；

（8）上机调试；

（9）归纳总结。

2. 不做机械打字员

学生在上机输入、编辑和调试程序时,对于上机过程中出现的问题,除了因系统而引起的问题以外,一般应先尝试独立处理,不要轻易地举手问老师。在编译链接出现"出错信息"提示信息时,将错误信息记录下来,分析自己是犯了什么错误导致编译链接时出现这样的提示信息,避免下次犯相同的错误,下次即使犯了相同的错误也可以很快地修改错误。在上机调试程序时养成独立分析判断问题的能力,是学习调试程序的最好机会。

3. 提倡算法的多样性

在 C 语言程序设计上机实践中,提倡用算法的多样性培养学生的计算思维能力,培养学生的创新意识、探索精神和问题求解能力。在设计实践内容时,鼓励同学们编写各种程序来实现同一个计算任务,鼓励改写别人编写的程序,从而提高同学们计算思维的多样性和灵活性。

在倡导算法多样性同时,还需要对算法进行反思和探索,从而达到简化并优化算法的目的。例如,在判断一个数是几位数时,同学们最常用的算法是利用选择结构判断,而当一个数是 5 位或更多时,利用选择结构就比较复杂了。因此,学会利用循环实现一个数位数的判断,以达到提高算法的编写和执行效率的目的。

4. 反思实践过程,拓展计算思维

上机实践结束后,需要对本次实践内容进行反思、归纳与总结,这是训练思维、优化思维品质、促进知识同化和迁移的极好途径。反思的内容包括对上机实践结果的反思,对解题思路、分析过程、程序编写、程序执行过程的反思,对本实践所涉及的知识点的反思等。还希望同学们能以小组为单位交流讨论、集思广益、取长补短,获得更多的学习信息量,在交流反思中,使计算思维能力得到拓展。

Visual Studio 2010环境下 C语言程序设计与调试

Microsoft Visual Studio(简称 VS)是美国微软公司的开发工具包系列产品,是当前最流行的 Windows 平台应用程序的集成开发环境。目前全国计算机等级考试二级 C 语言程序设计考试环境是 Microsoft Visual Studio 2010,该版本的开发工具有功能全面、界面友好等特点。本章主要讲解 C 语言程序的开发步骤及在 Microsoft Visual Studio 2010 环境下如何实现 C 语言程序设计与调试。

为方便读者了解和学习本章内容,绘制本章思维导图,如图 2-1 所示。

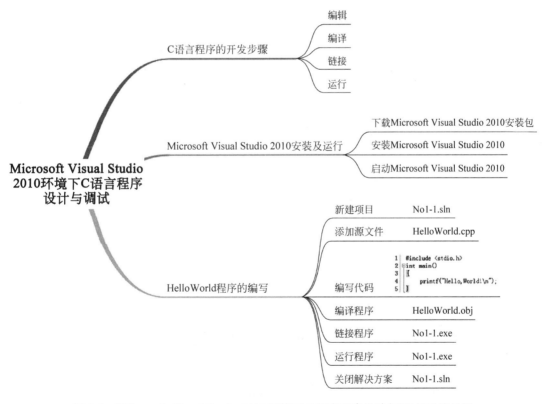

图 2-1 "Microsoft Visual Studio 2010 环境下 C 语言程序设计与调试"思维导图

2.1 C语言程序的开发步骤

上机实践是学习程序设计语言时必不可少的一个实践环节,特别是 C 语言具有灵活、简洁等特点,更需要通过实际的编程实践真正掌握它。程序设计语言的学习目的可以概括为学习语法规则、掌握程序设计方法和提高程序开发能力这 3 个方面,而这些都必须通过充分的上机实践操作才能完成。在明确上机实践的目的与要求前,首先必须了解 C 语言程序的开发步骤。

用高级语言编写的程序被称为源文件,需要将其转换为二进制机器代码才能在计算机上运行。转换过程分为编译和链接,首先需要对源文件进行编译,生成的文件被称为目标文件,然后将目标文件进行链接,生成的文件被称为可执行文件。可执行文件可以在计算机上运行。C 语言程序的开发步骤如图 2-2 所示。

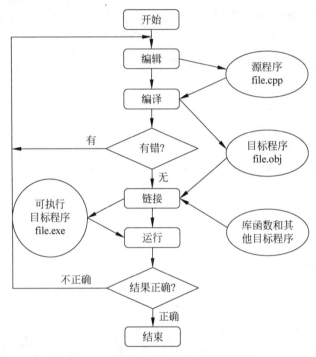

图 2-2 C语言程序的开发步骤示意图

2.2 Microsoft Visual Studio 2010 安装及运行

2.2.1 安装并启动 Microsoft Visual Studio 2010

从微软的官网下载 Microsoft Visual Studio 2010 安装包,也可以扫码下载安装包。解压安装包,运行 setup. exe 安装文件,按照向导、耐心等待完成 Microsoft Visual Studio 2010 的安装。运行文件一般默认路径为“C:\Program Files\Microsoft Visual Studio 10.0\

Common7\IDE\devenv. exe",可以在此路径下双击 devenv. exe 文件启动 Microsoft Visual Studio 2010,还可以在"开始"菜单中启动 Microsoft Visual Studio 2010,如图 2-3 所示。

图 2-3 在"开始"菜单中启动 Microsoft Visual Studio 2010

第一次启动 Microsoft Visual Studio 2010 开发工具,需要一段时间进行准备。准备完成后显示起始页,如图 2-4 所示,至此,说明 Microsoft Visual Studio 2010 启动成功。

图 2-4 Microsoft Visual Studio 2010 起始页

2.2.2 Microsoft Visual Studio 2010 主界面

使用 Microsoft Visual Studio 2010 工具进行程序开发,主要是在 Microsoft Visual

Studio 2010 主界面中进行。主界面由标题栏、菜单栏、工具栏、解决方案资源管理器、代码编辑窗口、输出窗口、属性窗口等组成，具体如图 2-5 所示。

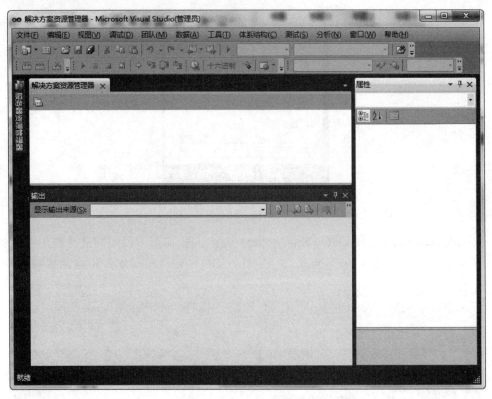

图 2-5　Microsoft Visual Studio 2010 主界面

在进行 C 语言程序设计与调试时，主要会用到主界面中的 4 个部分，每个部分功能如下。

（1）解决方案资源管理器：用于显示项目文件的组织结构。

（2）代码编辑窗口：用于编写和显示代码。

（3）输出窗口：用于显示项目编译与链接中的一些警告和错误信息。

（4）属性窗口：用于显示当前操作文件的相关信息，如文件名称、文件类型等。

2.3　HelloWorld 程序的编写

为了快速地熟悉工具的使用，了解 C 语言程序的编辑、编译、链接与运行，本节将通过一个向控制台输出"HelloWorld"的程序，向读者演示在 Microsoft Visual Studio 2010 环境下开发一个 C 语言应用程序的具体实现步骤。

2.3.1　新建项目

启动 Microsoft Visual Studio 2010 开发工具，在菜单栏中选择"文件"→"新建"→"项目"命令，如图 2-6 所示。

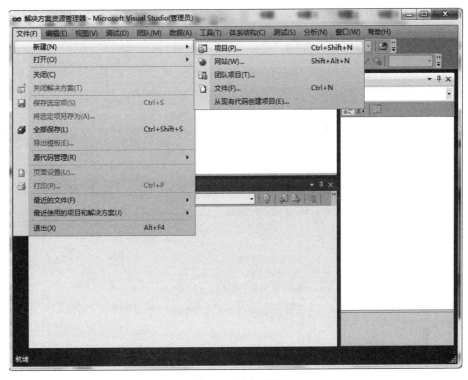

图 2-6 创建项目

选择"文件"→"新建"→"项目"命令后,弹出"新建项目"对话框,大致分为 3 个部分:模板区域、项目区域、项目名称及路径设置区域,如图 2-7 所示。按照图 2-7 所示设置模板、项目类型、项目名称、位置、解决方案名称等。

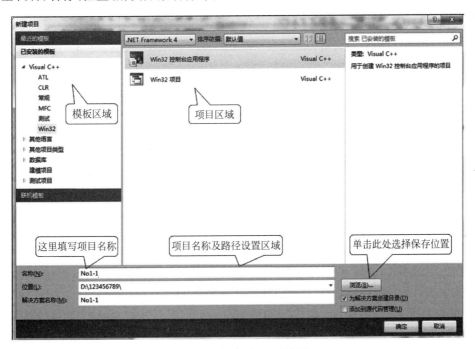

图 2-7 "新建项目"对话框

模板区域包含了项目开发中的多个模板,如 Visual Basic、Visual C♯、Visual C++等。本书主要是针对C语言进行上机实践,因此选用 Visual C++的"Win32模板",项目类型选择用于创建 Win32 控制台应用程序项目的"Win32 控制台应用程序"。

项目位置可以通过单击"浏览"按钮选择项目存放位置,也可以在"位置"文本框中直接输入,如图 2-7 所示。项目名称示例为 No1-1,解决方案名称默认与项目名称相同,这样创建的程序文件就会生成在"D:\123456789\No1-1"目录中。

设置完成单击"确定"按钮,弹出"Win32 应用程序向导-No1-1"对话框(1),如图 2-8 所示。

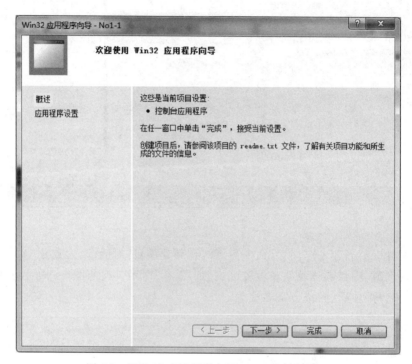

图 2-8　"Win32 应用程序向导-No1-1"对话框(1)

在图 2-8 所示窗口中,系统默认选择"控制台应用程序",单击"下一步"按钮,出现"Win32 应用程序向导-No1-1"对话框(2),如图 2-9 所示。

在图 2-9 所示窗口中,选中"空项目"复选框,然后单击"完成"按钮,至此便完成了 No1-1 项目的创建,如图 2-10 所示。

2.3.2　添加源文件

项目创建完成后,就可以在 No1-1 项目中添加C语言源文件了。添加新建项如图 2-11 所示,右击"解决方案资源管理器"选项卡中的项目文件结构中的"源文件"选项,在弹出的下拉列表中依次选择"添加"→"新建项"命令。如果添加的源文件已经存在,则在添加源文件时,选择"添加"→"现有项"命令,添加已经存在的源文件。

若要新建源文件,在弹出的添加新建项窗口,选择"C++文件(.cpp)"代码模板,在"名称"文本框中输入"HelloWorld.cpp",如图 2-12 所示。

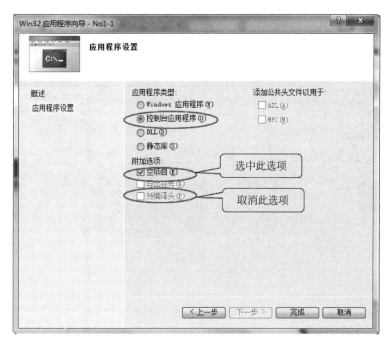

图 2-9　"Win32 应用程序向导-No1-1"对话框(2)

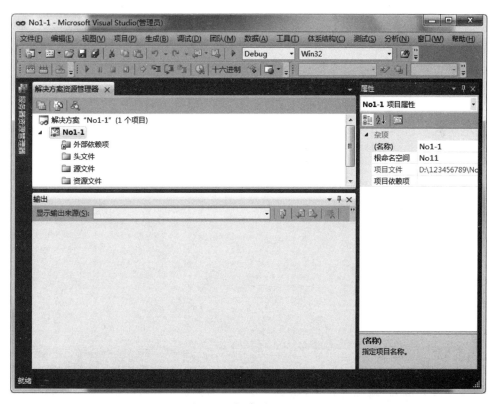

图 2-10　新建项目 No1-1

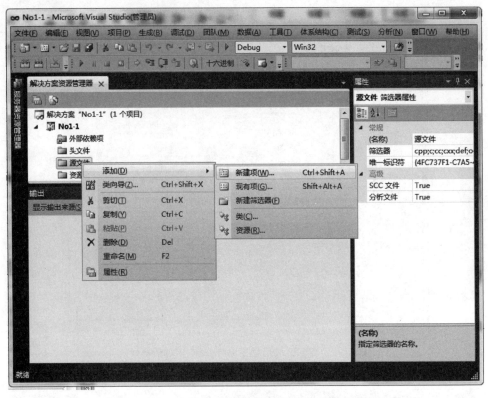

图 2-11 添加新建项

图 2-12 添加源文件

单击"添加"按钮,源文件便创建成功。此时,在解决方案资源管理器的"源文件"下拉列表中可以看到 HelloWorld.cpp 文件,如图 2-13 所示。

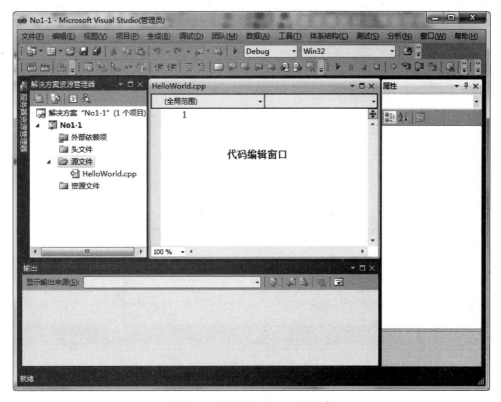

图 2-13 HelloWorld.cpp 源文件

2.3.3 编写代码

HelloWorld.cpp 源文件添加完成后,则可以在代码编辑窗口编写代码,如图 2-14 所示。

在 Microsoft Visual Studio 2010 环境下编写代码,可以自动为每行代码编写行号,便于程序员阅读。

如果编写的代码没有自动显示行号,可以选择"工具"→"选项"命令,打开"选项"设置对话框,设置显示行号,如图 2-15 所示。

2.3.4 编译程序

C 语言编写的源程序不能直接被计算机识别,首先需要编译,编译的作用就是将高级语言源程序翻译成与语言无关的 obj 目标程序,选择"生成"→"编译"命令,或按 Ctrl+F7 组合键编译 HelloWorld.cpp 源程序。编译时检查源程序中是否存在语法错误,如果没有语法错误,则在输出窗口显示生成"成功 1 个",如图 2-16 所示;如果程序有语法错误,则会在输出窗口显示错误信息及生成"成功 0 个",根据错误信息修改程序,重新编译直至生成成功。

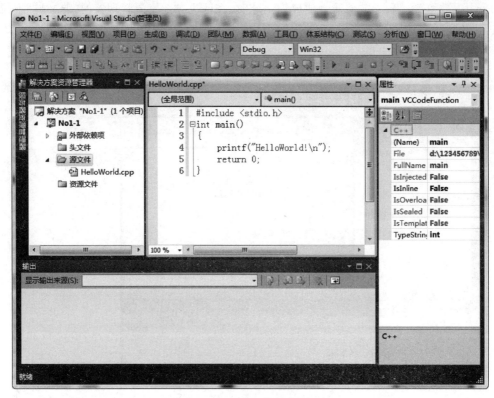

图 2-14　编写代码窗口

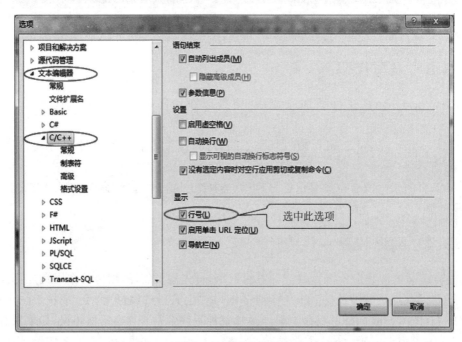

图 2-15　设置显示行号

图 2-16　编译程序

2.3.5　链接程序

源程序编译成功后则要进行链接操作,其作用就是将所有目标文件连接起来,查找里面的符号,按照通用对象文件格式(Common Object File Format,COFF)文件的标准生成动态链接库文件或可执行文件。选择"生成"→"仅限于项目"→"仅链接 No1-1"命令,实现链接操作,如图 2-17 所示。在输出窗口显示链接信息,若链接成功,则显示生成成功 1 个No1-1.exe 文件,若没有链接成功,则在输出窗口显示错误信息,根据错误信息修改程序,重新链接直到生成成功。

编译链接程序时,会经常遇到错误信息,如:

fatal error LNK1123:转换到 COFF 期间失败:文件无效或损坏。

其常用的解决方法是修改项目属性,具体操作步骤如下:

(1)右击图 2-10 中"解决方案资源管理器"的项目文件名 No1-1,打开快捷菜单。

(2)选择"属性"命令,打开"No1-1 项目属性"对话框,如图 2-18 所示。

(3)选择"配置属性"→"清单工具"→"输入和输出"命令,右边显示系列属性项目。

(4)修改"嵌入清单"属性项目值为"否"。

选择图 2-17 所示的"生成解决方案"和"重新生成解决方案"命令,可以直接实现编译与链接。先自动进入编译,编译通过后,则自动进入链接,链接通过,生成可执行文件。选择"清理解决方案"命令,将编译器编译出来的文件(包含可执行文件链接库)都清理掉。

图 2-17 链接程序

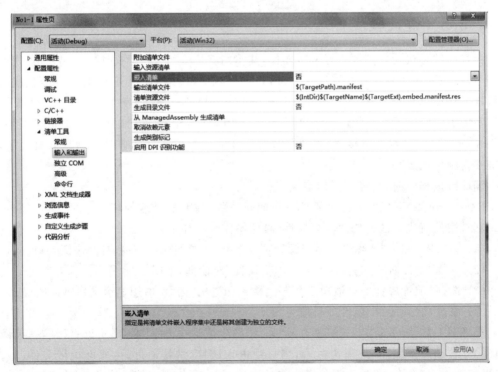

图 2-18 "No1-1 项目属性"对话框

2.3.6　运行程序

编译、链接成功生成 No1-1.exe 文件后，则可以运行程序。选择"调试"→"开始执行（不调试）"选项，或者直接按 Ctrl＋F5 组合键运行程序，如图 2-19 所示。

图 2-19　运行程序

程序运行后，弹出命令行窗口并在该窗口中输出运行结果，如图 2-20 所示。

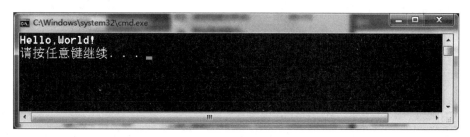

图 2-20　运行结果窗口

至此，完成了 HelloWorld 程序的创建、编辑、编译、链接、运行，在"D:\123456789\No1-1"路径下也自动生成了一系列的文件，如图 2-21 所示。

Microsoft Visual Studio 2010 环境下生成的项目文件扩展名为.sln，No1-1.sln 为生成的项目文件，单击此文件，可以直接打开已经存在的 C 语言程序项目。

源程序文件 HelloWorld.cpp 在路径"D:\123456789\No1-1\No1-1"下。

图 2-21　项目文件存储示例

目标文件 HelloWorld.obj 在路径"D:\123456789\No1-1\No1-1\Debug"下。
可执行文件 No1-1.exe 在路径"D:\123456789\No1-1\Debug"下。

2.3.7　关闭解决方案

一个程序编辑、编译、链接、运行完成后,则可以选择"文件"→"关闭解决方案"命令,如图 2-22 所示,进入下一个程序的编辑、编译、链接与运行。

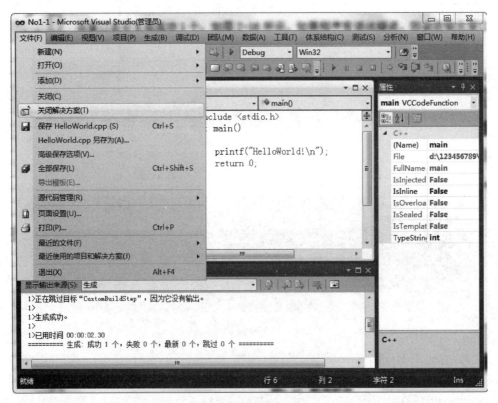

图 2-22　关闭解决方案

第3章

C语言程序设计基础

学习一门语言,要遵循从字、词、短语、句子、段落、篇章的顺序,学习C语言也不例外。什么是C语言中的"单词"呢? 各种数据类型、运算符、关键字就是C语言中的"单词",由它们组成的算式表达式就是C语言中的"短语",由关键字、短语构成C语言中的"句子",用户自定义的函数就是C语言中的"段落",若干个函数构成一个程序就构成了C语言中的"一篇文章"了。本章介绍C语言基础知识,让读者了解C语言程序的基本结构、组成及运行过程,掌握C语言中的数据类型、运算符与表达式,为后续的学习打下坚实的基础。

为方便读者了解、学习本章内容,绘制本章思维导图,如图3-1所示。

3.1　C语言程序结构特点

用C语言进行编程,必须了解C语言程序结构特点,掌握C语言程序的组成、执行过程及规范的书写格式。

3.1.1　知识点介绍

1. C语言程序的组成

一个C语言源程序可以由一个或多个源文件组成,每个源文件可由一个或多个函数组成。但一个源程序无论由多少个源文件、多少个函数组成,有且只有一个名为main的主函数。

2. C语言程序的基本结构

(1) 预处理部分

♯include < stdio. h >是一条预处理命令,用"♯"开头,后面不能加";",stdio. h是系统提供的头文件,其中包含输入输出标准库函数的信息。预处理命令内容详见本书第8章编译预处理。

(2) 全局声明

在函数之外进行的数据或函数的声明,称为全局声明,其作用范围从定义开始,到整个程序结束。

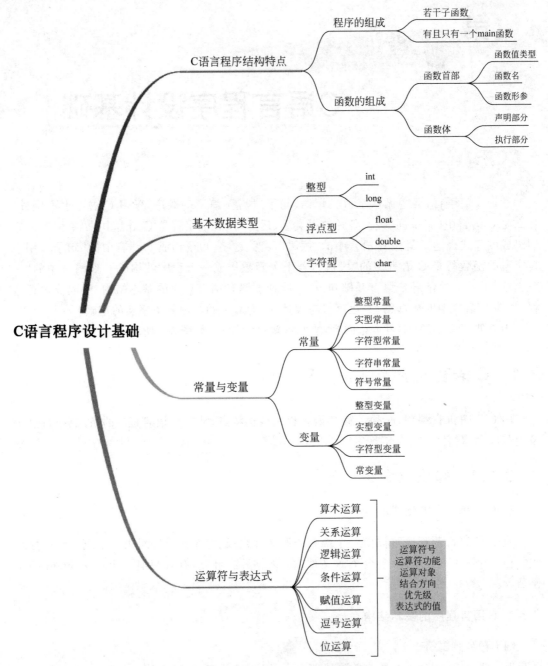

图 3-1 "C 语言程序设计基础"思维导图

（3）函数

函数是 C 语言程序的基本单位，在设计良好的程序中，每个函数都用来实现一个或几个特定的功能。编写 C 语言程序的主要工作是编写一个又一个的函数。

（4）注释

为了增加程序的可读性，便于用户阅读理解程序，可以对程序代码添加注释，说明变量的含义、程序段的功能等。注释不参与编译，对程序运行不起作用。注释的表示形式有两种,如表 3-1 所示。

表 3-1　注释的表示形式

注释形式	注释的表示形式	说　　　明
单行注释	//……	从"//"开始到本行结束均为注释内容
块注释	/ * …… * /	" / * "与" * /"之间的内容均为注释内容,可以是一行也可以是多行

3. 函数的组成

函数包含两部分,函数首部和函数体。函数定义形式如表 3-2 所示。

表 3-2　函数的组成

函数的组成		示　　　例
函数首部	数据类型 函数名(形参 1,形参 2,…)	int max(int x, int y)

函数体	{
	　　　声明语句
	　　　执行语句
	}
		{//函数体开始的标志
		　　int z;　　　　//声明部分
		　　if(x > y)　　//执行部分
		　　　　z = x;
		　　else
		　　　　z = y;
		　　return (z);　//将函数值返
		//回到调用之处
		}//函数体结束标志

4. C 语言程序的执行

C 语言程序的执行从 main 函数的第一条语句开始执行,称为程序的入口;当 main 函数的最后一条语句执行完毕,整个程序执行结束,称为程序的出口。其他函数在 main 函数执行期间,由 main 函数调用执行。

5. C 语言程序的书写格式

为了便于阅读、理解和维护程序,形成良好的编程风格,在书写程序时应遵循以下规则。
(1) C 语言程序语句末尾需要加上分号。
(2) 一个说明或一个语句占一行。
(3) 程序中相匹配的一组左、右花括号,一般单独占一行,并上下对齐。
(4) 正确使用缩进的方式体现语句块的层次关系,嵌套的语句块向后缩进,一般用 Tab 键实现。

3.1.2　实验部分

1. 实验目的

(1) 熟练掌握 Microsoft Visual Studio 2010 编译系统的常用功能。
(2) 学会使用在 Microsoft Visual Studio 2010 环境下创建、打开、编辑、保存、运行 C 语言程序。

（3）了解 C 语言程序结构、基本语法规则及程序书写格式。

2．实验内容

（1）输入并运行程序一

功能：要求在屏幕上输出一行"This is a C Program."信息。代码如下：

```
1   # include < stdio. h>              // 编译预处理命令
2   int main()                        // main 函数首部,函数值类型为 int 整型
3   {                                 // 函数体开始的标志
4       printf("This is a C Program.\n"); // 输出一行指定的信息
5       return 0;                     // 返回函数值 0,函数执行完毕
6   }                                 // 函数体结束的标志
```

【实验提示】

① 按照第 2 章操作步骤创建项目,如 Pro3-1,添加源程序文件,如 3-1. cpp。在源程序文件编辑窗口输入源程序。

② 程序第 1 行 stdio. h 是 C 编译系统提供的一个有关标准输入输出信息的头文件,用 #include 预处理命令,将此文件写入本程序中。任何一个程序都要有结果的输出,因此任何一个程序的开始都需要" #include < stdio. h >"。

③ 程序只有一个 main 函数,C99 标准(ISO/IEC 9899：1999-Programming languages-C 的简称)建议把 main 函数值类型指定为 int 整型类型,通过函数体中的"return 0；"语句,将函数值 0 返回给调用 main 函数的操作系统。

④ 函数体用花括号{ }括起来,两个花括号分别占用一行,与函数首部第一个字符对齐,函数体内部语句自动向后缩进一个 Tab 键的位置。

⑤ 函数体内调用标准输出 printf 函数,实现一行字符的输出,printf 函数中双引号内的字符序列原样输出。

⑥ "\n"是换行转义字符,即在输出"This is a C Program."后,光标换至下一行。

⑦ 程序中"//"开始到本行结束为注释内容,不参与编译,可以不输入。

⑧ 去掉 printf 函数中的"\n",观察程序运行结果有何不同。

（2）程序填空

功能：要求在屏幕上分两行输出如下信息。

Strive to run and be the Dreamer of the new era.

Happiness comes from struggle!

请在程序的下画线处填入正确的内容,并把下画线删除,使程序得出正确的结果。

注意：不要增行或删行,也不得更改程序结构。

代码如下：

```
1   # include < stdio. h>              // 编译预处理命令
2   int main()                        // 主函数首部
3   {                                 // 函数体开始的标志
4       / ***************** FILL ***************** /
5       _____
```

```
6        / ***************** FILL ***************** /
7        _____
8        return 0;                         // 返回函数值 0,函数执行完毕
9    }                                    // 函数体结束的标志
```

【实验提示】

① 创建项目,如 Pro3-2,添加源程序文件,如 3-2.cpp。在源程序文件编辑窗口输入源程序。

② 模仿第 1 个程序实现分两行输出指定信息。

③ 注意使用"\n"换行。

（3）输入并运行程序二

功能:求两个整数之和。代码如下:

```
1    # include < stdio. h >               // 编译预处理命令
2    int main()                          // main 函数首部
3    {                                   // 函数体开始的标志
4        int a,b,sum;                    // 声明部分,定义 a,b,sum 为整型变量
5        a = 123;                        // 对整型变量 a 赋值为 123
6        b = 456;                        // 对整型变量 b 赋值为 456
7        sum = a + b;                    // 将 a + b 的和 579 赋值给整型变量 sum
8        printf("sum is % d\n",sum);     // 输出结果
9        return 0;                       // 返回函数值 0,函数执行完毕
10   }                                   // 函数体结束的标志
```

【实验提示】

① 创建项目,如 Pro3-3,添加源程序文件,如 3-3. cpp。在源程序文件编辑窗口输入源程序。

② 第 4 行声明部分,定义 a、b、sum 为 int 整型变量。

③ 第 5～7 行为赋值语句,5～6 行将常量赋值给变量,7 行将求和表达式的值赋值给变量 sum。

④ 第 8 行调用 printf 标准库函数输出结果,双引号内 sum is 原样输出,%d 指定输出项整型变量 sum 对应的输出格式,输出时%d 由 sum 值代替。

⑤ 程序中"//"开始到本行结束为注释内容,不参与编译,可以不输入。

⑥ 修改程序求两个数的差、和、积。

（4）输入并运行程序三

功能:从键盘输入两个整数,输出两个整数中的较大者。代码如下:

```
1    # include < stdio. h >               // 编译预处理命令
2    int main()                          // main 函数首部
3    {                                   // 函数体开始的标志
4        int max( int x,int y);          // 对被调用 max 函数的声明
5        int a,b,c;                      // 定义变量 a,b,c
```

```
6        scanf(" % d, % d",&a,&b);              // 输入变量 a 和 b 的值
7        c = max(a,b);                          // 调用 max 函数,将得到的函数值赋给 c
8        printf("max = % d\n",c);               // 输出最大值
9        return 0;                              // 返回函数值 0 到系统,函数执行完毕
10   }                                          // 函数体结束的标志
11
12   int max(int x,int y)                       //max 函数首部
13   {                                          //max 函数体开始的标志
14        int z;                                // max 函数中的声明部分
15        if (x > y)                            // max 函数中的执行部分
16            z = x;
17        else
18            z = y;
19        return(z);                            // 将函数值 z 返回到 main 函数调用之处
20   }                                          // 函数体结束的标志
```

【实验提示】

① 按照第 2 章操作步骤创建项目,如 Pro3-4,添加源程序文件,如 3-4.cpp。在源程序文件编辑窗口输入源程序。

② 该程序由 main 函数和 max 子函数组成,其功能是从键盘上输入两个数,求出这两个数中的最大值并输出。

③ 程序执行过程如图 3-2 所示。

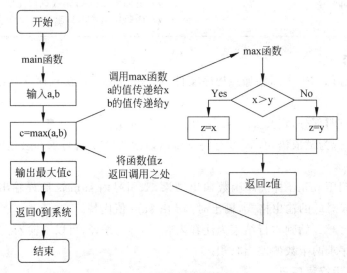

图 3-2　程序的执行过程

④ 第 4 行为对 max 子函数的声明,若子函数写在调用 main 函数之后,需要在 main 函数之前或之内对子函数进行声明,声明格式是函数首部加上分号,形参变量可以省略,但形参类型不可以省略。

⑤ 第 6 行,scanf 函数是标准的输入函数,scanf 函数中双引号内的格式控制串"％d,％d",表示输入地址列表"&a,&b"对应的输入格式。编译链接成功后,运行窗口出现黑屏

状态,此时应在光标闪烁处从键盘任意键入两个整型数,例如在键盘上输入 4,9,则系统将 4 赋值给 a,将 9 赋值给 b。注意,因格式控制串两个%d 之间有一个英文逗号,因此输入两个整型数据时一定要用英文逗号分隔。

⑥ 第 7 行,c=max(a,b);调用子函数,圆括号中的 a 和 b 是实际参数,相当于数学函数自变量的值,其值由 scanf 函数输入得到。

⑦ 第 12 行,max 函数首部,x 与 y 是形式参数,相当于数学函数的自变量。

⑧ 第 14 行,max 函数体内定义的变量 z 用于存放函数值相当于数学函数的因变量。

⑨ 第 15~18 行,利用"打擂台"算法求 x,y 的最大值,将 x 与 y 中的最大值存放在变量 z 中。

⑩ 第 19 行,将函数值 z 返回到 main 函数第 7 行调用之处赋值给变量 c。

3.1.3　练习与思考

1. 单选题

(1) 以下叙述中不正确的一项是(　　)。
 A. C 语言程序的基本组成单位是函数
 B. 在 C 语言程序中,注释说明只能位于一条语句的后面
 C. 一个 C 语言源程序必须包含一个 main 函数
 D. 一个 C 语言源程序可由一个或多个函数组成

(2) 对于用 C 语言编写的代码程序,以下叙述中正确的一项是(　　)。
 A. 是一个源程序　　　　　　　　　B. 可立即执行
 C. 经过编译解释才能执行　　　　　D. 经过编译即可执行

(3) 以下叙述中正确的一项是(　　)。
 A. C 语言可以不用编译就能被计算机识别执行
 B. C 语言出现的最晚,具有其他语言的一切优点
 C. C 语言比其他语言高级
 D. C 语言以接近英语国家的自然语言和数学语言作为语言的表达形式

(4) 有一个命名为 C001.cpp 的 C 语言源程序,编译后得到的文件是(　　)。
 A. C001.obj　　　　B. C001.cpp　　　　C. C001.exe　　　　D. C001.dat

(5) C 语言规定,在一个源程序中,main 函数的位置(　　)。
 A. 必须在最开始　　　　　　　　　B. 必须在系统调用的库函数的后面
 C. 必须在最后　　　　　　　　　　D. 可以任意

2. 填空题

(1) C 语言程序中有且只有一个_____,它的名称必须是_____。

(2) / * 和 * /之间的内容称为_____,它的作用是_____。

(3) 组成 C 语言程序的基本单位是_____,其组成部分包括_____和_____。

(4) 利用 Microsoft Visual Studio 2010 创建的项目文件的扩展名是_____。

(5) 一个 C 语言程序的执行是从_____开始,到_____函数结束。

3.1.4　综合应用

1. 程序设计一

功能：编写程序，分 3 行输出如下信息：

```
************************
****** Very Good! ******
************************
```

【实验提示】

（1）参照 3.1.2 节中的实验内容输入并运行程序及程序填空和编写程序。

（2）注意正确使用"\n"回车换行符。

2. 程序设计二

功能：编写程序计算并输出算式$(123+345+567)\div 3$ 的结果。

【实验提示】

（1）参照 3.1.2 节中的实验内容（3）输入并运行程序。

（2）算式的功能是计算 3 个数的平均值，需要定义 3 个整型变量，如 a,b,c 分别存放 3 个数，定义 aver 整型变量存放平均值。

（3）C 语言用符号"/"实现除法运算。

（4）请读者自行拟定一个算式，编程计算并输出其运算结果。

3. 输入并运行程序

功能：实现两个整型数据的交换，代码如下：

```
1    # include < stdio. h >
2    void swap(int i,int j)                // swap 函数首部,函数值类型为 void 空类型
3    {                                      // 函数体开始的标志
4        int   temp;                        // swap 函数中的声明部分
5        temp = i;                          // 3 个赋值语句,实现 i 与 j 的交换
6        i = j;
7        j = temp;
8        printf("x = % - 4dy = % - 4d\n",i,j);   // 输出交换后的数据
9    }                                      // 函数体结束的标志
10
11   int main()                            // main 函数首部
12   {                                      // 函数体开始的标志
13       int   x = 3,y = 10;                // 定义变量时分别对变量初始化
14       printf("x = % - 4dy = % - 4d\n",x,y);   // 输出交换前的数据
15       swap(x,y);                         // 调用 swap 子函数
16       return 0;                          // 返回函数值 0 到系统,函数执行完毕
17   }                                      // 函数体结束的标志
```

【实验提示】

（1）该程序由 main 函数和 swap 子函数组成，swap 子函数写在 main 函数之前，不需要对 swap 子函数进行声明。swap 子函数的功能是借助中间变量 temp，实现 i 与 j 两个数的交换。

（2）程序的执行过程如图 3-3 所示。

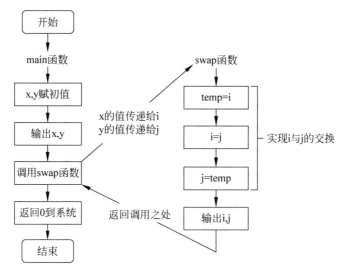

图 3-3　程序的执行过程

（3）printf 函数中的"%-4d"表示整数的输入与输出格式，占 4 字符宽度，负号"－"表示左对齐，右边不足 4 位补空格使之占 4 字符宽度。

（4）程序中"//"开始到本行结束为注释内容，不参与编译，可以不输入。

（5）程序中两次调用 printf 函数，请将程序运行结果与之对应。

（6）根据程序运行结果，理解程序的执行过程。

（7）将程序中的"%-4d"分别修改为"%4d"与"%d"，比较结果有何不同。

4．程序填空

功能：从键盘上输入 3 个整数，输出其中最大者。

请在程序的下画线处填入正确的内容，并把下画线删除，使程序得出正确的结果。

注意：不要增行或删行，也不得更改程序结构。

代码如下：

```
1   #include <stdio.h>
2   int main()                              // main 函数首部
3   {
4       int max(int,int,int);               // 对被调用 max 函数的声明
5       int a,b,c,d;
6       scanf("%d,%d,%d",&a,&b,&c);         // 输入变量 a,b,c 的值
7   /**************FILL**************/
8       d = _____;                       // 调用 max 函数求最大值
```

```
9        / ************* FILL **************** /
10       printf("max = % d\n",_____);          // 输出最大值
11       return 0;
12 }
13
14 int max( int x, int y, int z)                    // max 函数首部
15 {
16       int t;                                      // 定义变量 t 用于存放 3 个数的最大值
17       if (x > y)                                  // 将 x,y 中的最大值赋给 t
18          t = x;
19       else
20          t = y;
21       if (z > t)                                  // 将 x,y,z 中的最大值赋给 t
22          t = z;
23       / ************* FILL *************** /
24       return _____ ;                          // 将函数值返回到 main 函数调用之处
25 }
```

【实验提示】

(1) 参照 3.1.2 节中实验内容(4)输入并运行程序,实现求 3 个数中的最大值。

(2) 本程序中 max 子函数有 3 个形式参数 x,y,z,其值来源于 main 函数中的 a,b,c 3 个实际参数。

(3) 第 15~20 行利用"打擂台"算法求 x,y,z 的最大值,先将 x 与 y 中的最大值存放在变量 t 中,再将变量 t 与变量 z 的最大值存放在变量 t 中。

(4) 第 24 行将所求最大值返回 main 函数调用之处。

(5) 程序中"//"开始到本行结束为注释内容,不参与编译,可以不输入。

(6) 修改程序实现求 3 个数的最小值。

3.2 数据类型、运算符与表达式

计算机程序的主要任务就是对数据进行处理,计算机中的数据不单是简单的数字,计算机处理的信息,包括文字、声音、图像等都是以一定的数据形式存储的。数据在内存中存放的情况由数据类型决定。本节着重介绍 C 语言的基本数据类型、运算符和表达式。

3.2.1 知识点介绍

1. 数据类型

C 语言一个很重要的特点是数据类型十分丰富,因此,C 语言程序的数据处理能力很强。C 语言的数据类型,如图 3-4 所示。

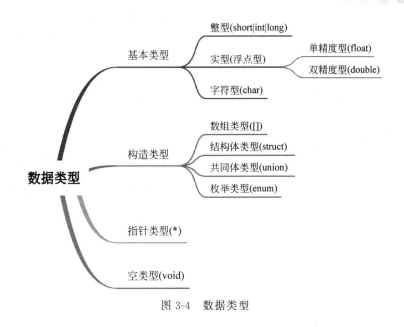

图 3-4　数据类型

2. 常量

在程序运行过程中,其值不能被改变的量称为常量,按数据类型分为以下 5 种整型常量。

(1) 整型常量

整型常量的表示形式有十进制整型常量、八进制整型常量和十六进制整型常量,详见表 3-3。

表 3-3　整型常量表示形式

整型常量表示形式	示　　例
十进制整数	如 123,−456
八进制整数	以 0 开头的数是八进制。如 0123(相当于十进制数 83),−011(相当于十进制数−9)
十六进制整数	以 0x 开头的数是十六进制数。如 0x123(相当于十进制数 291),−0x12(相当于十进制数−18)

(2) 实型常量

实型常量的表示形式有小数点形式和指数形式,详见表 3-4。

表 3-4　实型常量表示形式

实型常量表示形式	示　　例
十进制小数	如 0.34,−56.79,0.0
指数形式	格式:尾数+字母 e 或 E+指数,三者缺一不可,如 12.34e3 (代表 12.34×10^3),尾数为小数形式,字母 e 或 E 表示底数为 10,指数必须为整数

(3) 字符常量

字符常量有两种形式,即普通字符和转义字符,详见表 3-5。

表 3-5　字符常量表示形式

字符常量表示形式	示　例
普通字符	用英文单引号括起来的一个字符,如'a','A','0','>'
转义字符	以字符\开头的字符序列,如'\n','\t','\\','\b','\"','\'','\a'

（4）字符串常量

字符串常量是用英文双引号括起来的若干字符序列,如"China","123","I am a boy. "。

（5）符号常量

用#define预编译命令,指定用一个符号名称代表程序中需要反复使用的常量。如：

```
#define  PI  3.14159          //注意行末没有分号
```

经上述指定后,符号常量 PI 表示常量 3.141 59。在对程序编译前,预处理器将程序中自本行开始,所有符号常量 PI 置换为 3.141 59。

3. 变量

程序执行过程中值可以发生变化的量,称为变量。变量必须先定义才能使用。在定义变量时需要指定变量的名字,便于程序中引用变量；还需要指定变量的类型,便于在内存中开辟相应存储空间存放变量的值。不同数据类型的变量,在内存中的存储空间和取值范围是不一样的,详见表 3-6。

表 3-6　VS2010 环境下数据类型的存储空间和取值范围

类　型	符　号	关　键　字	字　节　数	数的表示范围
整型	有	(signed) short	2	−32 768～32 767
		(signed) int	4	−2 147 483 648～2 147 483 647
		(signed) long	4	−2 147 483 648～2 147 483 647
	无	unsigned int	2	0～65 535
		unsigned short	4	0～4 294 967 295
		unsigned long	4	0～4 294 967 295
实型	有	float	4	1.2E−38～3.4E38
		double	8	2.3E−308～1.7E308
字符型	有	char	1	−128～127
	无	unsigned char	1	0～255

4. 标识符

标识符是用来标识常量名、变量名、函数名、数组名、类型名、文件名及标号名的有效字符序列,它是一个名字。C 语言规定标识符只能由字母、数字和下画线 3 种字符组成,且第一个字符必须是字母或下画线。标识符分类详见表 3-7。

表 3-7 标识符分类

分 类	说 明
关键字标识符	auto、break、case、char、const、continue、default、do、double、else、enum、extern、float、for、goto、if、int、long、register、return、short、signed、sizeof、static、struct、switch、typedef、union、unsigned、void、volatile、while、_bool、_Complex、_Imaginary 注意：include 与 define 不是 C 语言关键字
用户定义标识符	"见名知意"，关键字不能作为用户定义标识符，区分大小写，如 sum、Sum、aver

5. 运算符与表达式

运算符是用来表示某种运算的符号。表达式是用运算符和括号将运算对象(操作数)连接起来的符合 C 语言语法规则的式子。学习运算符与表达式要从 6 个方面学习，即运算符号、运算符的功能、运算对象、结合方向、优先级、表达式的值。本部分主要介绍算术运算、赋值运算、逗号运算。

（1）算术运算

算术运算即加(＋)、减(－)、乘(＊)、除(/)、求余(％)运算，基本运算规则同数学中的算术运算，但需要注意 C 语言中除法与求余运算的运算规则，示例如表 3-8 所示。

表 3-8 除法与求余运算规则

运 算 符	运 算 规 则	示 例
除法(/)运算	若参与除法运算的运算对象均为整型，则商也为整型，直接舍去小数部分；如果运算对象中有一个是实型，则商为实型	5/3＝1 5.0/3＝1.666667
求余(％)运算	参与运算的运算对象均为整型数，不能对实型数进行求余运算	5％3＝2 5.0％3 则不合法

（2）自增、自减运算

自增(＋＋)、自减(－－)运算符均为单目运算符，即一个运算对象，从右到左结合。运算对象只能为变量，不能为常量或表达式，自增(＋＋)使变量增加1，自减(－－)使变量减少1。自增与自减运算示例详见表 3-9。

表 3-9 自增、自减运算示例

语 句	等价的语句	执行该语句后 m 的值	执行该语句后 n 的值	说 明
int m,n＝3； m＝n＋＋；	m＝n； n＝n＋1；	3	4	先将 n 的值赋给 m，再使 n 自增1
int m,n＝3； m＝n－－；	m＝n； n＝n－1；	3	2	先将 n 的值赋给 m，再使 n 自减1
int m,n＝3； m＝＋＋n；	n＝n＋1； m＝n；	4	4	先使 n 自增1，再将 n 的值赋给 m
int m,n＝3； m＝－－n；	n＝n－1； m＝n；	2	2	先使 n 自减1，再将 n 的值赋给 m

续表

语　　句	等价的语句	执行该语句后 m 的值	执行该语句后 n 的值	说　　明
int m＝3; m＋＋;	m＝m＋1;	4	—	m＋＋与＋＋m 作为独立的表达式时,二者等价
int m＝3; －－m;	m＝m－1;	2	—	m－－与－－m 作为独立的表达式时,二者等价

注意:两个"＋＋"和两个"－－"之间不能有空格。

（3）赋值运算

赋值(＝)运算符为双目运算,即两个运算对象,从右到左结合,优先级仅高于逗号运算符。用于给变量赋值,由赋值运算符连接的式子称为赋值表达式,其一般形式及示例如表 3-10 所示。

表 3-10　赋值表达式一般形式及示例

一般形式	变量＝常量或变量或表达式或函数调用	
功　　能	计算出"＝"右边的值,再将值赋给左边的"变量",赋值表达式的值即为"＝"左边变量的值	
示　　例	a＝3	把常量 3 赋值给变量 a
	x＝(－b＋sqrt(b＊b－4＊a＊c))/(2＊a)	把算术表达式的值赋值给变量 x
	c＝max(a,b)	把函数 max 的值赋值给变量 c

赋值运算符具有右结合性,因此可以多重赋值,例如:a＝b＝c＝5 可理解为 a＝(b＝(c＝5))。

（4）复合赋值运算

在赋值运算符"＝"前面加上其他运算符可构成复合赋值运算符,如＋＝、－＝、＊＝、/＝、%＝,两个运算符之间不能有空格。复合赋值运算符可以简化赋值表达式。复合赋值运算示例详见表 3-11。

表 3-11　复合赋值运算示例

运　算　符	示　　例	等　价　形　式
＋＝	a ＋＝ 10; a ＋＝ b － 1;	a ＝ a ＋ 10; a ＝ a ＋ (b － 1);
－＝	a －＝ 10; a －＝ b － 1;	a ＝ a － 10; a ＝ a － (b － 1);
＊＝	a ＊＝ 10; a ＊＝ b － 1;	a ＝ a ＊ 10; a ＝ a ＊ (b － 1);
/＝	a /＝ 10; a /＝ b － 1;	a ＝ a / 10; a ＝ a / (b － 1);
%＝	a %＝ 10; a %＝ b － 1;	a ＝ a % 10; a ＝ a % (b － 1);

赋值运算符可以多重赋值,复合赋值运算也可以实现多重赋值,在进行多重复合赋值运算时,不仅要考虑运算符的结合性,还要考虑运算符的优先级,多重复合赋值运算示例详见表 3-12。

表 3-12　多重复合赋值运算示例

运算步骤	int a = 3; a += a -= a * a;	int a = 3; a += a -= a *= a;
第 1 步	计算 a * a,值为 9,原 a 的值不变,仍为 3	计算 a *= a,等价于 a = a * a,计算得 a = 9,原 a 的值由 3 变为 9
第 2 步	计算 a -= 9,等价于 a = a−9,计算得 a = −6	计算 a -= 9,等价于 a = a−9,计算得 a = 0
第 3 步	计算 a += −6,等价于 a = a +(−6),计算得 a = −12	计算 a += 0,等价于 a = a + 0,计算得 a = 0
最后结果	a = −12	a = 0

（5）逗号运算

C 语言中的运算符类型丰富,逗号(,)也是一种运算符,称为逗号运算符。逗号运算符从左向右结合,是所有运算符中级别最低的运算符。其功能是把 n 个表达式连接起来组成一个表达式,称为逗号表达式。其一般形式及示例如表 3-13 所示。

表 3-13　逗号表达式一般形式及示例

一般形式	表达式 1,表达式 2,…,表达式 n	
功　能	先求解表达式 1,求解表达式 2,…,最后求解表达式 n,表达式 n 的值是整个逗号表达式的值	
示　例	a=2,b=5,a++, b++,a+b	表达式 1：a=2
		表达式 2：b=5
		表达式 3：a++　等价于++a　等价于 a=a+1　计算后 a=3
		表达式 4：b++　等价于++b　等价于 b=b+1　计算后 b=6
		表达式 5：a+b　计算得 9　整个逗号表达式的值即为 9

6．自动类型转换与强制类型转换

（1）表达式中的自动类型转换

在 C 语言表达式中,若运算对象数据类型不一致时,C 语言编译器在运算之前将所有运算对象的数据类型自动转换成取值范围较大的运算对象的数据类型,称为类型提升。类型提升规则如图 3-5 所示。

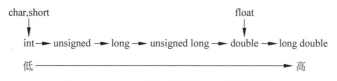

图 3-5　表达式中数据类型自动转换规则

数据类型级别的高低由数据类型在内存中所占字节数大小确定,所占字节数越大,级别越高,表示数的范围越大。图 3-5 中↓表示必然转换,即所有 char 和 short 都必须转换成 int 数据类型。→表示数据类型由低向高的方向自动转换。

（2）赋值中的自动类型转换

在一个赋值表达式中,若赋值运算符左侧变量的类型与右侧表达式的数据类型不一致,系统编译时会出现警告信息,警告信息不影响程序的执行,系统将自动把右侧表达式值的数据类型转换成左侧变量的数据类型。一般情况下应尽量避免赋值运算符"="左右两侧数据类型不一致的情况。

（3）强制类型转换

使用强制类型转换,可以将一个表达式的值的类型,强制转换为用户指定的类型参与运算,有助于消除前面所述的两种自动类型转换而导致的警告信息。强制类型转换一般形式及示例如表 3-14 所示。

表 3-14　强制类型转换一般形式及示例

一般形式	（数据类型）（表达式）	
功　　能	将表达式的值强制转换成指定数据类型参与运算,但并不改变表达式原有的数据类型。如果表达式为一个常量或变量时,表达式的括号可以省略	
示　　例	float a=3.57； int b； b=(int)a；	把变量 a 的值 3.57 强制转换成 int 类型 3 赋值给 b,但变量 a 仍为 float 类型
	int a=4,b=3； float x,y； x=(float)a/b； y=(float)(a/b)；	x=4.0/3=1.333333 把 a 的值强制转换成 4.0 参与运算,避免了整数除以整数 y=(float)(4/3)=1.000000 表达式 4/3=1,然后再将 1 强制转化成 float 型 1.000000

3.2.2　实验部分

1. 实验目的

（1）进一步熟悉 VS2010 环境下 C 语言程序编辑、调试、运行的基本操作方法。

（2）掌握 C 语言基本数据类型及各种类型常量、变量的表示方法。

（3）能够正确定义变量并对其赋值,掌握不同类型数据之间赋值规律。

（4）学会使用 C 语言的各种运算符和表达式。

（5）了解 C 语言程序结构、基本语法规则及程序书写格式。

（6）了解结构化程序设计中最基本的顺序结构程序。

2. 实验内容

（1）输入并运行程序一

功能:使用符号常量计算圆的周长和面积。代码如下:

```
1  # include < stdio. h>
2  # define PI 3.14159              //定义符号常量 PI
3  int main()
4  {
5      float r,c,s;                 //定义 3 个变量分别为 float 数据类型
```

```
6        printf("请输入圆的半径:");
7        scanf("%f",&r);                    //float 数据类型对应的格式控制符为 %f
8        c = 2 * PI * r;                    //计算周长
9        s = PI * r * r;                    //计算面积
10       printf("圆的周长:%f\n",c);          //输出周长
11       printf("圆的面积:%f\n",s);          //输出面积
12       return 0;
13   }
```

【实验提示】

① 计算圆的周长与面积需要用到常量 3.141 59,第 2 行定义符号常量 PI 表示 3.141 59。在编译之前,系统会自动把程序中所有 PI 替换成 3.141 59。

② 为了与变量名、函数名、关键字相区别,符号常量一般用大写字母表示。

③ 第 5 行定义 float 型变量 r、c、s 分别表示半径、周长、面积,float 数据类型对应的输入输出格式为%f。

④ 编译时会提示第 8、9 行有如下警告信息:

warning C4244:"="表示从 double 转换到 float,可能丢失数据。

原因是系统默认实型常量为 double 双精度数据类型,而赋值运算"="的左边为 float 数据类型,因左右两边数据类型不一致而出现的警告信息,不影响程序的运行。

为避免警告信息的产生,可以在实型常量末尾加上专用字符"f"或"F",强制指定实型常量为 float 类型。也可以将 r、c、s 这 3 个变量直接定义为 double 类型。

⑤ 观察程序运行结果,%f 输出的数据小数位数是多少位?

(2) 输入并运行程序二

功能:字符型数据的定义与使用。代码如下:

```
1    # include < stdio. h>
2    int main()
3    {
4        char c1,c2;                       //定义字符变量
5        int x;
6        c1 = 49;                          //ASCII 码 49 对应的字符'1'赋给字符变量 c1
7        c2 = 'A';                         //字符常量'A'赋给字符变量 c2
8        x = c1 + c2;
9        printf("c1 = %c,c2 = %d\n",c1,c2);
10       printf("%c,%d\n",x,x);
11       printf("%c\t%d\t%c\t%c\n", 'B', 'B', '\102', '\x42');
12       printf("%s\t%s\n", "China", "\"China\"" );
13       printf("%c%c%c\n", '\a', '\a', '\007' );
14       return 0;
15   }
```

【实验提示】

① 字符变量在内存中存放的不是字符本身,而是字符的 ASCII 码。

② 第 8 行,变量 c1 与 c2 存放的字符的 ASCII 码相加,将其和赋给整型变量 x。

③ 第9行，字符型数据按"%c"格式输出字符本身，按"%d"格式输出字符对应的ASCII 码。

④ 第10行，值在0～127的整型数据按"%c"格式输出整型数据 ASCII 码对应的字符。若 ASCII 码在128～255，按"%c"格式输出，在 VS2010 环境下会显示为"?"字符，这是因为128～255 的 ASCII 码是扩展的编码，一般不显示。

⑤ 第11～13行，涉及转义字符的应用。'\t'相当于 Tab 键，'\102'表示八进制数 102 对应的 ASCII 码 66 对应的字符'B'；'\x42'表示十六进制 42 对应的 ASCII 码 66 对应的字符'B'；'\"'表示双引号字符常量；'\a'，'\007'代表蜂鸣声、警告声。

⑥ 第9～12行，程序运行会有对应字符信息显示输出，而第13行没有信息显示，输出的是声音，程序运行时戴上耳机可以听到 3 声蜂鸣声音。如果想听到更多的蜂鸣声，请问应如何修改程序？

（3）输入并运行程序三

功能：理解除法与求余运算。代码如下：

```
1    # include < stdio. h>
2    int main()
3    {
4        int   a = 14, b = 3;
5        float x, y;
6        printf("整数相除:\n");
7        printf("a/b = % d, b/a = % d\n", a/b, b/a);
8        x = a/b;
9        y = b/a;
10       printf("x = % f, y = % f\n", x, y);
11       printf("强制转换:\n");
12       printf("forced transform: % f, % f\n ", (float)a/b, (float)(a/b));
13       printf("求余运算:\n");
14       printf("a % % b = % d, b % % a = % d\n", a % b, b % a);
15       return 0;
16   }
```

【实验提示】

① 除法运算，整数除以整数，商为整数。如果不能整除，舍去小数部分，只取整数。

② 求余运算的运算对象为整型数据。

③ 第8～9行赋值运算"="左右两边类型不一致，编译时出现如下警告信息：

warning C4244："="表示从 int 转换到 float，可能丢失数据。

原因是赋值运算"="左右两边类型不一致，int 型数据赋值给 float 型变量时，直接在int 型数据后加上".000000"，使之成为实型数据赋值给左边的 float 型变量。警告信息虽不影响程序运行，但也要尽量避免，在进行赋值运算时尽量使"="左右两边数据类型一致。

④ 第12行，强制类型转换只是将变量或表达式的值强制转换成某种数据类型参与运算，但并不改变它们实际的数据类型。有时为避免整型数除以整型数，需要将被除数或除数强制类型转换。

⑤ 如果要对表达式的值进行强制类型转换时，需要将表达式用括号括起来。请注意

（float）a/b 只是将变量 a 强制转换成 float 数据类型，（float）（a/b）是将表达式 a/b 的值强制转换成 float 数据类型，详见表 3-14。

⑥ 第 14 行 printf 函数的格式控制中连续两个"％％"的作用是输出"％"字符本身。

（4）程序改错

功能：学习使用运算符与表达式。修改注释行下面一行程序的错误，不要增行或删行，也不得更改程序结构。代码如下：

```
1    # include < stdio. h >
2    int main()
3    {
4        int    a,b,c,x,y;
5        /***************** ERROR ***************** /
6        int    i = j = 0,a;
7        float    f,g,h;
8        f = g = h = 1.6;
9        /***************** ERROR ***************** /
10       x = (a = 10,b = 100,c = 50)
11       y = h;
12       /***************** ERROR ***************** /
13       f = + (float)(x + y);
14       c = ++a + b-- ;
15       c-- ;
16       j = b++ % -- a;
17       i = g;
18       printf("x = % d,y = % d,f = % f,c = % d,j = % d,i = % d\n",x,y,f,c++,j,i);
19       printf("float = % d,int = % d\n",sizeof(f),sizeof(a + b));
20       return 0;
21   }
```

【实验提示】

① 程序中的 3 处错误均为语法错误，根据编译提示的错误信息修改程序中的错误。

② 第 10 行将逗号表达式（a=10,b=100,c=50）的值赋给变量 x，逗号表达式由 3 个赋值表达式组成，第三个赋值表达式 c=50 的值 50 为整个逗号表达式的值，因此 x=50。

注意：赋值运算符的优先级别高于逗号表达式，因此当把逗号表达式的值赋给某个变量时，一定要用括号括起来。

③ 第 13 行复合赋值运算：＋＝、－＝、＊＝、/＝、％＝，复合赋值运算由两个运算符构成，中间不能有空格。

④ 第 13 行（float）（x＋y）表示将表达式 x＋y 的值强制转换成 float 类型。若对表达式的值强制类型转换时，表达式一定要用括号括起来，详见表 3-14。

⑤ 第 14～16 行关于自增（＋＋）与自减（－－）运算的使用，自增运算符（＋＋）和自减运算符（－－）只能用于整型变量，而不能用于常量或表达式，运算规则详见表 3-9。

⑥ 第 19 行 sizeof 是单目运算符，用于计算数据类型在内存中所占的字节数。

⑦ 程序编译时会出现如下警告信息，请思考警告信息产生的原因，应如何避免警告信息的产生？

warning C4305："＝"表示从 double 到 float 截断。

warning C4244："="表示从 float 转换到 int，可能丢失数据。

3.2.3　练习与思考

1. 单选题

（1）以下标识符中，不能作为合法的 C 用户定义标识符的是（　　）。

　　A. _123　　　　　　　B. void　　　　　　　C. a3_b3　　　　　　　D. IF

（2）下列选项中，均是 C 语言关键字的选项是（　　）。

　　A. if　struct　type　　　　　　　　B. switch　typedef　continue

　　C. signed　union　scanf　　　　　　D. auto　enum　　include

（3）以下数据中，不正确的数值或字符常量是（　　）。

　　A. 0　　　　　　　　　B. o13　　　　　　　　C. 5L　　　　　　　　D. 9861

（4）设变量 a 是整型，f 是实型，i 是双精度型，则表达式 10＋'a'＋i∗f 值的数据类型为（　　）。

　　A. 不确定　　　　　　B. double　　　　　　C. int　　　　　　　　D. float

（5）printf("%d \n",(int)(2.5＋3.0)/3);的输出结果是（　　）。

　　A. 2　　　　　　　　　　　　　　　B. 1

　　C. 有语法错误不能通过编译　　　　　D. 0

（6）若以下变量均是整型，且 num＝7；则计算表达式 sum ＝ num＋＋，sum＋＋，＋＋ num 后 sum 的值为（　　）。

　　A. 10　　　　　　　　B. 8　　　　　　　　　C. 7　　　　　　　　　D. 9

（7）执行下列语句后，a 和 b 的值分别为（　　）。

```
int  a , b;
a = 1 + 'a';
b = 2 + 7 % (- 4) - 'A';
```

　　A. −63　−64　　　　B. 79　78　　　　　C. 98　−60　　　　D. 1　−60

（8）若 a、b、c、d 都是 int 类型变量且初值为 0，以下选项中不正确的赋值表达式是（　　）。

　　A. a = b = c = 100　　　　　　　　B. d =（c = 22）−（b++）

　　C. d ++　　　　　　　　　　　　　D. c + b

（9）以下选项中，与 k ＝ n ＋＋完全等价的表达式是（　　）。

　　A. k = n , n = n + 1　　　　　　　B. n = n + 1 , k = n

　　C. k += n + 1　　　　　　　　　　D. k = ++ n

（10）若有说明语句：char c = '\72';则变量 c（　　）。

　　A. 不合法，c 的值不确定　　　　　　B. 包含 3 个字符

　　C. 包含 1 个字符　　　　　　　　　D. 包含 2 个字符

2. 填空题

（1）在 C 语言程序中，用关键字_____定义基本整型变量，用关键字_____定义单精度实型变量，用关键字_____定义双精度实型变量。

(2) C语言中,双精度实型类型数据在内存中占_____字节。

(3) 若有定义:char c＝'\x42';则变量 c 所表示的字符是_____。

(4) 表达式 18/4 * sqrt(4.0)/8 值的数据类型为_____。

(5) 表达式(int)((double)(5/2)＋2.5)的值是_____。

(6) 若有定义:int a＝7;float x＝2.5,y＝4.7;则表达式 x＋a％3 *(int)(x＋y)％2/4 的值是_____。

(7) 若有定义:double a＝5.5,b＝2.5;则表达式(int)a＋b/b 的值是_____。

(8) 若有定义:int a＝3;则执行完表达式 a＋＝a－＝a * a;后 a 的值是_____。

(9) 若有定义:int k＝4;计算表达式(j＝4,k－－)后,j 的值为_____和 k 的值为_____。

(10) 已知字母 a 的 ASCII 十进制代码为 97,则执行下列语句后的输出结果为_____。

```
char a = 'a';
a - - ;
printf("％d,％c\n",a + '2' - '0',a + '3' - '0');
```

3.2.4　综合应用

1. 程序填空

功能:模拟超市结账时将多出的几分进行四舍五入。以下程序运行后实际应付 313.94 元,而抹去分后实际支付 313.90 元。

```
1   # include < stdio. h >
2   int main()
3   {
4       float   pay1 = 56.75f, pay2 = 72.91f,pay3 = 88.90f,pay4 = 26.87f,pay5 = 68.51f;
5       float   total;                //表示商品实际应付总金额
6       float   money;                //表示抹分后实付总金额
7       / * * * * * * * * * * * * * * * * FILL * * * * * * * * * * * * * * * * * /
8       total = _____ ;
9       printf("实际应付％.2f 元\n",total);
10      / * * * * * * * * * * * * * * * FILL * * * * * * * * * * * * * * * * /
11      money = _____ ;
12      printf("抹分之后支付％.2f 元\n",money);
13      return 0;
14  }
```

请在程序的下画线处填入正确的内容,并把下画线删除,使程序得出正确的结果。

注意:不要增行或删行,也不得更改程序结构。

【实验提示】

(1) C语言编译器默认实型常量为双精度 double 类型,若希望实型常量以单精度 float 类型参与运算,则在实型常量后添加"f"或"F",如程序第 4 行所示。

（2）第 9、12 行 printf 函数中的"%.2f"表示 float 型数据输出，小数位数占 2 位，第 3 位四舍五入，整数部分按实际宽度输出。

（3）实际应付金额多出的几分实现四舍五入的计算公式：(total＊10＋0.5)/10，程序中需要将分子强制转换为 int 类型，但最后计算实际支付金额时，还需要避免整型数除以整型数。

（4）思考：若要将几角几分全部四舍五入抹去取整结账，该如何修改程序？

2．输入并运行程序

功能：阅读、理解、运行程序，写出程序运行结果。

```
1    # include < stdio. h >
2    int main()
3    {
4        float a;
5        int b,c;
6        char d,e;
7        a = 5.5;
8        b = (int)a;
9        c = b + 'a';
10       d = c;
11       e = '\\';
12       printf("a = % f\nb = % d\nc = % d\nd = % c\ne = % c\n",a,b,c,d,e);
13   }
```

【实验提示】

（1）本程序主要学习数据类型的 3 种转换方式：自动转换、赋值转换和强制类型转换。

（2）第 7 行，赋值转换，实型常量 5.5 系统默认为 double 类型，系统自动把 5.5 转换为单精度 float 类型，赋值给变量 a，但编译时此行会提示警告信息。

（3）第 8 行，强制类型转换，把 a 的值 5.5f 强制转换成 int 类型，即舍弃小数部分，将整数 5 赋给变量 b，注意：变量 a 的值不变，仍为 5.5f。

（4）第 9 行，先将字符常量'a'自动转换为 ASCII 码 97 参与运算，得到整型数 102，赋给变量 c。

（5）第 10 行，赋值转换，将整数 102 转换成 ASCII 码对应的字符'e'，赋给字符变量 d。

（6）第 11 行，'\\'为转义字符，表示字符'\'。

3．程序改错

功能：设圆半径 $r=1.5$，圆柱高 $h=3$，求圆球表面积、圆球体积、圆柱体积。用 scanf 函数输入数据，输出计算结果，输出时要求有文字说明，取小数点后 2 位数字。修改注释行下面一行程序的错误，不要增行或删行，也不得更改程序结构。

```
1    # include < stdio. h >
2    # define PI 3. 14159
3    int main()
4    {
```

```
5       float   r, h, sq, vq, vz;
6       printf("请输入圆半径 r,圆柱高 h:");
7       / * * * * * * * * * * * * * * * * * ERROR * * * * * * * * * * * * * * * * * /
8       scanf(" % f, % f",r,h);
9       sq = 4 * PI * r * r;
10      / * * * * * * * * * * * * * * * * * ERROR * * * * * * * * * * * * * * * * * /
11      vq = 4/3 * PI * r * r * r;
12      vz = PI * r * r * h;
13      printf("圆球表面积为: sq = % 6.2f\n",sq);
14      printf("圆球体积为: vq = % 6.2f\n",vq);
15      printf("圆柱体积为: vz = % 6.2f\n",vz);
16      return 0;
17  }
```

【实验提示】

(1) 第 2 行,程序中反复用到常量 3.141 59,因此定义符号常量 PI。

(2) 第 8 行,根据 scanf 函数的语法规则,正确使用 scanf 函数。

(3) 第 11 行,要注意避免整型数除以整型数。

(4) 第 13～15 行,"%6.2f"表示 float 型数据输出的格式,小数位 2 位,总的宽度 6 位,实际宽度不足 6 位,左边补空格;若实际宽度超过 6 位,按实际宽度输出。

4. 程序设计

功能:从键盘输入一个 4 位正整数,将 4 位正整数的个位、十位、百位、千位分离出来,求各位数之和,并将各位数逆序组成一个新的 4 位数,如输入 1234,各位数之和为 10,逆序组成新的 4 位数为 4321。请将下列程序补充完整。

```
1   # include < stdio. h>
2   int main()
3   {
4       int a,b;                        //存放输入的数及逆序得到的新数
5       int ge,shi,bai,qian;           //存放分离的每一位数
6       int sum;                        //存放各位数之和
7       / * * * * * * * * * * * * * * * * * BEGIN * * * * * * * * * * * * * * * * * * * * * /
8
9
10      / * * * * * * * * * * * * * * * * * END * * * * * * * * * * * * * * * * * * * * * /
11      return 0;
12  }
```

【实验提示】

(1) 分析题目,将题目中的信息进行抽象,需要定义 7 个整型变量,例如用 a、b 分别表示输入的数和逆序得到的新数,ge、shi、bai、qian 分别表示各位数,sum 表示各位数之和。

(2) 在分离每一位时,要用到除法运算中整型除以整型商为整型及求余运算,例如:

千位:3478/1000＝3   百位:3478/100％10＝4

十位：3478/10％10＝7   个位：3478％10＝8

（3）逆序得到的新数：个位×1000 ＋十位×100 ＋百位×10 ＋千位。

（4）程序最后输出各位数之和及逆序得到的新数。

3.3　实践拓展

经过前面"单词""短语""句子""段落"的学习、练习与应用，应该可以独立地写一篇精彩的"文章"了。为了让文章更好看、更实用，在这里通过两个拓展练习学习如何设置好看的运行窗口和打印有趣的图案。

3.3.1　设置运行窗口字体及背景颜色

C语言运行窗口默认设置为黑底白字，其实计算机的输出可以是彩色的，右击运行窗口标题栏，打开"属性"对话框可以设置窗口字体及背景颜色。另外，还可以编程调用Windows 系统命令实现窗口字体及背景颜色的设置。输入并运行如下程序：

```
1   # include < stdio. h >
2   # include < stdlib. h >
3   / * 十六进制数表示颜色
4   0 - 黑     1 - 蓝     2 - 绿       3 - 浅绿   4 - 红     5 - 紫   6 - 黄   7 - 白   8 - 灰
5   9 - 淡蓝   A - 淡绿   B - 淡浅绿   C - 淡红   D - 淡紫   E - 淡黄   F - 亮白 * /
6   int main()
7   {
8       system("title 劝学");                    //设置运行窗口标题
9       system("mode con cols = 80 lines = 40");  //设置窗口大小，宽度为 80px，高度为 40px
10      system("color F4");                       //设置运行窗口背景色为 F - 亮白，文字颜色为 4 - 红
11      printf("\t    《劝学》\n\n");
12      printf("\t      颜真卿\n\n");
13      printf("\t 三更灯火五更鸡,\n\n");
14      printf("\t 正是男儿读书时。\n\n");
15      printf("\t 黑发不知勤学早,\n\n");
16      printf("\t 白首方悔读书迟。\n\n");
17      printf("\n");
18      return 0;
19  }
```

【实验提示】

（1）利用 system 函数调用 Windows 系统命令，来设置 C 语言运行窗口的字体及背景颜色，它包含在头文件 # include < stdlib. h >中。

（2）第 3～5 行，多行注释，说明用十六进制数表示的各种颜色。

（3）第 8 行，利用 system 函数调用 Windows 系统外部命令 title，设置运行窗口标题为"劝学"。

（4）第 9 行，利用 system 函数调用 Windows 系统外部命令 mode con，设置窗口宽度为 80px，高度为 40px。

（5）第10行，利用system函数调用Windows系统外部命令color，设置颜色。color命令后面有两个十六进制数，第一个十六进制数表示背景颜色，如F表示背景颜色为亮白色，第二个十六进制数表示文字颜色，如4表示红色。如果color后面只有一个十六进制数，则该数表示文字颜色，背景默认为黑色。

（6）第11～17行，输出唐朝诗人颜真卿的著名诗篇《劝学》，程序中转义字符'\t'相当于Tab键，将当前位置移到一个Tab键位置。

3.3.2 打印绿底白字小飞机图案

读者可以利用前面所学的知识，尝试以编程的方式让计算机打印如图3-6所示的绿底白字小飞机图案。

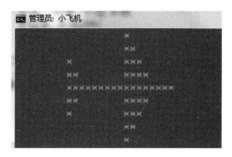

图3-6 绿底白字小飞机图案

【实验提示】

（1）模仿3.3.1节的程序，利用system函数设置运行窗口的标题、背景颜色、文字颜色。

（2）分9行输出模拟飞机形状，合理使用转义字符'\t'，'\n'。

（3）修改程序实现一面小红旗、五角星等图案的输出显示。

第4章 C语言程序基本结构

在进行程序设计时,有两部分工作,一部分是数据的设计,另一部分是操作的设计。数据设计部分主要用来定义数据的类型,完成数据的初始化;操作设计部分是一系列的操作控制语句,主要是向计算机系统发出操作指令,以完成对数据的加工和流程控制。

实现对数据的加工和流程控制,需要使用最早于1965年E. W. Dijkstra提出的结构化程序设计(Structured Programming)思想,该思想的提出是软件发展的一个重要里程碑,其主要观点是采用自顶向下、逐步求精的程序设计方法;任何程序都由顺序结构、选择结构、循环结构这3种基本控制结构构成,结构化程序设计极大地增强了程序的易读性。

为方便读者了解、学习C语言程序基本结构,绘制本章思维导图,如图4-1所示。

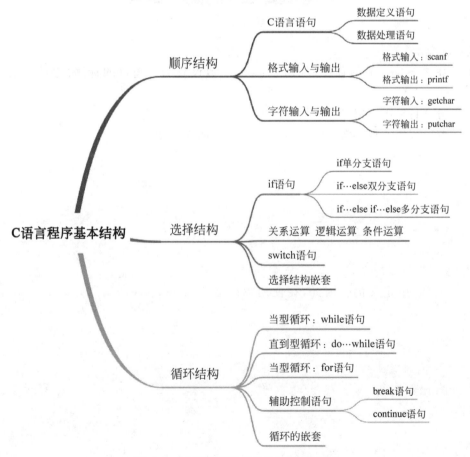

图4-1 "C语言程序基本结构"思维导图

4.1 顺序结构

在结构化程序设计中,顺序结构是最简单,也是使用最广泛的程序结构。前3章的程序都是顺序结构的程序,顺序结构的程序按语句在程序中的先后顺序依次执行。选择结构和循环结构可以包含顺序结构,也可以作为顺序结构的组成部分。本节要求读者在进一步理解顺序结构的基础上,重点掌握数据的输入与输出。

4.1.1 知识点介绍

1. C语言的基本语句

语句用来向计算机发出操作命令,是C语言任务的真正执行部分。一个语句经过编译后产生若干条机器指令,通过程序可以完成某个任务。C语言语句的分类如图4-2所示。

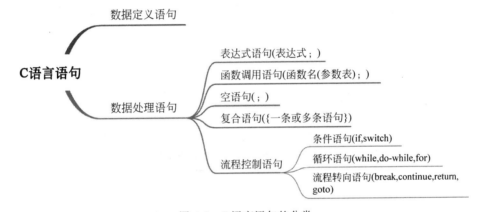

图4-2 C语言语句的分类

C语言规定,一个语句必须以分号作为结束。分号是语句的结束标志。一般情况下,一个语句占用一行,尽量不要将一个语句分成几行,也尽量不要将几个语句写在同一行。

2. 数据的格式输入与输出

数据的输入与输出是程序最基本的一种操作,它是程序运行中与用户交互的基础。C语言没有提供专门的输入与输出语句,输入与输出通过标准库函数完成,这些函数在头文件"stdio.h"中定义的。因此,在使用标准输入输出函数时,要用到如下预编译处理命令:

　#include＜stdio.h＞或#include "stdio.h"

(1) 数据的格式化输出

printf函数是格式化输出函数,它的作用是按指定的格式在屏幕显示输出指定的数据。使用规则如表4-1所示。

表 4-1　printf 函数一般格式

一　般　格　式		printf("格式控制串"[,输出表列]);	
说　　明		示　　例	屏幕显示输出
格式控制串	普通字符或转义字符	printf("This is a C Program!");	This is a C Program!
	%格式说明		
输出表列	输出的数据表列,在个数上、顺序上、类型上与%格式说明一一对应	int a = 3,b = 4; printf("a = %d,b = %d\n",a,b);	a = 3,b = 4

（2）数据的格式化输入

scanf 函数是格式化输入函数,其作用是按照指定的格式从键盘输入数据,并赋值给指定的变量。scanf 函数一般格式如表 4-2 所示。

表 4-2　scanf 函数一般格式

scanf("格式控制串",地址表列);		说　　明
格式控制串	普通字符	用户原样输入的字符序列,一般情况不建议使用
	%格式说明	变量的地址用"& 变量"表示,如:
地址表列	变量的地址,在个数上、顺序上、类型上与%格式说明一一对应	int a = 3,b = 4; scanf("%d,%d",&a,&b);

当需要连续地输入多个数据时,数据与数据之间的分隔符,规则如表 4-3 所示。

表 4-3　连续多个数据输入的分隔符使用规则

示　　例	数据输入与输出	说　　明

int a,b;
scanf("%d,%d",&a,&b);
printf("a = %d,b = %d\n",a,b);
	3,4
	a = 3,b = 4
		双引号格式控制符中原样输入的逗号为两数值型数据的分隔符

int a,b;
scanf("%d%d",&a,&b);
printf("a = %d,b = %d\n",a,b);
	3 4
	a = 3,b = 4
		双引号格式控制符中只有%d 或%f 时,数值型数据分隔符为空格或 Tab 键或 Enter 键

int a;
char b;
scanf("%d%c",&a,&b);
printf("a = %d,b = %c\n",a,b);
	23w
	a = 23,b = w
		先输入数值型数据,再输入字符型数据时,无分隔符

int a;
char b;
scanf("%c%d",&b,&a);
printf("a = %d,b = %c\n",a,b);
	w 23
	a = 23,b = w
		先输入字符型数据,再输入数值型数据,分隔符为空格或 Tab 键或 Enter 键

char a,b;
scanf("%c%c",&a,&b);
printf("a = %c,b = %c\n",a,b);
	GH
	a = G,b = H
		连续输入字符型数据时,无分隔符

（3）％格式说明

printf 与 scanf 函数中格式控制串中都有％格式说明，表示按规定的格式输入输出数据，常用％格式说明如表 4-4 所示。

表 4-4 ％格式说明

％格式说明	含　义	举　例	输 出 结 果
％d	十进制整数	int a = 255; printf("a = ％ d\n",a);	a = 255
％x	十六进制无符号整数	int a = 255; printf("a = ％ x\n",a);	a = ff
％o	八进制无符号整数	int a = 255; printf("a = ％ o\n",a);	a = 377
％u	无符号十进制整数	int a = 255; printf("a = ％ u\n",a);	a = 255
％f	单精度浮点数小数形式	float a = 567.789; printf("a = ％ f\n",a);	a = 567.789001
％lf	双精度浮点数小数形式	double a = 567.789; printf("a = ％ lf\n",a);	a = 567.789000
％e	浮点数指数形式	float a = 567.789; printf("a = ％ e\n",a);	a = 5.677890e + 002
％E	浮点数指数形式	float a = 567.789; printf("a = ％ E\n",a);	a = 5.677890E + 002
％c	单一字符	char a = 'B'; printf("a = ％ c\n",a);	a = B
％s	字符串	printf("％ s\n","China");	China
％g	e 和 f 中较短一种	float a = 567.789; printf("a = ％ g\n",a);	a = 567.789
％％	百分号本身	printf("3 ％ ％ 4\n");	3 ％ 4

（4）％格式修饰符

在表 4-4 所示的格式说明中，可以在％和字母中插入如表 4-5 所示的附加符号，该符号称为％格式修饰符。

表 4-5 ％格式修饰符

修　饰　符	功　能
m	输入输出数据域宽，数据长度小于 m，则左补空格；否则按实际输入输出
.n	对实数，指定小数点后位数为 n，第 n+1 位小数四舍五入
	对字符串，从左到右指定实际输出位数
－	输出数据在域内左对齐，右补空格，默认右对齐，左补空格
＋	指定在有符号数的正数前显示正号（＋）
0	输出数值时指定左边空位置自动填 0，而不是填空格
＃	在八进制数前显示前导符 0，十六进制数前显示前导符 0x
l	在 d，o，x，u 前，指定输出精度为 long 型
	在 e，f，g 前，指定输出精度为 double 型

3. 字符的输入与输出

除了可以在 scanf 与 printf 函数用格式说明％c 实现字符的输入输出外，C 语言标准函数库还提供了专门用于字符输入和输出的函数，详见表 4-6。

表 4-6　字符的输入与输出函数

	字符输入函数 getchar	字符输出函数 putchar
一般形式	getchar()	putchar(字符);
功能	读入用户从键盘上输入的一个字符	将括号中的"字符"显示输出到屏幕
函数参数	无参函数	字符常量或字符变量或整型常量或整型变量
函数值	输入字符的 ASCII 码	输出字符的 ASCII 码

示例	char a;
	a = getchar(); //等价于 scanf(" % c",&a);
	putchar(a);　　//等价于 printf(" % c",&a);
	putchar('\n'); //等价于 printf("\n");
		运行示例:
		Q
		Q
		按任意键继续

4. 顺序结构

顺序结构是程序设计语言最基本的结构,其包含的语句是按照书写的顺序依次执行,且每条语句都将被执行,其 N-S 流程图如图 4-3 所示,图中 A 块和 B 块是顺序执行的结构关系。

图 4-3　顺序结构 N-S 流程图

4.1.2　实验部分

1. 实验目的

(1) 掌握 C 语言的基本语句。
(2) 掌握格式输入输出函数调用的格式和应用。
(3) 掌握字符输入输出函数调用的格式和应用。
(4) 掌握简单的顺序结构程序设计方法。

2. 实验内容

(1) 输入并运行程序一

功能:根据运行结果理解 printf 函数中％格式说明的含义及使用方法。代码如下:

```
1    # include < stdio. h>
2    int main()
3    {
4        int a = 123, b = - 45;
5        float x = 2.547;
6        double y = 3.149;
7        char c = 'A';
8        printf("a = % d, % 2d, % 5d, % - 5d, % + 5d\n",a,a,a,a,a);
9        printf("b = % d, % 2d, % 5d, % - 05d, % + 05d\n",b,b,b,b,b);
10       printf("x = % f, % 9f, % 9.2f, % 2.2f, % .0f\n",x,x,x,x,x);
11       printf("y = % lf, % 9lf, % 9.2lf, % 2.2lf, % .0lf\n",y,y,y,y,y);
```

```
12      printf("x = % e, % E, % 12.2e, % .2E, % .0e\n",x,x,x,x,x);
13      printf("c = % c, % d\n",c,c);
14      return 0;
15  }
```

【实验提示】

① 程序结构为典型顺序结构,根据语句的先后顺序依次执行。

② 程序主要是关于 int、float、double、char 数据类型数据对应的%格式说明的使用,详见表 4-4。

③ 为使数据按照指定格式输出,在%与格式说明之间加了修饰符,如%5d、%-5d 等,各修饰符所表示的含义详见表 4-5。

④ 注意表 4-4 中%格式说明除了%e 可以写为%E 外,其余的都为小写字母。且%与字母之间不能有空格。

⑤ 根据程序运行结果,对照表 4-4 和表 4-5 理解%格式说明及%格式修饰符。

（2）输入并运行程序二

功能:要求用 scanf 函数输入数据时,使 a=3,b=7,x=8.5,y=71.82,c1='A',c2='a',代码如下:

```
1   # include < stdio. h>
2   int main()
3   {
4       int a,b;
5       float x,y;
6       char c1,c2;
7       printf("\n 请按格式输入 a,b,x,y,c1,c2 的值: \n");
8       scanf("a = % d\tb = % d\t",&a,&b);
9       scanf("x = % f\ty = % f\t",&x,&y);
10      scanf("c1 = % c\tc2 = % c",&c1,&c2);
11      printf("\n 输出 a,b,x,y,c1,c2 的值: \n");
12      printf("a = %- 5d\tb = %- 5d\n",a,b);
13      printf ("x = %- 5.2f\ty = % 8.2e\n",x,y);
14      printf ("c1 = \'% c\'\tc2 = \'% c\'\n",c1,c2);
15      return 0;
16  }
```

【实验提示】

① 程序结构为典型顺序结构,根据语句的先后顺序依次执行。

② 输入数据时应严格按所定义的格式输入,scanf 函数中,双引号内原样输入的字符序列,如 a=、b=、x=、y=、c1=、c2=,都必须原样输入,遇到"\t"则按 Tab 键。

③ scanf 函数中,双引号内%格式说明处输入变量对应的值。

④ 第 10 行,%c 输入字符时,直接输入字符本身,不需要输入单引号。

⑤ 第 14 行,在程序中用转义字符'\'输出单引号符号。

⑥ 程序运行情况示例如图 4-4 所示。

（3）输入并运行程序三

功能:字符输入 getchar 函数与字符输出 putchar 函数的使用,代码如下:

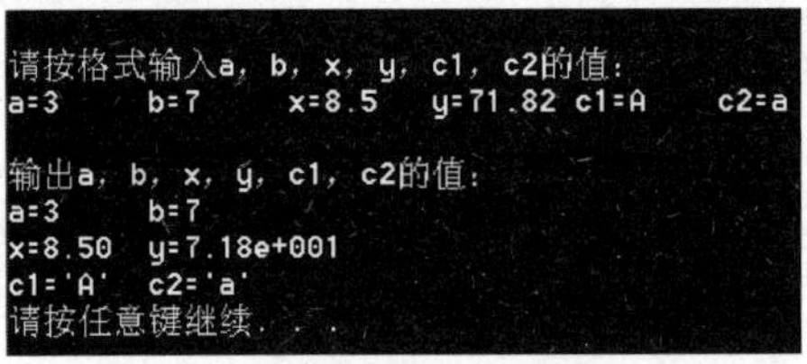

图 4-4　程序运行结果示例

```
1    # include < stdio. h >
2    int main()
3    {
4        char   c,c1,c2;
5        c = getchar();            //输入字符赋给变量 c,等价于 scanf(" % c",&c);
6        c2 = getchar();           //输入字符赋给变量 c2,等价于 scanf(" % c",&c2);
7        c1 = c + c2;              //变量 c 与 c2 对应字符的 ASCII 码参与运算
8        c2 = c1 - 1;             //变量 c2 被重新赋值
9        putchar(c);              //输出变量 c 对应的字符,等价于 printf(" % c",c);
10       putchar(c1);             //输出变量 c1 对应的字符,等价于 printf(" % c",c1);
11       putchar('\n');           //输出回车换行,等价于 printf("\n");
12       putchar(c2);             //输出变量 c2 对应的字符,等价于 printf(" % c",c2);
13       putchar('\007');         //输出蜂鸣声,等价于 printf(" % c", '\007');
14       putchar('\n');           //输出回车换行
15       putchar('\101');         //输出转义字符'\101'对应的字符'A'
16       putchar(c2);             //输出变量 c2 对应的字符
17       putchar('\n');           //输出回车换行
18       return 0;
19   }
```

【实验提示】

① 字符输入函数 getchar 与字符输出函数 putchar 的使用规则详见表 4-6。

② 第 5~6 行,等价于 scanf(" % c % c",&c,&c2);该形式即为表 4-3 所示的第 5 种示例,连续输入两个字符型数据时,两字符之间无分隔符,如输入 2E,则系统将字符'2'赋值给变量 c,'E'赋值给变量 c2。

③ 第 13 行,转义字符'\007'表示的是蜂鸣声,输出的是声音,而不是可见字符。

④ 第 15 行,转义字符'\101'中的"101"表示的是八进制数,需要将其转换为十进制数 65,输出 ASCII 码 65 对应的字符'A'。

⑤ 程序中有 9 个 putchar 函数,运行程序,思考每个 putchar 函数对应输出的字符是什么。

(4) 程序设计

功能:编写程序,从键盘上输入数字字符数据('0'~'9'),要求将数字字符转换为对应的数值数据输出。

【实验提示】

① 程序设计思路:分析题目,确定所需数据结构; 给参与运算的变量赋初值; 利用 3 种基本结构解决问题; 输出结果。

② 数字字符在内存中存储的是其对应的 ASCII 码,在内存中占 1B,而对应的数字在 VS2010 环境下在内存中占 4B,数字字符与数字在内存中的存储,如表 4-7 所示。

表 4-7　数字字符与数字在内存中的存储

数字字符	在内存中存放	ASCII 码	数字	在内存中存放
'0'	0011 0000	48	0	0000 0000 0000 0000 0000 0000 0000 0000
'1'	0011 0001	49	1	0000 0000 0000 0000 0000 0000 0000 0001
'2'	0011 0010	50	2	0000 0000 0000 0000 0000 0000 0000 0010
'3'	0011 0011	51	3	0000 0000 0000 0000 0000 0000 0000 0011
'4'	0011 0100	52	4	0000 0000 0000 0000 0000 0000 0000 0100
'5'	0011 0101	53	5	0000 0000 0000 0000 0000 0000 0000 0101
'6'	0011 0110	54	6	0000 0000 0000 0000 0000 0000 0000 0110
'7'	0011 0111	55	7	0000 0000 0000 0000 0000 0000 0000 0111
'8'	0011 1000	56	8	0000 0000 0000 0000 0000 0000 0000 1000
'9'	0011 1001	57	9	0000 0000 0000 0000 0000 0000 0000 1001

③ 根据数字字符的 ASCII 码,可以知道数字字符与数字之间的转换关系,即数字=数字字符-48,48 也可以写为字符'0'。

4.1.3　练习与思考

1. 单选题

(1) 若变量已正确说明,要求用scanf("a = %f,b = %f",&a, &b);给 a 赋予 3.12,给 b 赋予 9.0,则正确的输入形式是(　　)。

　　A. a = 3.12　,b = 9　　　　　　　　B. a = 3.12　b = 9

　　C. 3.12　9.0　　　　　　　　　　　D. a = 3.12,b = 9.0

(2) 已知 i、j、k 为 int 型变量,若从键盘输入:1,2,3<回车>,使 i 的值为 1,j 的值为 2,k 的值为 3,以下选项中正确的输入语句是(　　)。

　　A. scanf("%d%d%d",&i,&j,&k);

　　B. scanf("%d, %d, %d",&i,&j,&k);

　　C. scanf("%2d%2d%2d",&i,&j,&k);

　　D. scanf("i = %d,j = %d,k = %d",&i,&j,&k);

(3) 程序段float k = 0.8567;printf("%06.1f%%",k * 100);输出结果为(　　)。

　　A. 0085.7%　　　　B. .857　　　　　C. 0085.6%　　　D. 0085.6%%

(4) 程序段char c1 = 97,c2 = 98;printf("%d%c",c1,c2);输出结果是(　　)。

　　A. a　98　　　　　　B. a　b　　　　　C. 97　b　　　　D. 97　98

(5) 下列程序段的输出结果是(　　)。

```
int  a = 1234;
float  b = 123.456;
double  c = 12345.54321;
printf("%2d, %2.1f, %2.1lf\n",a,b,c);
```

    A. 1234, 123.4, 1234.5　　　　　　　　B. 1234, 123.5, 12345.5

    C. 12, 123.5, 12345.5　　　　　　　　　D. 无输出

（6）程序段 int　x = 496; printf(" * %- 06d * \n",x); 输出结果是（　　　）。

    A. * 000496 *　　　　　　　　　　　　B. *　　 496 *

    C. * 496　　 *　　　　　　　　　　　　D. 输出格式不合法

（7）若变量已正确说明为 int，要给 a、b、c 输入数据，以下正确的输入语句是（　　　）。

    A. scanf("%d%d%d",&a,&b,&c);　　　　B. scanf("%d%d%d",a,b,c);

    C. read(a,b,c);　　　　　　　　　　　D. scanf("%D%D%D",&a,&b,&c);

2. 填空题

（1）结构化程序由_____、_____和_____这 3 种基本结构组成。

（2）复合语句在语法上被认为是_____，空语句的形式是_____。

（3）程序段 float x = 213.82631;printf("%3d",(int)x); 输出结果为_____。

（4）若有以下说明和输入语句，要求给 a1、a2 输入 7.29 和 101.298，给 c1、c2 输入字符 A 和 B，从键盘正确输入数据的形式是_____。

```
float  a1,a2;
char   c1,c2;
scanf("%f%f",&a1,&a2);
scanf("%c%c",&c1,&c2);
```

（5）若 int 类型占 2B，则 int a =- 1; printf("%d, %u\n",a,a); 输出结果是_____。

（6）以下程序段的输出结果是_____。

```
int   x = 0177;
printf("x = %3d,x = %6d,x = %#6o,x = %#6x,x = %6u\n",x,x,x,x,x);
```

（7）getchar 函数的功能是_____，putchar 函数的功能是_____。

4.1.4　综合应用

1. 输入并运行程序

功能：根据运行结果理解 %u、%o、%x、%s 格式说明的使用规则，代码如下：

```
1    # include < stdio. h>
2    int main()
3    {
4        int a =- 1;
5        long n = 1234567;
6        unsigned int u = 65535;
7        printf("a = %d, %o, %x\n",a,a,a);
8        printf("n = %ld, %lo, %lx\n",n,n,n);
9        printf("u = %u, %o, %x, %d\n",u,u,u,u);
10       printf("%s, %5.3s, %- 5.3s\n", "computer", "computer", "computer");
11       return 0;
12   }
```

【实验提示】

（1）第4～5行，定义有符号整型变量，数据类型前省略了signed，系统默认为定义有符号数据类型变量，在内存中最高位表示符号位，0为正，1为负。

（2）第6行，定义为无符号unsigned整型变量，在内存中最高位表示数值本身，没有符号位。

（3）有符号整数在内存中以补码形式存放，并以补码参与数据运算。关于%d、%o、%x、%u的进一步详解，详见表4-8。

表4-8　%d、%o、%x、%u的进一步详解

%格式说明	含　义	举　例	结　果	说　明
%d	原码对应的十进制整数	int a =-1; printf("a = % d\n",a);	a =-1	VS2010环境下，int型数据在内存中占4字节，即32位二进制
%o	补码对应的八进制整数	int a =-1; printf("a = % o\n",a);	a = 37777777777	
%x	补码对应的十六进制整数	int a =-1; printf("a = % x\n",a);	a = ffffffff	
%u	补码对应的十进制整数	int a =-1; printf("a = % u\n",a);	a = 4294967295	

（4）第10行，%s字符串数据的输入输出格式，%5.3s表示取字符串前3个字符，输出总宽度为5，不足5个宽度左补2个空格，%-5.3s则是右补2个空格。

2. 程序填空

功能：若a=3,b=4,c=5,x=1.2,y=2.4,z=-3.6,u=51274,n=128765,c1='a',c2='b'，请在程序的下画线处填入正确的内容，使程序得出如下运行结果，如图4-5所示。

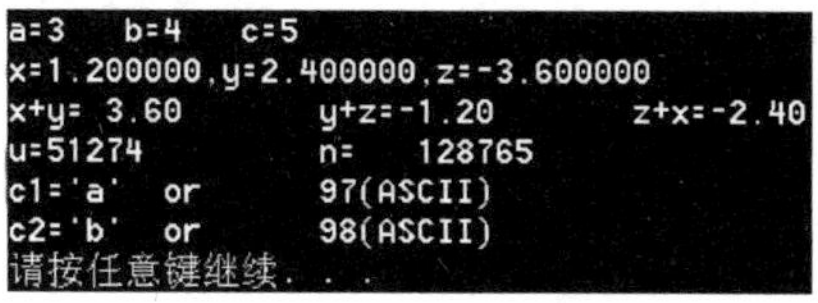

```
a=3    b=4    c=5
x=1.200000,y=2.400000,z=-3.600000
x+y= 3.60       y+z=-1.20       z+x=-2.40
u=51274         n=  128765
c1='a'  or      97(ASCII)
c2='b'  or      98(ASCII)
请按任意键继续. . .
```

图4-5　运行结果示例

注意：不要增行或删行，也不得更改程序结构。

```
1   # include < stdio. h>
2   int main()
3   {
4       int a = 3,b = 4,c = 5;
5       float x = 1.2,y = 2.4,z = - 3.6;
6       unsigned int u = 51274;
7       long n = 128765;
8       / ****************** FILL ****************** /
9       _____ c1 = 'a',c2 = 'b';
10      printf("a = % - 4db = % - 4dc = % - 4d\n",a,b,c);
```

```
11      printf("x = % f,y = % f,z = % f\n",x,y,z);
12      /****************** FILL ****************** /
13      printf("x + y = % 5.2f\ty + z = % 5.2f\tz + x = % 5.2f\n",_____);
14      printf("u = % - 8u\tn = % 9ld\n",u,n);
15      printf("c1 = \' % c\'\tor\t % d(ASCII)\n",c1,c1);
16      /****************** FILL ****************** /
17      printf("c2 = \'_____\'\tor\t _____(ASCII)\n",c2,c2);
18      return 0;
19  }
```

【实验提示】

（1）根据题目中变量的值，定义合适的数据类型。

（2）printf 函数中双引号内的％格式说明与双引号之外的输出项在个数、顺序、类型上一一对应。

（3）printf 函数中输出项可以是变量表列，也可以是表达式。

（4）字符型数据以％c 格式输出，输出其对应的字符；若以％d 格式输出，则输出其对应的 ASCII 码。

3. 程序改错

功能：请改正程序中的错误，使它能按指定形式输入数据，并且按指定形式输出数据，程序运行结果如图 4-6 所示。

图 4-6   运行结果示例

注意：不要增行或删行，也不得更改程序的结构。

```
1   # include < stdio. h>
2   int main()
3   {
4       double a,b,c,s,v;
5       /****************** ERROR ****************** /
6       printf(Input a,b,c:\n);
7       /****************** ERROR ****************** /
8       scanf("% f, % f, % f",a,b,c);
9       s = a * b;
10      v = a * b * c;
11      /****************** ERROR ****************** /
12      printf(" % lf\t % lf\t % lf\n",a,b,c);
13      /****************** ERROR ****************** /
14      printf("s = % lf",s,"v = % lf",v);
15      return 0;
16  }
```

【实验提示】

（1）程序结构为顺序结构，依据语句先后顺序依次执行。

（2）a、b、c 为 double 数据类型，其输入输出的格式控制符为％lf。

（3）从键盘上输入 2、3、4 为整型数据，系统会自动转化为 double 型分别赋给 a、b、c。

（4）输入数据间的分隔符应严格按定义的格式输入，详见表 4-3。

4. 程序设计

功能：输入一个 4 位整数，将其加密后输出。方法是将该数每一位上的数字加 9，然后除以 10 取余，作为该位上的新数字，最后将千位和十位上的数字互换，百位和个位上的数字互换，组成加密后的新的 4 位数。例如，输入 Enter a number：1247，输出 The encrypted number is 3601。

```
1    # include < stdio. h>
2    int main()
3    {
4        int m,a,b,c,d,t,n;
5        / ***************** BEGIN ******************* /
6
7
8        / ***************** END ******************* /
9        return 0;
10   }
```

【实验提示】

（1）第 4 行，分析题目确定所需变量，定义变量 m 存放从键盘上输入的数，a、b、c、d 分别存放个位、十位、百位、千位，t 是变量交换所需要的临时变量，n 存放最后得到的新数。

（2）问题解决的基本框架流程：输入数据→求个位十位百位千位→千位和十位上的数字互换→百位和个位上的数字互换→得到新数→输出新数。

4.2　选择结构

计算机在程序指导下可以根据条件的真伪选择执行不同的语句。相对于前面介绍的顺序结构，这种依条件有选择地执行语句的程序结构称为选择结构，又称为分支结构。选择结构是人工智能的基础，如果没有选择结构，计算机就仅仅是计算器了。

4.2.1　知识点介绍

1. 关系运算与逻辑运算

选择结构离不开数据大小比较以及逻辑上的与、或、非运算，也即关系运算和逻辑运算。

1）关系运算

关系运算主要是用于比较两个数的大小，共有 6 种运算，详见表 4-9。

表 4-9 关系运算

运算符号	> >= < <=	==	!=
运算符功能	左右两边数据大小比较	判断左右两边是否相等	判断左右两边是否不等
运算对象	双目运算,运算对象可以是任意变量或常量或表达式		
结合方向	从左向右结合		
优先级	高━━━━━━━━━━━━━━━━━━━━━━━━━►低		
表达式的值	为逻辑值,即 1 与 0,表达式成立,则表达式的值为 1;表达式不成立,则表达式的值为 0		

2) 逻辑运算

在 C 语言中,逻辑运算分别称为逻辑与、逻辑或、逻辑非运算,详见表 4-10。

表 4-10 逻辑运算

运算符号	!	&&	||
运算符功能	逻辑非运算	逻辑与运算	逻辑或运算
运算对象	单目运算	双目运算	
	运算对象为逻辑量,即非 0 任意值表示逻辑真,0 表示逻辑假		
结合方向	从右向左结合	从左向右结合	
优先级	高━━━━━━━━━━━━━━━━━━━━━━━━━►低		
表达式的值	为逻辑值,即 1 与 0,表达式成立,则表达式的值为 1;表达式不成立,则表达式的值为 0		

(1) 逻辑运算真值表

C 语言编译系统以非 0 的任意值表示逻辑真,以 0 表示逻辑假,逻辑运算的真值表如表 4-11。

表 4-11 逻辑运算真值表

a	b	! a	! b	a&&b	a||b
非 0	非 0	0	0	1	1
非 0	0	0	1	0	1
0	非 0	1	0	0	1
0	0	1	1	0	0

(2) 逻辑与(&&)和逻辑或(\|\|)的简化运算

为提高运算速度,对于逻辑与(&&)和逻辑或(\|\|),系统有时会采用一种简化运算,详见表 4-12。

表 4-12 && 和 \|\| 的简化运算

表达式	a && b	a || b
简化运算	若 a 为 0,则不求解 b,表达式值为 0	若 a 为非 0,则不求解 b,表达式值为 1

示例	int i = 1, j = 2;
	printf(" % d\n", i == 5 % % (j = 8));
	printf(" % d\n", j, j);
		int i = 1, j = 2;
		printf(" % d\n", i == 1 ||(j = 8));
		printf(" % d\n", i, j);

运行结果	0 1,2 注:j = 8 未被执行,变量 j 值不变	1 1,2 注:j = 8 未被执行,变量 j 值不变

2．if 语句

if 语句根据给定条件的真假决定执行的操作，在 C 语言中，if 语句有 3 种形式：单分支 if 语句、双分支 if 语句和多分支 if 语句，详见表 4-13。

表 4-13　if 语句的 3 种形式

if 语句一般形式		N-S 结构流程图
形式一	if(表达式) 　　语句;	表达式的值　非0 / 0；语句

形式二	if(表达式)
	　　语句1;
	else
	　　语句2;
		表达式的值　非0 / 0；语句1 ／ 语句2

形式三	if(表达式1)
	　　语句1;
	else　if(表达式2)
	　　语句2;
	else　if(表达式3)
	　　语句3;
	…
	else　if(表达式 n−1)
	　　语句 n−1;
	else
	　　语句 n;
		表达式1的值 非0/0；表达式2的值 非0/0；表达式3的值 非0/0；… 表达式n−1的值 非0/0；语句1／语句2／语句3／…／语句n−1／语句n

【说明】

（1）if、else if、else 是 C 语言的关键字，if 表示选择结构的开始。

（2）if 后面圆括号中的表达式指定判断的条件，该表达式可以是任意合法的 C 语言表达式，但一般使用关系表达式或逻辑表达式，表达式两边的圆括号不可少。

（3）这 3 种形式中的语句是由一条或多条语句组成，如果语句由一条以上语句组成，必须用花括号把这一组语句括起来，构成一条复合语句。

（4）为了便于阅读程序，建议使用缩进方式书写程序，即 3 种形式中的"语句"向右缩进一个 Tab 键位置，形式二、形式三中的 if、else if、else 要对齐，以便于观察语句之间的关系。

（5）形式二、形式三中的 else、else if 不能单独使用，必须与 if 配对使用。一个 if 语句中，可以有多个 else if 与 if 匹配，但只能有一个 else。

3．条件运算

条件运算是 C 语言中唯一的三目运算，详见表 4-14。

表 4-14　条件运算

一般形式	表达式1? 表达式2：表达式3	示例
运算符号	?　:	
运算符功能	相当于 if…else 语句的功能	max = a > b?a:b;
运算对象	三目运算,3 个运算对象可以是符合 C 语言语法规则的任意表达式	等价于 if(a > b)
结合方向	从右向左结合	max = a;
优先级	仅高于赋值运算和逗号运算	else
表达式的值	表达式 1 为非 0 时,则计算表达式 2,表达式 2 的值为整个条件表达式的值；若表达式 1 为 0 时,则计算表达式 3,表达式 3 的值为整个条件表达式的值	max = b;

4. if 语句的嵌套

在 if 语句中又包含一个或多个 if 语句,称为 if 语句的嵌套。一般形式如下：

```
if  (表达式1)
    if  (表达式2) 语句1
    else        语句2
else
    if  (表达式3)语句3
    else        语句4
```

在使用嵌套的 if 语句时,要特别注意 if 与 else 的匹配问题。如果程序中有多个 if 和 else,当没有用花括号指定配对关系时,系统默认 else 与它前面相距最近的,且没有与其他 else 配对的 if 配对。

5. switch 语句

多分支选择的问题,可以使用 if 语句形式三解决。但在某些情况下,使用 switch 语句可能更为方便。switch 语句的一般形式详见表 4-15。

表 4-15　switch 语句的一般形式

switch 语句一般形式	N-S 结构流程图

switch (表达式)
{
    case　常量表达式 E1:
        语句组 1;
        break;
    case　常量表达式 E2:
        语句组 2;
        break;
    …
    case　常量表达式 En:
        语句组 n;
        break;
    default: 语句组 n + 1;
}
	表达式的值与E1　相等／不等
	表达式的值与E2　相等／不等
	表达式的值与E3　相等／不等
	…
	表达式的值与En　相等／不等
	语句组1　语句组2　语句组3　语句组n　语句组n+1

【说明】

（1）switch 是 C 语言的关键字，它表示 switch 语句的开始。

（2）switch 后面圆括号中的表达式可以是任何类型的表达式，但一般是整型表达式或字符型表达式（即表达式的值是一个整数或字符型数据）。

（3）case 也是 C 语言的关键字，它与其后面的常量表达式合称为 case 标号，各个 case 标号的值互不相同。常量表达式的数据类型必须与 switch 后面表达式的数据类型相同，case 后面只能是常量或常量表达式，不能使用变量或函数。

（4）case 和常量表达式之间一定要有空格，并且常量表达式后面是冒号。

（5）多个 case 标号可以共用一个语句。

（6）default 也是 C 语言的关键字，起语句标号的作用。它代表除所有 case 标号之外的那些标号。default 标号可以出现在语句体中任何的标号位置上（一般把它放在所有 case 标号后面），并且在 switch 语句中也可以没有 default 标号。

（7）单独使用 switch 语句，并不能实现多分支选择结构的功能。因此，switch 语句通常与 break 语句配合使用，共同实现多分支选择结构的功能。

（8）break 语句的功能是使程序流程跳出 switch 语句。break 语句通常放在 switch 语句每一个 case 标号的语句后，在执行了一个 case 标号的语句后，break 语句使程序流程跳出 switch 语句，终止 switch 语句的执行。

6. switch 语句与 if 语句

switch 语句与 if 语句都可以用于设计选择结构的程序，但它们适用的环境不同。单分支选择结构一般使用不带 else 的简单 if 语句，即 if 语句形式一；双分支选择结构一般使用带 else 的 if 语句，即 if 语句形式二；多分支选择结构一般使用 if 语句形式三或嵌套的 if 语句或 switch 语句。

在多分支选择结构中，如果需要计算多个表达式的值，然后根据计算的结果选择执行某个操作，一般使用嵌套的 if 语句；如果只需要计算一个表达式，然后根据表达式的结果选择执行某个操作，一般使用 switch 语句。

4.2.2 实验部分

1. 实验目的

（1）进一步熟悉 VS2010 环境下 C 语言程序编辑、调试的基本操作方法。

（2）熟练掌握 if 语句与 switch 语句的使用方法及执行过程。

（3）熟练掌握关系运算、逻辑运算、条件运算的使用。

（4）熟练掌握选择结构嵌套的使用方法及执行过程。

（5）掌握选择结构程序设计的方法。

（6）学会使用 N-S 结构流程图表示选择结构算法。

2. 实验内容

(1) 程序填空一

功能：以下程序的功能求分段函数 $y = \begin{cases} 6 & (x=0) \\ \sin(x) & (x>0) \\ |x| & (x<0) \end{cases}$ 的值。

请在程序的下画线处填入正确的内容，并把下画线删除，使程序得出正确的结果。

注意：不得增行或删行，也不得更改程序的结构。

```
1    # include "stdio.h"
2    # include "math.h"                    // 数学函数头文件
3    double fun(double x)                   // fun 函数首部,x 为形式参数
4    {
5        double y;
6        /****************** FILL ****************** /
7        if(_____)
8            y = 6;
9        else if(x < 0)
10           /***************** FILL ***************** /
11           y = _____;
12       else
13           /***************** FILL ***************** /
14           y = _____;
15       return y;                          // 将函数值返回到调用之处
16   }
17   int main()
18   {
19       double x, y;
20       printf("Enter x:");
21       scanf(" % lf", &x);
22       y = fun(x);                        // 调用 fun 子函数,x 为实际参数
23       printf("y = % lf\n", y);
24       return 0;
25   }
```

【实验提示】

① 程序由主、子函数构成，main 函数是程序运行的入口，描述的是解决问题的总体框架，即输入数据→调用子函数→输出数据。fun 子函数的功能是处理数据，是核心部分，描述的是问题解决的详细步骤。

② 第 3 行，fun 子函数首部，函数值的类型为 double，函数形参 x 相当于数学函数中的自变量；函数体第 5 行定义 y 存放函数值，相当于数学函数中的因变量；fun 函数利用 if…else if…else 结构求出函数值 y 后，使用 return 语句将函数值 y，返回 main 函数调用之处。

③ 程序中需要用到数学函数 sin(x)函数，因此第 2 行 # include "math.h"不可少。

④ 求绝对值可以利用数学的方法：正数绝对值是它本身，负数绝对值是它的相反数。

⑤ 求绝对值还可以直接利用数学函数：fabs(x)函数对实数 x 求绝对值，abs(x)函数对

整数 x 求绝对值。

（2）程序填空二

功能：根据以下函数关系，对输入的每个 x 值，计算出相应的 y 值。

$$y = \begin{cases} 0 & (x < 0) \\ x & (0 \leqslant x < 10) \\ 10 & (10 \leqslant x < 20) \\ -0.5x + 20 & (20 \leqslant x < 40) \end{cases}$$

请在程序的下画线处填入正确的内容，并把下画线删除，使程序运行出正确的结果。

注意：不得增行或删行，也不得更改程序的结构。

```
1   #include <stdio.h>
2   int  main()
3   {
4       int   x,c;
5       float   y;
6       scanf("%d",&x);
7   /* **************** FILL **************** /
8       if(_____)    c =-1;
9   /* **************** FILL **************** /
10      else        c = _____;
11      switch(c)
12      {
13        case -1: y = 0;break;
14        case 0: y = x; break;
15        case 1: y = 10;break;
16        case 2:
17        case 3: y =-0.5 * x + 20;break;
18        default: y =-2;
19      }
20  /* **************** FILL **************** /
21      if(_____)
22          printf("y = %f\n",y);
23      else
24          printf ("error\n");
25      return 0;
26  }
```

【实验提示】

① 若能找到一个表达式的值为一系列整型常量或字符型常量时，可以用 switch 语句实现多分支选择。分段函数中 x 的上下限均为 10 的倍数，利用 C 语言中整数除以整数商为整数，可以得到一系列的常量值。

② 根据分段函数及程序中 switch 多分支选择归纳出变量 c 与 x 的关系。

③ switch 括号中表达式 c 的值若为 case 后某一常量值，则执行它后面的语句，遇到 break 语句则跳出 switch；若不为 case 后的任一常量值，则执行 default 后的语句。

④ 第 18 行，y=-2；表示表格中 x≥40 时，y 无值的标志，为第 21 行填空提供了另一

种可以填写的答案。

⑤ 将程序中的 switch 语句改写成 if 语句，并上机调试运行。

（3）程序改错

功能：求 $ax^2 + bx + c = 0$ 方程的解。

请改正程序中的错误，使程序能运行出正确的结果。

注意：不要增行或删行，也不得更改程序的结构。

```
1    # include < stdio. h >
2    # include < math. h >
3    int   main()
4    {
5        double   a,b,c,disc,x1,x2,realpart,imagpart;
6        /***************** ERROR ***************** /
7        scanf("% f, % f, % f",a,b,c);
8        printf("The equation: ");
9        printf("% 5.2f * x * x + % 5.2f * x + % 5.2f = 0\n",a,b,c);
10       if(fabs(a)< = 1e - 6)
11           printf("is not quadratic\n");
12       else
13       {
14       disc = b * b - 4 * a * c;
15       if(fabs(disc)< = 1e - 6)
16       /**************** ERROR ***************** /
17           printf("has two equal roots: % 8.4f\n", - b/2 * a);
18       /**************** ERROR ***************** /
19       else if disc > 1e - 6
20           {
21               x1 = ( - b + sqrt(disc))/(2 * a);
22               x2 = ( - b - sqrt(disc))/(2 * a);
23               printf("has distinct real roots: % 8.4f   and   % 8.4f\n",x1,x2);
24           }
25       else
26           {
27               realpart = - b/(2 * a);
28               imagpart = sqrt( - disc)/(2 * a);
29               printf("has complex roots:\n");
30               printf(" % 8.4f + % 8.4f i\n",realpart,imagpart);
31               printf(" % 8.4f - % 8.4f i\n",realpart,imagpart);
32           }
33       }
34       return 0;
35   }
```

【实验提示】

① fabs 与 sqrt 函数是系统定义的标准数学函数，在程序的最开始应写 # include < math. h >，或 # include "math. h"。

② 注意 if 语句的嵌套使用及层次对应关系。

③ if 语句中的表达式必须用圆括号括起来。

④ if、else if、else 后的语句可以是一个语句,也可以是一个用花括号括起来的复合语句。

⑤ 第 10 行,fabs(a)<=1e-6,表示 $|a| \leqslant 10^{-6}$,10^{-6} 相当于 ε 无穷小的数,当实数 a 的绝对值小于无穷小,则认为 a 趋近于 0。

⑥ 判断一个实数 a 是否为 0,一般不用 a==0 判断,而用 fabs(a)<=1e-6 判断。推而广之,判断实数 x1 与 x2 是否相等的方法是 fabs(x1-x2)<=1e-6。

⑦ 阅读理解程序,思考利用计算机求解二次方程的解的方法与数学求解的方法是否一致?

(4) 程序设计

功能:判断整数 x 是否是同构数。若是同构数,则函数返回 1;反之则返回 0。x 的值由主函数从键盘读入,要求不大于 100。同构数是指出现在它的平方数的右边的数。例如:输入整数 5,5 的平方数是 25,5 是 25 中右侧的数,所以 5 是同构数。

```c
1    # include < stdio.h>
2    int fun( int x)                           // fun 函数首部,x 为形式参数
3    {
4        int flag;                             // flag 变量存放函数值
5        /* ***************** BEGIN ***************** /
6
7
8        /* ***************** END ***************** /
9        return flag;                          // 将函数值返回调用之处
10   }
11   int main()
12   {
13       int x,y;
14       printf("\nPlease enter a integer numbers:");
15       scanf(" % d",&x);
16       if(x <= 0||x > 100)     printf("data error!\n");
17       else
18       {
19           y = fun(x);                       //调用 fun 子函数,x 为实际参数
20           if(y)
21               printf(" % d * % d = % d\n % d YES\n",x,x,x * x,x);
22           else
23               printf(" % d * % d = % d\n % d NO\n",x,x,x * x,x);
24       }
25       return 0;
26   }
```

【实验提示】

① main 函数是程序运行的入口,描述的是解决问题的总体框架,即输入数据→调用子函数→输出数据。fun 子函数的功能是处理数据,是核心部分,描述的是问题解决的详细步骤。

② fun 子函数的功能是判断从键盘上输入的 x 是否是同构数。同构数的判断方法：如果 x 是 1 位数，则表达式(x＊x)％10 的值为 x；如果 x 是 2 位数，则表达式(x＊x)％100 的值为 x。

③ 第 2 行，fun 子函数首部，函数值的类型为 int，函数形参为 x，函数体第 4 行定义 flag 存放函数值。在 BEGIN 与 END 之间补充程序，判断 x 是否是同构数，若是，则 flag＝1，否则，flag＝0。最后，使用 return 语句将函数值 flag 返回 main 函数调用之处。

④ 运行程序，请思考：程序运行结果是如何与 printf 函数中的格式进行匹配的？

4.2.3　练习与思考

1. 单选题

(1) 在 C 语言中，if 后的一对圆括号中，用以决定分支流程的表达式(　　)。

　　A. 只能用关系表达式　　　　　　　　B. 只能用逻辑表达式
　　C. 只能用逻辑表达式或关系表达式　　D. 可用任意表达式

(2) 设 a、b 和 c 都是 int 变量，且 a＝3，b＝4，c＝5；则以下的表达式中，值为 0 的表达式是(　　)。

　　A. a‖b＋c&&b－c　　　　　　　　B. a＜＝b
　　C. !((a＜b)&&!c‖1)　　　　　　　D. a&&b

(3) 下列运算符中优先级别最低的运算符是(　　)。

　　A. ＋　　　　　　B. !＝　　　　　　C. ‖　　　　　　D. ＜＝

(4) int a＝1, b＝2, c＝3; if (a＞c) b＝a; a＝c; c＝b；则 c 的值为(　　)。

　　A. 3　　　　　　B. 2　　　　　　C. 不一定　　　　　　D. 1

(5) 判断 char 型变量 c 是否为大写字母的表达式是(　　)。

　　A. 'A'＜＝c＜＝'Z'　　　　　　　　B. ('A'＜＝c)AND('Z'＞＝c)
　　C. (c＞＝'A')&&(c＜＝'Z')　　　　D. (c＞＝'A')&(c＜＝'Z')

(6) C 语言的 if 语句嵌套时，if 与 else 的配对关系是(　　)。

　　A. 每个 else 与 if 的配对是任意的
　　B. 每个 else 总是与最外层的 if 配对
　　C. 每个 else 总是与它上面最近的未匹配的 if 配对
　　D. 每个 else 总是与它上面的 if 配对

(7) 以下程序段的运行结果是(　　)。

```
int  a = 2, b=-1, c = 2;
if (a < b)
    if (b < 0)  c = 0;
    else  c += 1;
printf(" % d\n",c);
```

　　A. 0　　　　　　B. 2　　　　　　C. 1　　　　　　D. 3

(8) 以下程序段的运行结果是(　　)。

```
int  x = 1,a = 0,b = 0;
```

```
switch(x)
{
    case  0 : b++;
    case  1 : a++;
    case  2 : a++; b++;
}
printf("a = % d,b = % d\n",a ,b);
```

　　A. a = 1,b = 1　　　B. a = 2,b = 1　　　C. a = 1,b = 0　　　D. a = 2,b = 2

（9）下列程序段的输出结果是（　　）。

```
int   x = 1,y = 0,a = 0,b = 0;
switch(x)
{
    case  1 : switch(y)
             {
                  case  0 : a++; break;
                  case  1 : b++; break;
             }
    case  2 : a++; b++; break;
    case  3 : a++; b++; break;
}
printf("a = % d,b = % d\n",a,b);
```

　　A. a = 2,b = 1　　　B. a = 1,b = 0　　　C. a = 2,b = 2　　　D. a = 1,b = 1

（10）下列程序段的输出结果是（　　）。

```
int   a = 5,b = 4,c = 3,d = 2;
if(a>b>c)  printf(" % d\n",d);
else  if((c - 1 >= d) == 1)  printf(" % d\n",d + 1);
else  printf(" % d\n",d + 2);
```

　　A. 2　　　　　　　B. 4　　　　　　　C. 编译时出错　　D. 3

2．填空题

（1）C 语言中用_____表示逻辑真,用_____表示逻辑假。

（2）与! (x > 0)表达式等价的表达式是_____,与! 0 表达式等价的表达式是_____。

（3）若有定义语句int a = 3,b = 4,c = 2;表达式(a + b)> c * 2&&b! = 5||! (1/2)的值为_____。

（4）若有int a = 3,b = 2,c = 1;if(a>b>c) a = b ; else a = c;则 a 的值为_____。

（5）若有 int a = 3,b = 4,c = 5;则表达式! (a + b) + c - 1&&b + c/2 + (a > b)的值为_____。

（6）若有说明语句：int   x = 1, y = 0;则表达式x - ->(y + x)? 5:25 > y++?'1':'2'的值是_____。

（7）若a = 1,b = 2,c = 3,d = 4,则表达式a > b?a:c > d?c:d 的值是_____。

（8）以下程序段的运行结果是_____。

```c
int   i = 20;
switch(i/10)
{
    case  2: printf("A ");
    case  1: printf("B");
}
```

(9) 把if(a > 100) printf(" % d\n",a > 100); else printf(" % d\n",a < = 100);改写成条件表达式语句_____。

(10) C 语言的 switch 语句中,case 后面只能接_____。

4.2.4　综合应用

1. 程序填空一

功能:输入圆的半径 r 和运算标志符 m,按照运算标志符进行指定计算。当输入标志为'a'时,计算圆的面积,当输入标志为'b'时,计算圆的周长,当输入标志为'c'时,则二者都计算。

请在程序的下画线处填入正确的内容,并把下画线删除,使程序得出正确的结果。

注意:不要增行或删行,也不得更改程序结构。

```c
1    # include < stdio. h>
2    # define PI 3.14159F
3    int main()
4    {
5        float r,s,c;
6        char m;
7        printf("\n 请输入圆的半径 r 和运算标志字符 a、b 或 c:\n");
8        / **************** FILL **************** /
9        scanf(" % f, % c",_____);
10       / **************** FILL **************** /
11       if(_____)
12       {
13           s = PI * r * r;
14           printf("area  is   % 7.2f\n",s);
15       }
16       / **************** FILL **************** /
17       if(_____)
18       {
19           c = 2 * PI * r;
20           printf("circle  is   % 7.2f\n",c);
21       }
22       / **************** FILL **************** /
23       if(_____)
24       {
25           s = PI * r * r;
26           c = 2 * PI * r;
```

```
27          printf("area  &&  circle  are  %7.2f  && %7.2f\n",s,c);
28      }
29      return 0;
30  }
```

【实验提示】

（1）第 2 行，实型常量 3.14159，C 语言编译器默认为双精度 double 类型，若希望实型常量以单精度 float 类型参与运算，则在实型常量后添加 f 或 F。

（2）第 5 行，定义 float 型变量 r、s、c，分别表示半径、面积、周长，半径 r 由键盘输入。

（3）第 6 行，定义 char 字符型变量 m，表示运算标识，其值为字符常量'a'、'b'或'c'，由键盘输入。若输入字符标识 m 的值为字符'a'，则计算面积 s；若为字符'b'，则计算周长 c；若为字符'c'，则二者均计算。

（4）第 7 行，按照提示信息输入半径 r 和字符标识 m，根据 scanf 函数中的格式控制，输入的数据用逗号分隔。

（5）程序中的 3 个 if 语句根据字符标识 m 的值进行相应的计算，它们是顺序结构的关系。

（6）程序中的 3 个 if 语句可以修改为 switch 语句吗？若可以，请修改，并上机调试。

2. 程序填空二

功能：从键盘输入一个英文字母，如果它是大写字母，则将其转换为小写字母；如果是小写字母，则将其转换为大写字母；如果不是字母，则不变。输出字符及其所对应的 ASCII 码。

请在程序的下画线处填入正确的内容，并把下画线删除，使程序得出正确的结果。

注意：不要增行或删行，也不得更改程序结构。

```
1   # include < stdio. h >
2   int main()
3   {
4       char c1,c2;
5       printf("Enter a character:");
6       c1 = getchar();
7       / *************** FILL *************** /
8       if(_____)
9           c2 = c1 + 32;
10      / *************** FILL *************** /
11      else if(_____)
12          c2 = c1 - 32;
13      else
14          c2 = c1;
15      printf("Output the character:");
16      / *************** FILL *************** /
17      printf(" %c\t _____(ASCII)\n",c2,c2);
18      return 0;
19  }
```

【实验提示】

（1）本程序主要复习与巩固字符数据的输入与输出、大小写字母的判断及大小写字母的相互转换。

（2）第4行，定义char字符型变量c1、c2,c1存放输入的字符,c2存放转换后的字符。

3. 程序改错

功能：输入一个不超过3位（包含3位）的正整数,要求：①求出它是几位数；②分别输出每一位数字；③按逆序输出各位数字,例如原数为321,应输出123。

给定的部分程序中,fun1函数的功能是判断所输入的数是几位数,fun2函数的功能是输出每一位数字,并按逆序输出新数。

修改注释行下面一行程序的错误,不要增行或删行,也不得更改程序结构。

```
1   # include < stdio. h >
2   /*********** 判断所输入的数是几位数 ********** /
3   int fun1( int m)
4   {
5       int n;                          //n用来存放位数
6       /***************** ERROR *************** /
7       if(m/10 = 0)   n = 1;
8       else if(m < 100)   n = 2;
9       else   n = 3;
10      return n;
11  }
12  /******** 输出每一位数字,并逆序输出新数 ******* /
13  void fun2( int m, int n)
14  {
15      int a,b,c;                      //分别表示个位、十位、百位
16      a = m % 10;
17      b = m/10 % 10;
18      c = m/100;
19      /***************** ERROR *************** /
20      switch(n);
21      {
22          case 3: printf("百位数是: % d\n",c);
23          /**************** ERROR *************** /
24          case 2: printf("十位数是: % d\n",b); break;
25          case 1: printf("个位数是: % d\n",a);
26      }
27      switch(n)
28      {
29          case 1: printf("逆序得到的新数是: % d\n",a);break;
30          case 2: printf("逆序得到的新数是: % d\n",a * 10 + b);break;
31          case 3: printf("逆序得到的新数是: % d\n",a * 100 + b * 10 + c);
32      }
33  }
```

```
34 void main()
35 {
36    int m,n;
37    printf("Please input m:\n");
38    scanf("%d",&m);
39    /***************** ERROR ***************** /
40    if(0<m<1000)
41    {
42       n=fun1(m);
43       printf("%d 是 %d 位数\n",m,n);
44       fun2(m,n);
45    }
46    else
47       printf("\n输入的数不符合题意!\n");
48 }
```

【实验提示】

（1）程序由 main、fun1、fun2 这 3 个函数构成。main 函数是程序入口,描述解决问题的主要框架。fun1 函数的主要功能是判断输入的数是几位数,fun2 函数的功能是输出各位数,并输出逆序组成的新数。

（2）fun1 函数值类型为 int,在 main 函数中,fun1 函数以赋值表达式的形式调用,详见第 42 行。实参为 m,调用 fun1 函数时,将实参 m 的值传递给对应形参 m。

（3）fun2 函数值类型为 void,在 main 函数中,以函数语句的形式调用,详见第 44 行。实参为 m、n,n 为 fun1 函数求出的整数 m 的位数,调用 fun2 函数时,将实参 m、n 的值分别传递给对应形参 m、n。

（4）位数可以用除法运算中整数除以整数的商是否为整数判断,如 7/10＝0,表示 7 是 1 位数,还可以用大小判断,如 10≤85≤99,表示 85 是两位数。

（5）第 40 行,关系表达式 0＜m＜1000,在数学上表示 m 介于 0～1000。但按照 C 语言语法规则,如果 0＜m 成立,则 1 再与 1000 比较;如果 0＜m 不成立,则 0 再与 1000 比较。因此,按照 C 语言语法规则 0＜m＜1000 恒成立。要表示 m 介于 0～1000,必须用逻辑与（&&）运算。

（6）请将 fun2 函数中的 switch 语句修改为用 if 语句实现的多分支选择结构。

（7）请对分离出的每位数进行排序,并由此组成一个最大数和一个最小数。

4. 程序设计

功能:某商场进行打折促销活动,消费金额 p 越高,折扣 d 越大,其标准详见表 4-16。

表 4-16　某商场消费折扣表

消费金额 p	折扣 d
$p<200$	0
$200 \leqslant p<400$	5％
$400 \leqslant p<600$	10％

续表

消费金额 p	折扣 d
$600 \leqslant p < 1000$	15%
$1000 \leqslant p$	20%

要求用 switch 语句编程,输入消费金额,求折扣后实际消费金额。请将下列程序补充完整。

```
1   # include < stdio. h >
2   float fun(float  p)                         // fun 函数首部
3   {
4       float  act_amount;                      // act_amount 存放函数值
5       / ******************* BEGIN ******************* /
6
7
8       / ******************* END ******************* /
9       return act_amount;                      // 将函数值返回调用之处
10  }
11  int main()
12  {
13      float  p, act_amount;
14      printf("Enter amount:");
15      scanf("% f",&p);
16      act_amount = fun(p);                     // 调用 fun 函数
17      printf("Consumption amount is % 7.2f\n",p);
18      printf("Actual amount is % 7.2f\n",act_amount);
19      return 0;
20  }
```

【实验提示】

(1) 程序由 main 函数、fun 函数构成。main 函数是程序入口,描述解决问题的主要框架。fun 函数的主要功能是计算打折后的实际消费。

(2) 程序中变量 p 存放消费金额,act_amount 存放打折后的实际消费金额。

(3) 用 switch 语句实现题目功能后,请再尝试用 if 语句实现题目的功能。

4.3 循环结构

4.3.1 知识点介绍

1. 循环结构的三种实现形式

C 语言提供了 while、do…while、for 这 3 种循环语句实现循环结构。循环语句在给定条件为真的情况下,重复执行一个语句序列,这个被重复执行的语句序列称为循环体,详见表 4-17。

表 4-17　循环结构的 3 种实现形式

循 环 语 句	一 般 形 式	N-S 结构流程图	示　　例

while 语句	while(表达式)
	{
	　循环体语句;
	}
		当表达式的值为非0时
		循环体语句
			int i = 1, sum = 0;
			while(i <= 100)
			{
			　sum = sum + i;
			　i++;
			}

do-while 语句	do
	{
	　循环体语句;
	} while(表达式);
		循环体语句
		直到表达式的值为0时
			int i = 1, sum = 0;
			do
			{
			　sum = sum + i;
			　i++;
			} while(i <= 100);

for 语句	for(表达式 1; 表达式 2;
	表达式 3)
	{
	　循环体语句;
	}
		求解表达式1
		当表达式2的值为非0时
		循环体语句
		求解表达式3
			int i, sum = 0;
			for(i = 1; i <= 100; i++)
			{
			　sum = sum + i;
			}

【说明】

（1）while 语句表示的是当型循环,当 while 括号中的表达式为 0 时,退出循环。

（2）do…while 语句表示的是直到型循环,直到 while 括号中的表达式为 0 时,退出循环。

（3）while 语句,先判断后执行,如果第一次判断条件就不满足,则循环体语句一次也不执行。

（4）do…while 语句,先执行后判断,因此 do…while 语句至少要执行一次循环体。

（5）for 语句表示的也是当型循环,第 1 步计算表达式 1,第 2 步计算表达式 2,若表达式 2 的值为非 0,则执行循环体语句,否则退出循环。第 3 步,计算表达式 3,转回第 2 步重复执行。

（6）while(表达式)中的“表达式”,for 语句中的表达式 2,可以是 C 语言中合法的任意表达式,若表达式的值为非 0 表示逻辑真,循环条件成立;若表达式的值为 0 表示逻辑假,循环条件不成立。

（7）为提高程序的可读性,3 种循环的循环体语句在书写时要向后缩进一个 Tab 键位置;若循环体语句由多条语句组成,需要用花括号括起来。

2. break 语句与 continue 语句

循环结构一般都是根据事先指定的循环条件正常执行和终止循环,但有时当出现某种情况,需要提早结束正在执行的循环操作,则需要用 break 语句和 continue 语句提前结束循环,以此改变循环执行的状态。break 语句与 continue 语句的使用规则,详见表 4-18。

表 4-18　break 语句与 continue 语句比较

循环语句	一般形式	作　　　用
break 语句	break;	switch 语句中使用 break 语句跳出 switch 结构,结束 switch 语句执行
		循环结构中使用 break 语句跳出循环,终止整个循环
continue 语句	continue;	跳过循环体中尚未执行的语句结束本次循环,进入下一次循环条件判断

【说明】

（1）break 语句可以用在 switch 结构和循环结构之中,continue 语句只能用在循环结构之中。

（2）循环结构中使用 break 与 continue 语句,一般需要与 if 语句一起使用。

3. 循环的嵌套

一个循环体内又包含另一个完整的循环结构,称为循环的嵌套。内嵌的循环中还可以嵌套循环,这就是多重循环。while 循环、do…while 循环和 for 循环可以互相嵌套。

4.3.2　实验部分

1. 实验目的

（1）进一步熟悉 VS2010 环境下 C 语言程序编辑、调试的基本操作方法。

（2）学会使用 while、do…while 与 for 语句,掌握循环结构程序设计方法及执行过程。

（3）掌握顺序结构、选择结构、循环结构的综合应用。

（4）学会灵活使用 break 语句和 continue 语句。

（5）掌握穷举法、二分法、迭代法、素数判断、求阶乘、求和等常用算法。

（6）学会使用 N-S 结构流程图描述循环结构算法。

2. 实验内容

（1）程序填空一

功能：以每行 5 个数输出 300 以内能被 7 或 17 整除的偶数,并求出其和。

请在程序的下画线处填入正确的内容并把下画线删除,使程序得出正确的结果。

注意：不得增行或删行,也不得更改程序的结构。

```
1    #include <stdio.h>
2    int main()
3    {
4        int i,n,sum;
5        sum = 0;
6        /***************** FILL ****************** /
7        _____
8        /***************** FILL ****************** /
9        for(i = 1;_____;i++)
```

```
10        /***************FILL***************/
11        if(_____)
12            if(i%2==0)
13            {
14                sum=sum+i;
15                n++;
16                printf("%6d",i);
17                /*********FILL*********/
18                if(_____)
19                    printf("\n");
20            }
21        printf("\ntotal=%d\n",sum);
22        return 0;
23 }
```

【实验提示】

① 本程序采用穷举法,又称为枚举法,采用穷举算法解题的基本思路:首先确定穷举对象、穷举范围和判定条件;然后在穷举范围内对所有可能的情况逐一验证。目前,穷举法应用范围非常广泛,比如百钱买百鸡、水仙花数判断、素数判断、背包问题等。

② 穷举法通常应用循环结构实现,在循环体中,应用选择结构实施判断筛选,求得所要求的解。

③ 本程序穷举范围是 1～300 中的每一个数,判定条件是能被 7 或 17 整除的偶数,要求统计符合条件的数之和及其个数。

④ 第 4 行,定义 3 个整型变量,i 表示循环控制变量,也可以理解为穷举对象,其范围是 1～300;n 表示存放符合条件的数的个数,sum 表示存放符合条件的数之和,n 与 sum 都需要求和,求和累加变量初值一般为 0。

⑤ 利用求余的方法判断是否能整除,如 i%7 余数为 0,则表示 i 能被 7 整除,否则不能被整除。

⑥ 一行输出 5 个数,也需要用到求余方法,即个数 n 除以 5 的余数为 0,则输出回车换行。

⑦ 利用穷举法编程输出所有的"水仙花数",所谓"水仙花数"是指一个 3 位数,其各位数字立方和等于该数本身。例如:153 是一位水仙花数,因为 $153=1^3+5^3+3^3$。

(2) 程序填空二

功能:fun 函数的功能是验证哥德巴赫猜想,即将一个大偶数 $a(a>=6)$ 分解成两个素数之和的形式。例如,若输入数值 10,则输出 10=3+7 和 10=5+5。

请在程序的下画线处填入正确的内容,并把下画线删除,使程序得出正确的结果。

注意:不得增行或删行,也不得更改程序的结构。

```
1  #include<stdio.h>
2  #include<math.h>
3  void fun(int a)
4  {
5      int k,m1,m2;
```

```
6        for(m1 = 3;m1 <= a/2;m1 += 2)
7        {
8            for(k = 2;k <= (int)sqrt((double)m1);k++)
9                if(m1 % k == 0)   break;
10           / **************** FILL **************** /
11           if(k>(int)sqrt((double)m1))   m2 = _____;
12           / **************** FILL **************** /
13           else _____;
14           for(k = 2;k <= (int)sqrt((double)m2);k++)
15               if(m2 % k == 0) break;
16           if(k>(int)sqrt((double)m2))
17               / **************** FILL **************** /
18               printf("%d = %d + %d\n",a,_____);
19       }
20 }
21 int main()
22 {
23     int a;
24     printf("Enter a:");
25     scanf("%d",&a);
26     fun(a);
27     return 0;
28 }
```

【实验提示】

① 程序由 main 函数、fun 函数构成。main 函数是程序入口,描述解决问题的主要框架。fun 函数的主要功能是实现将一个偶数分解成两个素数之和。

② fun 函数值类型为 void,在 main 函数中,以函数语句的形式调用,详见第 26 行。实参为 a,调用 fun 函数时,将实参 a 的值传递给对应形参 a。

③ 假设偶数 a=m1+m2,首先判断 m1 是否是素数;若 m1 是素数,则判断 m2=a−m1 是否是素数;若 m1 不是素数,则不需判断 m2=a−m1 是否是素数。

④ 一个偶数可以被分解为多组素数之和,第 6 行 for 循环利用穷举法将 m1 所有可能的奇数一一列举,为避免重复,m1 的范围限制在 $3\sim\frac{a}{2}$,m2 的范围则在 $\frac{a}{2}\sim a$。

⑤ 第 8~13 行,判断 m1 是否是素数,第 14~18 行,判断 m2 是否是素数。

⑥ 素数的判断方法:利用穷举法,让 m1 被 $2\sim\sqrt{m1}$ 的每一个数除,如果 m1 能被 $2\sim\sqrt{m1}$ 的任一整数整除,则提前结束循环,此时 k 必然小于或等于 $\sqrt{m1}$;如果 m1 不能被 $2\sim\sqrt{m1}$ 的任一整数整除,则在完成最后一次循环后,k 还要加上 1,因此 k=$\sqrt{m1}$+1,然后才终止循环。在循环之后判别 k 的值是否大于 $\sqrt{m1}$,若是,则表明 m1 未被 $2\sim\sqrt{m1}$ 的任一整数整除,因此表明 m1 是素数。

⑦ fun 函数 N-S 流程图,如图 4-7 所示。

⑧ 关于素数判断的变型题:①求出 1000 以内的所有素数之和。②从键盘上输入一个整数 m,求出大于 m 的最小素数,求出小于 m 的最大素数。

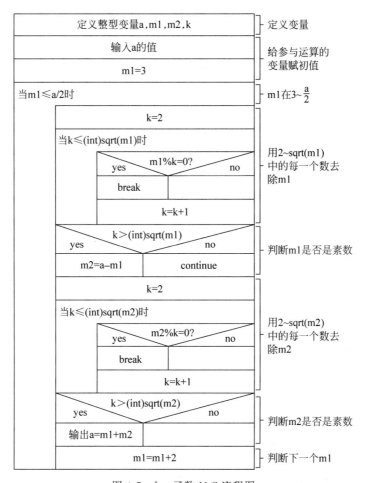

图 4-7 fun 函数 N-S 流程图

（3）程序改错一

功能：用牛顿迭代公式 $x_n = \dfrac{1}{2}\left(x_{n-1} + \dfrac{a}{x_{n-1}}\right)$ 求 $x = \sqrt{a}$。为了防止迭代次数过多，fun 函数以迭代 10 次为限，在 10 次之内达到要求，迭代结束；超过 10 次没有达到精度要求，也不再迭代下去。

请改正程序中的错误，使它能得出正确的结果。

注意：不要改动 main 函数，不得增行或删行，也不得更改程序的结构。

```
1   #include <stdio.h>
2   #include <math.h>
3   double fun(double a)
4   {
5       int   j;
6       double  x,x0;
7       x0 = 3.0;
8       j = 1;
9       do
```

```
10      {
11          / * * * * * * * * * * * * * * * ERROR * * * * * * * * * * * * * * * * * /
12          x = 1/2 * (x0 + a/x0);
13          / * * * * * * * * * * * * * * * ERROR * * * * * * * * * * * * * * * * * /
14          if(fabs(x - x0)< 1e - 7)   x0 = x;
15          else   break;
16          j++;
17      / * * * * * * * * * * * * * * * ERROR * * * * * * * * * * * * * * * * * /
18      }while(j < = 10)
19      return x;
20  }
21  void  main()
22  {
23      double  a;
24      do
25      {
26          printf("\nPlease input a:\n");
27          / * * * * * * * * * * * * * * * ERROR * * * * * * * * * * * * * * * * * /
28          scanf(" % f",&a);
29      }while(a < 0);
30      printf("a = % lf   x = % lf\n",a,fun(a));
31  }
```

【实验提示】

① 程序由 main 函数、fun 函数构成。main 函数是程序入口,描述解决问题的主要框架。main 函数中利用 do-while 循环语句实现数据的输入,若输入的数小于 0,则重新输入数据,因为负数不能开平方。注意,scanf 函数中％格式符要与输入项数据类型一致。

② fun 函数的主要功能是求一个数的开平方,fun 函数值类型为 double,在 main 函数中,以 printf 函数的一个参数形式调用,详见第 30 行。实参为 a,调用 fun 函数时,将实参 a 的值传递给对应形参 a,fun 函数中求出 a 的开平方后通过 return 语句(第 19 行)返回调用之处(第 30 行)而输出。

③ 牛顿迭代公式为常用算法之一,其迭代如下:

$$x_1 = \frac{1}{2}\left(x_0 + \frac{a}{x_0}\right) \quad x_2 = \frac{1}{2}\left(x_1 + \frac{a}{x_1}\right)$$

$$x_3 = \frac{1}{2}\left(x_2 + \frac{a}{x_2}\right) \quad x_4 = \frac{1}{2}\left(x_3 + \frac{a}{x_3}\right)$$

......

$$x_n = \frac{1}{2}\left(x_{n-1} + \frac{a}{x_{n-1}}\right)$$

当 $|x_n - x_{n-1}| < \varepsilon$ 成立时,表示 x_n 趋近于 x_{n-1},此时的 x_n 即为所求开平方。这里的 ε 表示一个无穷小的数如 10^{-7},用指数形式表示为 1e－7。

④ 在用牛顿迭代公式计算一个数的开平方之前,应选择一个合适的迭代初值 x_0,该值越接近 $\sqrt{a}$,迭代的次数就越少。一般情况下,x_0 的值根据 a 的值选定,该程序为了简单选用 $x_0 = 3$。

⑤ 第 12 行,1/2 整数除以整数商为整数 0,此处需要修改程序,避免整数除以整数。

⑥ 第 14 行,$x0＝x$;即表示的迭代法,用新值 x 迭代旧值 $x0$,注意提示 3)中说明的迭代条件。

⑦ 问题拓展:a.修改程序实现求 $1\sim10$ 的平方根。b.用牛顿迭代法求方程 $2x^3-4x^2+3x-6＝0$ 在 1.5 附近的根。c.用二分法求方程 $2x^3-4x^2+3x-6＝0$ 在 $(-10,10)$ 的根。

(4) 程序改错二

功能:求 $s＝a＋aa＋aaa＋\cdots+aa\cdots aa$(此处 a 和 n 的值在 $1\sim9$,$aa\cdots aa$ 表示 n 个 a)。

例如:$a＝1,n＝5$,则以上表达式为:$s＝1＋11＋111＋1111＋11111$,其和是 12345。

请改正程序中的错误,使它能得出正确的结果。

注意:不要改动 main 函数,不得增行或删行,也不得更改程序的结构。

```
1   # include < stdio. h>
2   long fun(int a, int n)
3   {
4       / ***************** ERROR ***************** /
5       int j;
6       long s = 0, t = 0;
7       while(1)
8       {
9           j = j + 1;
10          / *************** ERROR ***************** /
11          if (j > n)   continue;
12          / *************** ERROR ***************** /
13          t = t + a;
14          s = s + t;
15      }
16      return s;
17  }
18  int main()
19  {
20      int x, m;
21      printf("\n Please enter x and m:\n ");
22      scanf(" % d % d", &x, &m);
23      printf("\n The value of function is: % ld\n", fun(x, m));
24      return 0;
25  }
```

【实验提示】

① 程序由 main 函数、fun 函数构成。main 函数是程序入口,描述解决问题的主要框架。

② fun 函数是解决问题的核心部分,fun 函数值类型为 long,在 main 函数中,以 printf 函数的一个参数形式调用,详见第 23 行。实参为 x、m,调用 fun 函数时,将实参 x、m 的值传递给对应形参 a、n,fun 函数中求出和 s 后通过 return 语句(第 16 行)返回调用之处(第 23 行)而输出。

③ fun 函数中 while(1)表示的是无限循环,循环的终止由循环体中的辅助控制语句实

现,注意正确使用辅助控制语句 break 语句与 continue 语句。

④ 第5~6行,定义 j 存放求和的项数;t 存放每一项的值;s 存放 fun 函数值,即累加和。

⑤ 凡是参与运算的变量都必须要有初值,第9行 j 参与了运算,但没有初值,因此需要修改第5行,给 j 赋初值。

⑥ 把 fun 函数中的循环条件改为 while(j<=n)或 for(j=1;j<=n;j++)后,程序如何修改才能正常运行,请修改程序并上机调试。

(5) 程序设计一

功能:有一分数序列 $\frac{2}{1},\frac{3}{2},\frac{5}{3},\frac{8}{5},\frac{13}{8},\frac{21}{13},\cdots$,求这个分数序列的前20项之和。

请勿改动 main 函数和其他函数中的任何内容,仅在 fun 函数的花括号中填入想要编写的语句。

```
1    # include < stdio. h>
2    double fun()
3    {
4        int i,a = 2,b = 1,c;
5        double s = 0,t;
6        / ****************** BEGIN ******************** /
7
8
9        / ****************** END ******************** /
10       return s;
11   }
12   int main()
13   {
14       double sum;
15       sum = fun();
16       printf("\n The sum is % 7.2lf\n",sum);
17       return 0;
18   }
```

【实验提示】

① 程序由 main 函数、fun 函数构成。main 函数是程序入口,用于描述解决问题的主要框架。

② fun 函数是解决问题的核心部分,fun 函数值类型为 double,在 main 函数中,以赋值表达式的形式调用,详见第15行,fun 函数为无参函数,但调用时括号不能省略。fun 函数中求出和 s 后通过 return 语句(第10行)返回调用之处(第15行)后输出。

③ 题目中所示分数序列可用如下通式表示:
$$a_0 = 1 \quad a_1 = 2 \quad a_n = a_{n-1} + a_{n-2}, \quad (n = 2,3,\cdots,20)$$
也可理解为后一项的分子等于前一项分子与分母之和,而分母等于前一项的分子。

④ fun 函数中,根据第4行定义语句中给定的初值可知:a 表示分子,b 表示分母,c 作为中间变量保护前一项的分子,以便作为下一项的分母。

⑤ 第 5 行,定义 double 型变量 s 存放分数序列的和,求和累加变量初值为 0。t 表示每一项,即 $\frac{a}{b}$,但编写程序时需要将分子或分母强制转换成 double 类型,避免整型数除以整型数的情况发生。

⑥ 题目要求分数序列前 20 项之和,显然需要用到循环结构,可以分别用 while 语句、do-while 语句、for 语句实现。循环体为多条语句,需要用花括号括起来构成复合语句。

(6) 程序设计二

功能:求 $1!+2!+\cdots+n!$ 之和,n 从键盘输入。

请勿改动 main 函数和其他函数中的任何内容,仅在 fun 函数的注释行 BEGIN 与 END 之间填入想要编写的语句。

```
1    # include < stdio.h>
2    long fun(int n)
3    {
4        int i,j;
5        long s = 0,t;                    // s存放阶乘和,t存放每一项阶乘值
6        /****************** BEGIN ******************/
7
8        /***** 要求用双重循环实现阶乘之和 *****/
9
10       /****************** END ******************/
11       return s;
12   }
13   int main()
14   {
15       long sum;
16       int n;
17       printf("Please input n:");
18       scanf(" % d",&n);
19       sum = fun(n);
20       printf("\n The sum is % ld\n",sum);
21       return 0;
22   }
```

【实验提示】

① 程序由 main 函数、fun 函数构成。main 函数是程序入口,用于描述解决问题的主要框架。

② fun 函数是解决问题的核心部分,fun 函数值类型为 long,在 main 函数中,以赋值表达式的形式调用,详见第 19 行,实参为 n。调用 fun 函数,将实参 n 传递给形参 n,fun 函数中求出和 s 后,通过 return 语句(第 11 行)返回调用之处(第 19 行)而输出。

③ 题目要求 n 项阶乘之和,并要求用双重循环实现,因此第 4 行定义 i、j 变量分别表示内外循环控制变量。外循环表示从 1 到 n 的阶乘之和,循环控制变量 i 从 1 到 n。内循环表示求每一项的阶乘,即 i!,内循环控制变量 j 从 1 到 i。

④ 第 5 行,定义 long 型变量 s 存放函数值阶乘之和,求和累加变量初值为 0。变量 t 存

放每项的阶乘值,求积累乘变量初值为1,因此在内循环求每一项阶乘前需要给 t 赋初值为1。

⑤ 分析题目,外循环次数为 n,内循环次数为 i,内外循环次数均是已知的,因此,一般采用 for 语句实现。注意:循环体为多条语句时,需要用花括号括起来构成复合语句。

⑥ 问题拓展:求 $\sum_{k=1}^{100} k + \sum_{k=1}^{50} k^2 + \sum_{k=1}^{10} \frac{1}{k}$。

4.3.3 练习与思考

1. 单选题

(1) C 语言中 while 与 do…while 循环的主要区别是(   )。

    A. while 的循环控制条件比 do…while 的循环控制条件严格

    B. do…while 的循环体至少无条件地执行一次

    C. do…while 循环体不能是复合语句

    D. do…while 允许从外部转到循环体内

(2) 以下叙述正确的是(   )。

    A. do…while 语句构成的循环不能用其他语句构成的循环代替

    B. 用 do…while 语句构成的循环,在 while 后的表达式为零时,结束循环

    C. 用 do…while 语句构成的循环,在 while 后的表达式为非零时,结束循环

    D. do…while 语句构成的循环只能用 break 语句退出

(3) 下面有关 for 循环的正确描述是(   )。

    A. for 循环是先执行循环体语句,后判断表达式

    B. 在 for 循环中,不能用 break 语句跳出循环体

    C. for 循环只能用于循环次数已经确定的情况

    D. for 循环的循环体语句中,可以包含多条语句,但必须用花括号括起来

(4) 在 C 语言中,为了结束由 while 语句构成的循环,while 后面的一对圆括号中表达式的值应该为(   )。

    A. 1   B. 0   C. True   D. 非 0

(5) 若 x 是 int 类型变量,以下程序段的输出结果是(   )。

```
for(x = 3;x < 6;x++)
    printf((x%2)?( "**%d"):("##%d"),x);
```

    A. ##3**4#5   B. **3##4**5

    C. **3**4##5   D. ##3**4**5

(6) while(fabs(t)< 1e-5) if(!(s/10)) break; 循环结束的条件是(   )。

    A. fabs(t)< 1e-5&&!(s/10)

    B. fabs(t)< 1e-5

    C. (t >= 1e-5||t <=-1e-5)||(s >-10&&s < 10)

    D. s/10 == 0

(7) 从循环体内跳出,继续执行循环外的语句是( )。

    A. break 语句   B. return 语句   C. continue 语句   D. 空语句

(8) 以下程序段的运行结果是( )。

```
int  i = 1,sum = 0;
while(i < 10)   sum = sum + 1; i++;
printf("i = %d,sum = %d",i,sum );
```

    A. i = 10,sum = 9   B. 运行出现错误   C. i = 2,sum = 1   D. i = 9,sum = 9

(9) 以下程序段的运行结果是( )。

```
int  k,j,s;
for( k = 2;k < 6;k++,k++)
{
    s = 1;
    for(j = k;j < 6;j++)
        s += j;
}
printf("%d\n", s);
```

    A. 15   B. 10   C. 24   D. 9

(10) 以下程序段的运行结果是( )。

```
int  i;
for(i = 0;i < 3;i++)
    switch(i)
    {
        case  1 : printf("%d", i);
        case  2 : printf("%d", i);
        default : printf("%d", i);
    }
```

    A. 011122   B. 120   C. 012020   D. 012

2. 填空题

(1) 在 C 语言程序中,常用的循环语句有_____语句、do-while 语句和 for 语句。

(2) 若依次输入字符 AB,在执行while(ch = getchar( ) == 'A');语句后,ch 的值是_____。

(3) 执行int i = 3, s = 0; while(i > 0) { s += i; i -- ;}后,i 的值是_____,s 的值是_____。

(4) 已知int a = −5 , b = 1; do{a −= b;} while(a > = 0);请问 do⋯while 语句中循环体的执行次数是_____。

(5) 执行int i = 4; do{ i++; }while(i < 4);后,i 的值是_____。

(6) 执行程序段int i,s = 10;for(i = 4; i <= 4;i++){s += i;}后,i 的值是_____,s 的值是_____。

(7) 已知int i,j; for(i = 0;i < 3;i++) scanf("%d", &j); 程序段中 for 循环体 scanf 语句执行的次数是_____。

（8）执行for（int a = 0;a < 10;a++）;后，变量 a 的值是_____。

（9）执行for(int i = 0,j = 10;i <= j;i ++,j --) k = i + j; 后，k 的值为_____。

（10）在 C 语言中，需要提前结束循环时，则使用_____语句；而如果只需要提前结束本次循环，还要进入下一次循环的判断和执行时，则使用_____语句。

4.3.4　综合应用

1. 程序填空

功能：输入成绩，以输入负数作为输入结束标志，计算平均成绩并统计 90 分以上（包含 90 分）的人数。

请在程序的下画线处填入正确的内容，并把下画线删除，使程序得出正确的结果。

注意：不得增行或删行，也不得更改程序的结构。

```
1   # include < stdio.h >
2   int fun()                            // 无参数 fun 函数的函数首部
3   {
4       int n,m;
5       float score,sum;
6       sum = 0.0;
7       / ********************* FILL ********************* /
8       n = m = _____;
9       while(1)                         // 1 表示无限循环
10      {
11          / ********************* FILL ********************* /
12          scanf(_____);
13          / ********************* FILL ********************* /
14          if(score < 0) _____;
15          n++;
16          sum += score;
17          / ********************* FILL ********************* /
18          if(score >= 90) _____;
19      }
20      if(n > 0)   printf("%d个人的平均成绩是：%.2f\n",n,sum/n);
21      else      printf("输入的分数不合法!\n");
22      return m;                        // 将大于等于 90 分的人数返回调用之处
23  }
24  int main()
25  {
26      int m;
27      m = fun();                       // 调用无参数 fun 函数
28      printf("成绩大于等于 90 分的人数：%d\n",m);
29      return 0;
30  }
```

【实验提示】

（1）fun 函数是解决问题的核心部分，fun 函数值类型为 int，在 main 函数中，以赋值表达式的形式调用,详见第27行,无参函数。调用fun函数,求出90分以上(包含90分)的人数后通过return语句(第22行)返回调用之处(第27行)。

(2) 第4行,定义变量n存放合法成绩(大于等于0)的人数,变量m存放90分以上(包含90分)的人数。注意,求和累加变量初值为0。

(3) 第9行,while(1)表示无限循环,循环体内当输入的分数score小于0时,借助辅助控制语句(第14行)结束循环。

2. 程序改错一

功能:编程设计一个简单的猜数游戏,先由计算机"想"一个数,然后请用户猜,如果用户猜对了,计算机给出提示"Right!",否则提示"Wrong!",并告诉用户所猜的数是大还是小了,最后输出用户猜的次数。

注意:不要增行或删行,也不得更改程序的结构。

```
1   # include < stdio. h>
2   # include < time. h>
3   # include < stdlib. h>
4   int main()
5   {
6       int magic;                        // 存放计算机"想"的数
7       int guess;                        // 存放用户猜的数
8       / * * * * * * * * * * * * * * * * ERROR * * * * * * * * * * * * * * * * * /
9       int count;                        // 统计用户猜的次数
10      srand((int)time(NULL));           // srand 作为 rand 的种子,括号内为系统时间
11      magic = rand() % 100 + 1;         // 产生 1~100 的随机整数
12      do
13      {
14          printf("Please guess a magic number:");
15          / * * * * * * * * * * * * * * * ERROR * * * * * * * * * * * * * * * * * /
16          scanf(" % d",guess);
17          count++;
18          if(guess > magic)
19              printf("Wrong!\tToo big!\n");
20          else if(guess < magic)
21              printf("Wrong!\tToo small!\n");
22          else
23          {
24              printf("Right!\tYou are wonderful!\n");
25              printf("count = % d\n",count);
26              / * * * * * * * * * * * * * * * ERROR * * * * * * * * * * * * * * * * * /
27              continue;
28          }
29      }while(1);
30      return 0;
31  }
```

【实验提示】

（1）计算机"想"一个数，即为计算机随机产生一个数，可以调用 C 语言标准库函数 rand 实现，该函数在头文件 stdlib.h 中定义。

（2）为了使程序每次运行时产生不同的随机数，调用 srand 函数将当前系统时间设定为种子，系统时间由 time 函数获取。随机数据的生成，一般由 srand、time、rand 这 3 个函数配合一起使用。srand 函数在 stdlib.h 头文件中，time 函数在 time.h 头文件中。

（3）rand 函数产生的随机数是 0～32 767 的任一整数，若要产生 1～100 的随机整数，方法如程序第 11 行。思考：若要产生 30～60 的随机数，应如何修改该行程序？

（4）程序使用 do-while 循环实现猜数功能，循环条件 while(1)表示无限循环。

（5）第 18～28 行，多分支选择结构判断用户猜的数与计算机"想"的数是否一致，若不一致给出相应提示信息，若一致，则输出 Right! 及猜测的次数并利用辅助控制语句结束循环。

（6）如果最多只允许猜 5 次，请问该如何修改程序？

（7）在进行猜数游戏时，根据提示信息，利用二分法，可以节约猜数次数，大家不妨试一试！

3. 程序改错二

功能：输入 0～9 的数字字符，以♯为结束（输入数字字符时不要用任何间隔。）求数字字符字面值的平均值。例如，输入 1234♯，平均值为 2.500000。

修改注释行下面一行程序的错误，不要增行或删行，也不得更改程序结构。

```
1   # include < stdio.h >
2   float fun()                          // 无参 fun 子函数函数首部
3   {
4       float sum = 0, ave;
5       int n = 0;
6       char x;
7       printf("\n输入 0～9 的数字字符:");
8       scanf("%c",&x);
9       do
10      {
11          / *************** ERROR *************** /
12          sum += x;
13          printf("%c",x);
14          n++;
15          scanf("%c",&x);
16          / *************** ERROR *************** /
17      }while(x == '♯') ;
18      / *************** ERROR *************** /
19      ave = sum\n;
20      return ave;                      // 将函数值 ave 返回 main 函数调用之处
21  }
22  int main()
23  {
```

```
24      float aver;
25      aver = fun();                    // 调用无参 fun 子函数
26      printf("\nAverage is %7.2f\n",aver);
27      return 0;
28 }
```

【实验提示】

（1）数字字符与对应的数值数据之间的关系，详见表 4-7。

（2）第 4 行，变量 sum 存放数字字符转换为数字后的和，求和累加变量赋初值为 0，ave 存放平均值。

（3）第 5 行，变量 n 存放数字字符的个数，求和累加变量赋初值为 0。

（4）第 8、15 行，利用 scanf 函数输入字符变量 x 的值，等价于 x＝getchar();。

（5）第 9～17 行，利用 do…while 循环语句将数字字符转换为对应数字并求和，输出字符，统计个数，继续输入下一个字符。

（6）循环结束的条件是当输入的字符为♯时，结束循环，因此进入循环的条件显然是输入的字符不为♯时。

（7）请将程序功能修改为从键盘上输入任意字符，若输入的是数字字符，则将其转换为对应数字，并求其平均值，以♯作为输入结束标志。例如，输入 a1b2c3d4♯，平均值为 2.500 000 0。

4. 程序设计

功能：编写程序，实现如图 4-8 所示的运行结果。

图 4-8　运行结果示例

若输入 5，则输出 9 行，每行输出奇数个星号，并通过程序设置背景颜色为蓝色，文字为亮白色。试将下列程序补充完整。

```
1   #include <stdio.h>
2   #include <stdlib.h>
3   void fun(int n)                  // fun 子函数头部，形参为 n，函数值类型为 void
4   {
5       /**************** BEGIN ****************/
6
7
```

```
8        /*********************END********************/
9
10   }                         // 函数值类型为void时,fun函数体内不需要return语句
11   int main()
12   {
13       int n;
14       system("color 9F");    // 9表示背景为蓝色,F表示文字为亮白色
15       printf("Enter n:");
16       scanf("%d",&n);
17       fun(n);                // 以函数语句调用fun子函数,实参为n
18       return 0;
19   }
```

【实验提示】

(1) fun 函数是解决问题的核心部分,fun 函数值类型为 void,在 main 函数中,以函数语句形式调用,详见第 17 行,形参为 n,其值来源于 main 函数中的实参 n。调用 fun 函数,实现如图 4-8 所示图形的输出,函数值类型为 void,fun 函数体内不需要 return 语句。

(2) 题目所示图形是有规律可循的,总行数为 2n−1 行,每行的 * 号为奇数,前 n−1 行 * 号递减,每行前面的空格递增,后面 n 行 * 号递增,每行前面的空格递减,按此规律绘制算法 N-S 流程图,如图 4-9 所示。

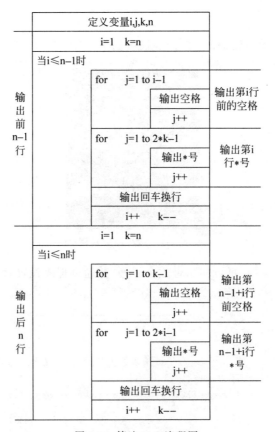

图 4-9　算法 N-S 流程图

（3）图中所示算法用到两个顺序结构的循环嵌套,外循环控制变量 i 表示行的变化,外循环的循环体是两个顺序结构的循环结构,内循环控制变量 j 表示列的变化。变量 k 控制 ＊ 号或空格的输出,变量 n 由键盘输入。

（4）解决问题的方法有多种,大家可以根据图形的规律尝试使用其他算法实现题目功能。

4.4　实践拓展

经过本章的学习、练习与应用,读者应该基本掌握了程序的 3 种基本结构:顺序结构、选择结构和循环结构。下面通过 2 个实践拓展让大家了解这 3 种基本结构在实际生活中的应用。

4.4.1　身高预测

据有关生理卫生知识与数理统计分析表明,影响小孩成人后身高的因素包括遗传、饮食习惯与体育锻炼等。小孩成人后的身高与其父母的身高和自身的性别密切相关。

设 faHeight 为父亲身高,moHeight 为母亲身高,身高预测公式为

男性成人时身高＝(faHeight＋moHeight)×0.54

女性成人时身高＝(faHeight×0.923＋moHeight)÷2

此外,若喜爱体育锻炼,则可使身高增加 2％;若有良好的卫生饮食习惯,则可增加身高 1.5％。

要求:从键盘输入用户的性别(用字符变量 sex 存储,输入字符 F 或 f 表示女性,输入字符 M 或 m 表示男性),父母身高(用实型变量存储),是否喜爱体育锻炼(用字符变量 sports 存储,输入字符 Y 或 y 表示喜爱,输入字符 N 或 n 表示不喜爱),是否有良好的饮食习惯等条件(用字符变量 diet 存储,输入字符 Y 或 y 表示良好,输入字符 N 或 n 表示不好),利用给定公式和身高预测方法对身高进行预测。

【实验提示】

（1）本实践项目进一步巩固基本数据类型、运算符与表达式、数据的输入与输出的使用,同时体现顺序结构、选择结构的综合应用。

（2）根据项目要求可知,子女性别为一系列字符型常量:'F'或'f'、'M'或'm',根据身高预测公式计算男孩或女孩成人后身高时,可以使用 switch 语句实现。

（3）根据身高预测公式计算出成人身高后,再根据饮食习惯与体育锻炼预测最终成人后的身高。

（4）请读者按照自己编写的程序,输入自己父母的身高及自己的饮食习惯与体育锻炼,比较预测身高与实际身高是否一致。

4.4.2　模拟支付宝中蚂蚁森林的能量产生过程

蚂蚁森林是支付宝设计的一款公益活动,用户使用支付宝完成低碳行为,如步行、线下支付、网络购票、公交出行等方式,就可以获得能量。利用所获得的能量可以在支付宝里养

一棵虚拟的树,这棵树长大后,公益组织、环保企业等蚂蚁生态合作伙伴,就会在某一地方种下一棵树。如果想种自己喜欢的树,需要掌握由北京环境交易所认证提供的蚂蚁森林能量的科学计算规则,以便获取更多的能量。表 4-19 是常用的低碳行为能量产生规则。

表 4-19   常用的低碳行为能量产生规则

低碳行为	能量产生规则
行走	步行越多,能量越多。每日行走达 18 000 步,可获得行走能量上限 296g,低于 18 000 步,获得能量计算公式:(步数×296)÷18000
线下支付	使用支付宝线下支付每笔 1 元以上的额度,可获得能量 5g,每日最多 10 笔
网购火车票	在 12306 或飞猪上使用支付宝购票,每月 10 笔,每笔可获得能量 136g
公交	使用支付宝乘车码乘车,每天 5 笔,每笔可获得能量 80g

请读者利用 3 种基本结构编程实现模拟支付宝蚂蚁森林的能量产生过程。要求程序具有较好的交互性,并且要考虑每种低碳行为的上限值。程序运行结束输出每种低碳行为获得的能量及蚂蚁森林获得的总能量。

【实验提示】

(1)读者通过分析表 4-19 所示的能量产生规则,可以正确合理应用顺序结构、选择结构、循环结构。

(2)程序运行界面示例,如图 4-10 所示,运行界面有带有编号的运行菜单及必要的文字提示,方便用户操作。用户可以循环输入低碳行为编号,计算所获得的能量,当输入 0 时,结束程序运行。

图 4-10   程序运行界面示例

(3)行走低碳行为程序运行示例,如图 4-11 所示,输入行走步数,根据表 4-19 行走行为能量计算规则,计算获得能量。

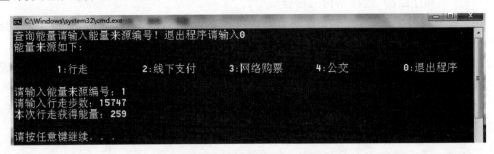

图 4-11   行走低碳行为程序运行示例

(4)线下支付低碳行为程序运行示例,如图 4-12 所示,输入线下支付金额大于 1 元的次数,根据表 4-19 线下支付行为能量计算规则,计算获得能量。

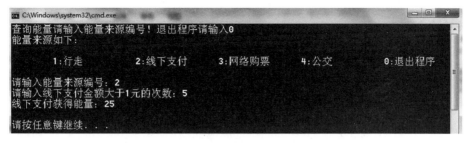

图 4-12　线下支付低碳行为程序运行示例

（5）网络购票低碳行为程序运行示例，如图 4-13 所示，输入网络购票笔数，根据表 4-19 网络购票行为能量计算规则，计算获得能量。

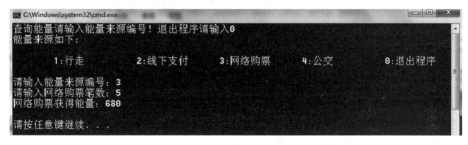

图 4-13　网络购票低碳行为程序运行示例

（6）公交低碳行为程序运行示例，如图 4-14 所示，输入支付宝刷码乘坐公交次数，根据表 4-19 公交行为能量计算规则，计算获得能量。

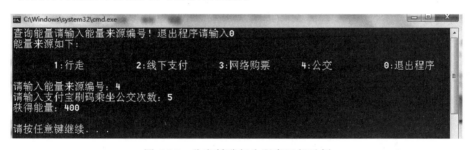

图 4-14　公交低碳行为程序运行示例

（7）输入 0 结束程序运行，程序运行示例图分别输出各项低碳行为获得的能量及蚂蚁森林获得的全部总能量之和，程序运行示例如图 4-15 所示。

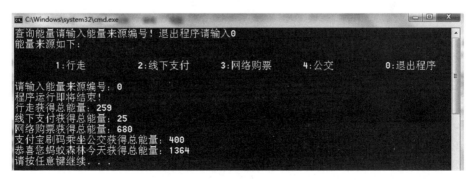

图 4-15　输入 0 结束程序运行示例

第5章

用数组处理批量数据

　　数组是一组具有相同数据类型的变量的集合,是一种简单的构造数据类型。在一个数组中,构成该数组的成员称为数组元素,数组中的每个元素都属于同一个数据类型。数组有两个基本要素:数据的类型和数据的位置。其中,数据的类型可以是前面介绍的基本数据类型(整型、实型、字符型),也可以是构造数据类型,数据的位置就是数据在数组中的相对位置,称之为下标。用一个统一的数组名和下标唯一地确定数组中的元素,通过数组的下标实现对数组元素的访问。由于数组元素可以看作是单个变量,所以对多个同类型变量的操作都可以推广到用数组操作。根据数组元素的数据类型,数组又可分为数值型数组(整型数组和实型数组)、字符数组、指针数组、结构型数组等。

　　在程序设计中,数组是一种十分有用的数据结构,可以将大量同类型的数据放到一起批量处理,它能够处理更复杂的数据,使数据的管理更加方便,许多问题如果不用数组,几乎难以解决。

　　为方便读者了解、学习本章内容,绘制本章思维导图,如图 5-1 所示。

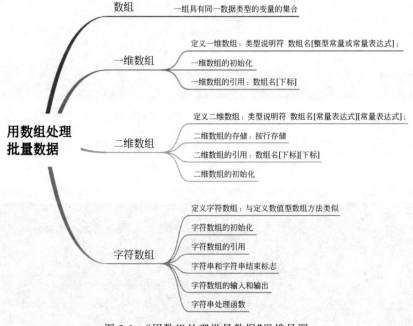

图 5-1 "用数组处理批量数据"思维导图

5.1 一维数组

一维数组是数组中最简单的,它的元素只需要用数组名加一个下标,就能唯一地确定。而有的数组,其元素要指定两个下标甚至多个下标,才能确定,它们是二维数组和多维数组。熟练掌握一维数组后,对二维或多维数组,很容易举一反三,迎刃而解。

5.1.1 知识点介绍

1. 一维数组的定义

当数组中每个元素都只带一个下标时,称这样的数组为一维数组。在 C 语言中,数组必须"先定义,后使用"。定义好一个一维数组后,C 语言系统就会在内存中为该数组开辟一片连续的存储空间。一维数组的定义形式见表 5-1。

表 5-1 一维数组的定义形式及说明

类型说明符 数组名［整型常量或整型常量表达式］;		
说　　　明		示　　　例
		int　a[10];
类型说明符	数组中所有元素的类型,如 int、float、char 等	int 为类型说明符
数组名	遵循 C 语言标识符命名规则	a 为数组名
方括号中的整型常量或表达式	数组中所含元素的个数,不能是变量,只能是整型常量或表达式	10 为数组的长度,a 数组中共含有 10 个元素,即 a[0],a[1],a[2],…,a[9],下标从 0 开始,到 9 结束

2. 一维数组的引用

每一个数组元素就是一个变量,所以,在程序中可以把数组中的每个元素当普通的变量来使用,即所谓的数组元素的引用。C 语言规定不能一次引用整个数组,只能使用循环逐个引用数组元素。引用形式为:**数组名［下标］**。

下标表示对应数组元素在数组中的顺序号,必须是整型常量、整型变量或整型表达式。C 语言规定,每个数组的第一个元素的**下标从 0 开始**,称为下标下界,最后一个元素的下标为数组元素的个数减 1,称为下标的上界,对数组元素引用时不能超过数组的界限,C 语言编译系统不对越界进行检查,因此在编写程序中,保证数组下标不越界是十分重要的。

如:

int i,j,a[100];

则:a[3], a[i], a[i+j * 2]均为合法的数组元素引用,而 a[3.5],a[100]都是不合法的数组元素引用。

在程序设计中,由于数组元素排列的规律性,通常可以通过改变其下标值,用循环的方法对数组元素进行操作。

3．一维数组初始化

当系统为所定义的数组在内存中开辟一片连续的存储单元时,这些存储单元中并没有确定的值。可以采用以下形式,在定义数组时为所定义数组的各元素赋初值,即初始化。一维数组初始化的形式见表 5-2。

表 5-2　一维数组的初始化

形　　式	示　　例	说　　明
对数组元素全部赋初值	int a[5] = {1,2,3,4,5};	经过初始化后,数组各元素值：a[0]＝1,a[1]＝2,a[2]＝3,a[3]＝4,a[4]＝5
部分元素初始化	int a[5] = {1,2,3};	未赋值的部分元素值为 0,即：a[0]＝1,a[1]＝2,a[2]＝3,a[3]＝0,a[4]＝0
使数组中全部元素值为 0	int a[5] = {0};	初始化后,a 数组中 5 个元素值均为 0,即：a[0]＝0,a[1]＝0,a[2]＝0,a[3]＝0,a[4]＝0
在对全部元素赋初值时,可以不指定数组长度	int a[5] = {1,2,3,4,5};　等价于 int a[ ] = {1,2,3,4,5};	系统会根据所赋初值的个数确定数组的长度

一维数组除了上述初始化给数组赋值外,还可以通过循环语句实现动态输入。例如：

```
int a[10],i;
for(i = 0; i < 10; i++)
    scanf("%d",&a[i]);
```

运行时,用户可以从键盘输入 10 个数。数之间用空格或回车键隔开,如：1 2 3 4 5 6 7 8 9 10。

不能用一个语句一次给整个数组赋值,下面的写法都是错误的：

```
scanf("%d",&a);
scanf("%d",&a[10]);
```

5.1.2　实验部分

1．实验目的

(1) 熟练掌握一维数组的定义和数组元素的引用方法。
(2) 熟练掌握一维数组的赋值以及输入输出的方法。
(3) 熟练掌握一维数组的相关算法(特别是排序算法和查找算法)。

2．实验内容

(1) 程序填空一

请补充 main 函数,函数的功能是把一维数组中的元素逆置。结果仍保持在原数组中。

```
1    # include < stdio. h >
2    # define   N 10
3    int main()
4    {
5        int a[N], i, j, t;
6        printf("Input array:\n");
7        / ***************** FILL ***************** /
8        _____;
9        while(i < N)
10       {
11           scanf(" % d",&a[ i ]);
12           / *************** FILL *************** /
13           _____;
14       }
15       printf("\nThe original array:\n");
16       for(i = 0; i < N; i++)
17           printf(" % 4d",a[ i ]);
18       / **************** FILL **************** /
19       for(j = 0, _____ ; j <= i; j++, i -- )
20       {
21           t = a[ j ];
22           / *************** FILL *************** /
23           _____;
24           a[ i ] = t;
25       }
26       printf("\nThe result:\n");
27       for(i = 0; i < N; i++)
28        printf(" % 4d",a[ i ]);
29       return 0;
30   }
```

【实验提示】

① 程序第 9～10 行的 while 循环语句是动态给数组输入值,所以循环条件中 i 初值值得关注;第 15～16 行循环输出数组,第 18 行 for 循环语句完成数组元素的逆置操作,即头尾元素互换,注意,此时 j 和 i 是调换元素的下标,j＝0 时,i 就是最后一个元素的下标,以此类推。

② 思考:将 18 行的循环语句用下面的程序段替换,是否可以完成数组中的元素逆置?

```
for(i = 0; i < N/2; i++)
{
    j = 10 - i - 1;
    t = a[ j ];
    a[ j ] = a[ i ];
    a[ i ] = t;
}
```

(2) 程序填空二

有 10 个数放在一个数组中,任意输入一个数,要求用顺序查找法查找该数。若该数存在,则显示元素对应的位置值,然后继续查找直到最后一个元素为止;若该数不存在,则输出此数不存在。

请在程序的下画线处填入正确的内容,并把下画线删除,使程序得出正确的结果。

注意:不要增行或删行,也不得更改程序结构。

```
1   # include < stdio. h >
2   # define N 10
3   int main()
4   {
5       int a[N],m,i,flag = 0;
6       printf("\n Input m :");
7       scanf(" % d",&m);
8       printf("Input array: \n");
9       for(i = 0;i < N;i++)
10          / **************** FILL **************** /
11          scanf(" % d", _____);
12      / **************** FILL **************** /
13      _____;
14      while (i < N)
15      {
16          / **************** FILL **************** /
17          if(_____)
18              i++;
19          else
20          {
21              printf("\n Found!,position is: % d\n",i + 1);
22              flag = 1;
23              / **************** FILL **************** /
24              _____;
25          }
26      }
27      if(flag == 0)
28          printf(" % d Not found! \n",m);
29      return 0;
30  }
```

【实验提示】

① 顺序查找法的思路是从数组第一个元素开始,从前向后依次与关键字进行比较。若找到该数,则显示元素对应的位置值,直到查找到数组尾部;若未找到该数,则输出不存在。程序从第 13 行起开始顺序查找。

② 注意程序中各变量的含义,变量 flag 是一个标志,找到为 1,没找到为 0。

③ 程序考虑了若在数组中存在多个关键字 m,并都要找到输出的情况。

④ 请用 for 循环语句编程处理上题。

(3) 程序改错一

下列给定的程序中,fun 函数的功能是求出 x 数组中 n 个同学成绩的平均分,并统计高于平均分(含平均分)的个数,将其作为函数的返回值,从主函数中输出。请改正程序中的错误。

注意：不要改动 main 函数，不得增行或删行，不得更改程序的结构。

```
1    # include < stdio. h>
2    int fun(float x[ ], int n)        / * 求平均分并统计高于平均分的个数 * /
3    {
4        int j,c = 0;
5        float ave = x[0];
6        / * * * * * * * * * * * * * * * * ERROR * * * * * * * * * * * * * * * * * /
7        for(j = 0;j < n;j++)
8            ave += x[j];
9        ave = ave/n;
10       printf("平均分是：%.2f\n",ave);
11       / * * * * * * * * * * * * * * * ERROR * * * * * * * * * * * * * * * * /
12       for(j = 0;j < = n;j++)
13           / * * * * * * * * * * * * * * * ERROR * * * * * * * * * * * * * * * * /
14           if(x[j]> ave)
15               c++;
16       return c;
17   }
18   int main()
19   {
20       float x[100] = {70.5,82,64.5,95.5,78.5,65.45};
21       printf("高于平均分的人数：%d\n",fun(x,6));
22       return 0;
23   }
```

【实验提示】

本题可以拆分成两道简单的 C 语言题目。

① 求出 n 个数的平均值。可通过循环语句对 x 数组元素进行累加，求出 n 个同学的总分，再除以 n 即可求出平均分。

② 将大于平均值的数字个数统计出来。可利用循环和条件选择语句对 x 数组进行遍历，若数组中元素值大于平均值，则计数器累计。

③ 程序中 fun 函数功能是对数组中 n 个分数求平均值并输出，并且统计出高于平均分的人数放入变量 c 中，并将 c 返回给 main 函数。main 函数中 fun(x,5)是调用 fun 函数，此时，实参数组 x 把首地址传递给形参数组 x，实参 6 将值 6 传递给形参 n，从而对 x 数组中的 6 个数求平均。

（4）程序改错二

N 个已排好序的整数数列已放在一个数组中，给定下列程序中，fun 函数的功能是利用折半查找的算法查找整数 m 在数组中的位置。若找到该数，返回其下标值，反之，则返回 −1。请改正程序中的错误。

注意：不要改动 main 函数和其他函数中的任何内容，不得增行或删行，不得更改程序的结构。

```
1    # include < stdio. h>
2    # define N 10
3    int fun( int a[ ], int m)
4    {
5        int low = 0, high = N - 1, mid;
6        while( low < = high)
7         {
8            mid = ( low + high)/2;
9            if( m < a[ mid])
10                / **************** ERROR **************** /
11                high = mid + 1;
12            else
13                / *************** ERROR **************** /
14                if( m > = a[ mid])
15                    / **************** ERROR **************** /
16                    low = mid - 1;
17                else
18                    return( mid);
19         }
20        return( - 1);
21   }
22   int main()
23    {
24      int i, a[N] = { - 3, 4, 7, 9, 13, 24, 67, 89, 100, 180}, k, m;
25      printf("Array a :");
26      for( i = 0; i < N; i++)
27         printf(" % d,", a[i]);
28      printf("Input  m:");
29      scanf(" % d", &m);
30      k = fun( a, m);
31      if( k > = 0)
32          printf("m = % d, index = % d\n", m, k);
33      else
34          printf("Not be found! \n");
35      return 0;
36   }
```

【实验提示】

① 折半查找算法,将数列按有序化(递增或递减)排列,当数列有序排列时,折半查找比顺序查找的平均查找速度要快得多,折半查找也称为对分查找。其基本思想是首先选取位于数组中间的元素,将其与查找键进行比较,如果它们的值相等,则查找键被找到,返回数组中间元素的下标;否则,将查找的区间缩小为原来区间的一半,即在一半的数组元素中继续查找。

② 本题中,每次查找前先确定数组中查找范围的上、下界:low(头位置下标)和 high(尾位置下标)(low < high),然后把查找键 m 与中间位置下标(mid)中元素的值进行比较,程序中第 8 行即在求查找范围的中间位置。如果 m 的值大于中间位置元素中的值,则下一次的查找范围放在中间位置之后的元素中,则头位置下标 low = mid + 1;反之,下次查找范

围放在中间位置之前的元素中,则查找范围的尾位置下标 high＝mid－1。直到 low＞high,查找结束。

③ fun 函数是在 a 数组中用折半查找法查找值 m 是否存在。若 m 存在,则返回其下标 mid;若 m 不存在,返回－1。main 函数通过调用 fun 函数,根据得到的返回值来确定是否找到。

④ 比较顺序查找和折半查找两种查找算法,分析各有什么特点。

(5) 程序设计一

请写一 fun 函数,该函数的功能是把数组 a 中的数按从大到小的顺序排列(用冒泡排序法)。数组的值从 main 函数中输入,排序结果也在 main 函数中输出。

部分源程序已经给出,请勿改动 main 函数和其他函数中的任何内容,仅在 fun 函数中的空白处填入编写的语句。

```
1   #include < stdio. h >
2   #define N 10
3   void fun( int a[ ], int n)            //此函数用于冒泡法排序
4   {
5       int i,j,t;
6       for(i = 1;i < = n－1;i++)
7           for(j = 0;j < n－i;j++)
8   / ***************** BEGIN ***************** /
9
10
11  / ***************** END ***************** /
12  }
13  int main()
14  {
15      int i = 0,a[N];
16      printf("Input array a : \n");
17      for(i = 0;i < = N－1;i++)
18          scanf(" % d",&a[i]);
19      fun(a,N);
20      printf("\n The result is : \n");
21      for(i = 0;i < = N－1;i++)
22      printf(" % d,",a[i]);
23      return 0;
24  }
```

【实验提示】

① 本题用冒泡排序法进行排序。冒泡排序法的思路是如果对 n 个数进行排序,则要进行 $n-1$ 轮比较,第一轮要进行 $n-1$ 次两两比较,第 i 轮要进行 $n-i$ 次两两比较,所谓两两比较就是每次将相邻两个数进行比较,并将较大的数调到前面。

② fun 函数完成对数组 a 的排序,main 函数中的函数调用语句:fun(a);是将实参组 a 的首地址传递给形参数组 a,使形参数组和实参数组共用同一段内存单元,从而完成 fun 函数中对形参数组的排序即对实参数组的排序。

③ 如果将数组 a 中下标值为偶数的元素由大到小排序,其他元素不变,那么该如何修

改程序？

（6）程序设计二

请写一个 fun 函数，功能是任意输入一个数，将其插入一个已排好序的数组中，使原来排好序的数组仍然有序。请勿改动 main 函数和其他函数中的任何内容，仅在 fun 函数的花括号中填入编写的语句。

```
1   # include < stdio. h>
2   void fun( int a[11], int y)
3   {
4       int i = 0, j;
5       if( y > a[9])
6           a[10] = y;
7       else
8   / ***************** BEGIN ******************** /
9       {
10
11      }
12  / ***************** END ******************** /
13  }
14  int main()
15  {
16      int a[11] = {3,4,6,9,13,16,19,24,35,88};
17      int i,m;
18      printf("\nInput a number: ");
19      scanf("%d", &m);
20      fun(a,m);
21      for( i = 0; i <= 10; i++)
22          printf("%d,", a[i]);
23      return 0;
24  }
```

【实验提示】

① 本题关键点是要找出待插新数在有序数组中要插入的位置。首先确定该数是否应插在有序数组的最后。若是，就将该数插入到数组末尾；否则，将该数与数组每个元素依次比较，确定要插入的位置，再想办法空出该位置（从此位置开始依次向后移一个位置），继而将新数插入此处。简言之，找出位置，空出位置，插入进去。

② 思考：为什么程序中定义数组的长度为 11 而不是 10？

5.1.3　练习与思考

1. 单选题

（1）若要定义一个具有 5 个元素的整型数组，以下错误的定义语句是（　　）。

　　A. int a[5] = {0};　　　　　　　　　　B. int b[ ] = {0,0,0,0,0};

　　C. int c[2 + 3];　　　　　　　　　　　D. int i = 5, d[i];

（2）若有说明：int a[10];则对 a 数组元素的正确引用是（　　）。

    A. a[10]　　　　　　B. a[3.5]　　　　　C. a[5]　　　　　D. a[5.0]

（3）以下程序运行后的输出结果是（　　）。

```
# include < stdio. h>
 int main()
 {  int a[5] = {1,2,3,4,5},b[5] = {0,2,1,3,0},s = 0,i;
    for(i = 0;i < 5;i++)   s = s + a[b[i]];
    printf(" % d\n",s);
    return 0;
 }
```

    A. 6　　　　　　　　B. 10　　　　　　　C. 11　　　　　　D. 15

（4）若有int a[10] = {6,7,8,9,10};则对该说明语句正确的理解是（　　）。

    A. 将 5 个初值依次赋给 a[1]至 a[5]

    B. 将 5 个初值依次赋给 a[0]至 a[4]

    C. 将 5 个初值依次赋给 a[5]至 a[9]

    D. 因为数组长度与初值的个数不相同,所以此语句不正确

（5）以下能对一维数组 a 进行正确初始化的语句是（　　）。

    A. int a[10] = (0,0,0,0,0);　　　　　　B. int a[10] = {};

    C. int a[ ] = {0};　　　　　　　　　　D. int a[10] = {10 * 1};

（6）以下程序段运行的结果是（　　）。

```
int  a[10] = {1,2,3,4,5,6,7,8,9,10}, i, t;
for(i = 0;i < 5/2;i++)
{
    t = a[i];
    a[i] = a[5 - i - 1];
    a[5 - i - 1] = t;
}
for(i = 2;i < 8;i++)
    printf(" % d",a[i]);
```

    A. 345678　　　　　B. 876543　　　　　C. 1098765　　　　D. 321678

（7）下列选项中,能正确定义数组的语句是（　　）。

    A. int a[0..2008];　　　　　　　　　B. int a[ ];

    C. int N = 2008,int a[N];　　　　　D. ♯ define N 2008
                                       int a[N];

（8）若有int a[10];能给数组 a 的所有元素分别赋值为 1,2,3,…,10 的语句是（　　）。

    A. for(i = 1;i < 11;i++)a[i] = i;　　　B. for(i = 1;i < 11;i++)a[i - 1] = i;

    C. for(i = 1;i < 11;i++)a[i + 1] = i;　　D. for(i = 1;i < 11;i++)a[0] = 1;

（9）下面程序段的输出结果是（　　）。

```
int a[] = {2,3,5,4},i;
for(i = 0;i < 4;i++)
switch(i % 2)
```

```
{   case 0:switch(a[i]%2)
        {   case 0:a[i]++;break;
            case 1:a[i]--;
        }
        break;
    case 1:a[i] = 0;
}
for(i = 0;i < 4;i++)
    printf("%d",a[i]);
```

  A. 3344   B. 2050   C. 3040   D. 0304

（10）以下对一维数组赋初值，正确的是（　　）。

  A. int arr[5]; arr = {1,2,3,4,5}; B. int arr[5] = {1,2,3,4,5,6};

  C. int arr[5] = {0,0,2};   D. int arr[5] = 0,1,2,3,4,5;

2. 填空题

（1）数组是一批具有_____数据类型的变量的集合。

（2）C语言程序在执行过程中，不检查数组下标是否_____。

（3）若有下列数组说明 int a[12]，则数组元素最大和最小的下标分别是_____和_____。

（4）假设 int 类型变量占用两字节，若定义 int a[15]，则数组 a 占用的内存字节数是_____。

（5）设 int a[] = {1,2,3,4}, y, i = 0;则执行语句 y = a[i]++;之后，变量 y 的值为_____。

（6）C语言的数组名是一个_____常量，不可以对它进行加、减和赋值等运算。

（7）数组在内存中占据一片连续的存储空间，由_____代表它的首地址。

（8）下面程序段的输出结果是_____。

```
int a[] = {0,0,0,0,0,0},i;
for(i = 1;i <= 4;i++)
{
    a[i] = a[i-1]*2+1;
    printf("%d ",a[i]);
}
```

（9）以下程序段可以求出所有水仙花数。（所谓水仙花数是指一个 3 位数正整数，其各位数字的立方和等于该正整数。）

```
int x,y,z,a[8],m,i = 0;
for(_____;m++)
{
    x = m/100;
    y = _____;
    z = m%10;
    if(x*100+y*10+z == x*x*x+y*y*y+z*z*z)
    {   _____;        i++;        }
```

```
}
for(x = 0;x < i;x++)  printf("%6d", a[x]);
```

（10）设数组 a 中的元素均为正整数，以下程序段是求 a 中偶数的个数和偶数的平均值，请填空。

```
int a[10] = {1,2,3,4,5,6,7,8,9,10},i,k,s;
float ave;
for(k = s = i = 0;i < 10;i++)
 {
    if(a[i] % 2!= 0)_____;
        s += _____;
    k++;
 }
if(k!= 0)
{
    ave = (float)s/k;
    printf("%d, %f\n",k,ave);
}
```

5.1.4　综合应用

1. 程序填空

从键盘输入 10 个整数，程序的功能是计算并输出其最大值、最小值及其所在的下标位置。

```
1    # include < stdio.h >
2    int main()
3    {
4        int a[10],i,max,min,maxpos,minpos;
5        for(i = 0;i < 10;i++)
6            scanf("%d",&a[i]);
7        max = min = a[0];
8        /**************** FILL ****************/
9        maxpos = minpos = _____;
10       for(i = 1;i < 10;i++)
11       {
12           /**************** FILL ****************/
13           if(_____)
14           {
15               max = a[i];
16               /**************** FILL ****************/
17               maxpos = _____;
18           }
19           else
20               /**************** FILL ****************/
21               if(_____)
```

```
22              {
23                  min = a[i];
24                  / ***************** FILL ***************** /
25                  minpos = _____;
26              }
27          }
28      printf("max = % d,pos = % d\n",max,maxpos);
29      printf("min = % d,pos = % d\n",min,minpos);
30      return 0;
31 }
```

【实验提示】

（1）一组数中找出最大值或最小值，即求最值，常采用"打擂台"的方法，程序中的变量 max 代表存放最大值的"擂台"，min 表示存放最小值的"擂台"。程序中第 7 行"擂台"上先存放一个数，然后通过循环，数组中的每一个数依次与"擂台"上的数比较，如果比它大（小），就替代它成为"擂主"，同时，记下它所在的下标。比较完毕，"擂台"上的"擂主"就是所求的最大（小）数。

（2）程序中，maxpos、minpos 存放最大值、最小值元素的下标。

2. 程序改错一

下面给定的程序中，fun 函数的功能是将十进制正整数 m 转换成 k 进制数（2≤k≤9），并按位输出。例如，若输入 8 和 2，则应输出 1000（即十进制 8 转换成二进制是 1000）。请改正 fun 函数中的错误。

注意：不要改动 main 函数和其他函数中的任何内容，不得增行或删行，不得更改程序的结构。

```
1    # include < stdio. h >
2    void fun(int m,int k)
3    {
4        int aa[20],i;
5        for(i = 0;m;i++)
6        {
7            / *************** ERROR ***************** /
8            aa[i] = m/k;
9            / *************** ERROR ***************** /
10           m % = k;
11       }
12       for(;i;i--)
13           / *************** ERROR ***************** /
14           printf(" % d",aa[i]);
15   }
16   int main()
17   {
18       int b,n;
19       printf("\n please enter a number and a base:\n");
```

```
20        scanf("% d, % d",&n,&b);
21        fun(n,b);
22        printf("\n");
23        return 0;
24  }
```

【实验提示】

（1）将十进制正整数转换成其他进制的数与十进制正整数转换成二进制数的方法是一样的。即把十进制整数 m 转换为 k 进制,采用 m 除以 k 取余数的方法来完成。

（2）程序第 5～11 行,采用循环的方式用 m 除以 k 取余数,将所得余数放入数组,再用所得的商作为新的 m,再除以 k 取余数,如此重复,直到 m 变成 0 为止。

（3）将存入数组中的余数,从后向前输出,即为转换成的 k 进制数,程序第 11～15 行即是。

（4）注意,取余运算和整除运算的区别。

3．程序改错二

功能:某个公司采用加密形式传递数据,数据是 4 位的整数,加密规则如下:每位数字都加上 5,然后用除以 10 的余数代替该位数字。再将新生成数据的第一位和第四位交换,第二位和第三位交换。

例如,输入一个 4 位整数 1234,则结果为 9876。

```
1   # include < stdio. h >
2   int main()
3   {
4       int a, i, aa[4], t;
5       printf("Input a 4 - digit integer: ");
6       / **************** ERROR **************** /
7       scanf("% d", a);
8       aa[0] = a % 10;
9       / **************** ERROR **************** /
10      aa[1] = a % 100 % 10;
11      aa[2] = a % 1000/100;
12      aa[3] = a/1000;
13      / **************** ERROR **************** /
14      for(i = 0; i < 3; i++)
15      {
16          aa[i] += 5;
17          aa[i] % = 10;
18      }
19      for(i = 0; i < = 3/2; i++)
20      {
21          t = aa[i];
22          aa[i] = aa[3 - i];
23          aa[3 - i] = t;
24      }
```

```
25    for(i=3;i>=0;i--)
26        printf("%d",aa[i]);
27    return 0;
28 }
```

【实验提示】

（1）注意输入 scanf 函数的使用格式。

（2）设计一个数组，存放该 4 位整数分离出的 4 个数位（个、十、百、千位）。

（3）分离一个长整型数的各个数位的方法是这个题的关键所在，比如：整数 a 的个位分离方法是 a%10；将 a 缩小为原来的 1/10，即 a=a/10 后，a 的十位即变为个位，由此，一个长整型数的各个数位都可分离出来。

4．程序设计一

输入某班级某门课程的成绩（最多不超过 40 人，具体人数由用户从键盘输入），编程统计不及格的人数。

【实验提示】

（1）设计一个一维数组 score[40] 用于存放学生的成绩。具体存放多少个学生成绩由用户自定（不超过 40）。代码如下：

```
int score[40],n,i,x=0;
scanf("%d",&n);
```

（2）通过循环输入 n 个学生成绩。

（3）循环遍历该数组，数组中每个学生成绩与及格分 60 进行比较，小于 60 则计数器 x 累计。

5．程序设计二

兔子繁殖问题。假设一对兔子的成熟期是一个月，即一个月可长成成兔，如果每对成兔每个月都可以生一对小兔，一对新生的小兔从第二个月起就开始生兔子。试问从一对兔子开始繁殖，假如兔子都不死，一年以后可以有多少对兔子？试编程求解。

【实验提示】

（1）依题意，从兔子的繁殖可以发现规律：①每月小兔的对数＝上个月成兔的对数；②每月成兔的对数＝上个月成兔的对数＋上个月小兔的对数；综合①、②可以得出：每月成兔对数＝前两个月成兔对数之和。即每个月兔子的总对数为：1,2,3,5,8,13,21,34,…，这就是著名的 Fibonacci 数列。

（2）定义数组：int f[12]={1,2}；存放每个月的兔子数。

（3）由（1）知：f[2]=f[0]+f[1],f[3]=f[1]+f[2]，以此类推，下面循环即可求出每个月的兔子数量：

```
for(i=2; i<12; i++)
    f[i]=f[i-1]+f[i-2];
```

5.2　二维数组

如果说一维数组在逻辑上可以想象成一行长表，那么二维数组在逻辑上可以想象成由若干行、若干列组成的表格或矩阵，二维数组常称为矩阵。把二维数组写成行和列的排列形式，可以有助于形象化的理解二维数组的逻辑结构。

5.2.1　知识点介绍

1. 二维数组的定义

当数组中的每个元素带有两个下标时，称这样的数组为二维数组。二维数组也必须"先定义，后使用"。在 C 语言中，二维数组的定义形式见表 5-3。

表 5-3　二维数组的定义形式及说明

类型说明符　数组名[整型常量表达式 1][整型常量表达式 2];		示例：int　a[3][4];
类型说明符	数组中所有元素的类型，如 int、float、char 等	int 为类型说明符
数组名	遵循 C 语言标识符命名规则	a 为数组名
常量表达式 1	二维数组的行数，只能是整型常量或整型表达式	表示二维数组 a 有 3 行
常量表达式 2	二维数组的列数，只能是整型常量或整型表达式	表示二维数组 a 有 4 列
数组元素个数	常量表达式 1×常量表达式 2，表示二维数组元素个数	数组 a 共有 3×4 即 12 个元素

如果有二维数组 a[M][N]，则数组 a 含有 M×N 个元素，a[i][j]表示第 i 行第 j 列的元素，其中 i 的取值范围是 0～M−1，列下标 j 的取值范围是 0～N−1。

2. 二维数组的引用

二维数组的引用和一维数组的引用一样，也可以把二维数组中的每个元素当成普通的变量来使用，引用二维数组时必须带有两个下标。引用形式如下：**数组名[行下标] [列下标];**

行下标和列下标也可以是整型表达式，如 a[2−1][2 * 2]、a[i][j]、a[w+v][i+k]等都是合法的数组元素引用。需要注意的是，在引用二维数组元素时，每个下标的值都必须是**整型数据**，且应在已定义数组大小的取值范围内，不得超越数组定义中的上、下界；两个下标应该分别在两个方括号内。例如，a[1,2]和 a[i,i]都是不合法的。

3. 二维数组元素初始化

对二维数组的初始化，即在定义二维数组的同时，给数组各元素赋值。可以有以下 4 种方式，见表 5-4。

表 5-4 二维数组的初始化

形 式	示 例	说 明
分行对二维数组初始化	int a[3][3] = {{1,2,3},{4,5,6},{7,8,9}};	分行将值依次赋给每行各元素,如第一行: a[0][0] = 1 ,a[0][1] = 2,a[0][2] = 3
按二维数组在内存中的排列顺序给各元素赋值	int a[3][3] = {1,2,3,4,5,6,7,8,9};	二维数组在内存中是按行存储的,按顺序依次将值赋给各元素
所赋初值行数少于数组行数且各行部分赋值	int a[3][3] = {{1,2},{4,5}};	系统将自动给后面各行的元素赋初值0
所有元素赋初值时,可以省略行下标,但不能省略列下标	int a[ ][3] = {{1,2,3},{4,5,6},{7,8,9}};	此时,只能省略第一维下标,第二维下标不能省,系统会根据所赋值的个数及二维下标数算出二维数组的行数

除了定义二维数组时对二维数组初始化赋初值外,程序中也可通过循环嵌套语句对数组元素逐个动态赋值。如下面程序段就可以给数组 a 所定义的 15 个元素输入值。

```
float a[3][5];
int i,j;
for(i = 0;i < 3;i++)
    for(j = 0;j < 5;j++)
        scanf(" % d",&a[i][j]);
```

运行程序时,用户从键盘输入数据,数据之间可以空格隔开,按行输入,如图 5-2 所示,也可在一行中输入,但不提倡在一行中输入数据。

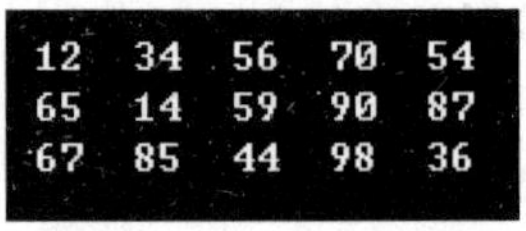

图 5-2 二维数组数据输入示例

4．二维数组的存储

在逻辑上可以把二维数组看成是有行有列的二维表格,在概念上是二维的,其下标在两个方向上变化,下标变量在数组中的位置也处于一个平面之中。但实际的硬件存储器却是连续编址的,存储器单元是一维的。那么,如何在一维存储器中存放二维数组呢?可以用把二维数组看作两个一维数组的叠加的方法来实现。

上例中数组 a 可看作由 3 个一维数组{a[0],a[1],a[2]}组成,其中每个元素又可看作是一个一维数组 a[i]={a[i][0],a[i][1],a[i][3],a[i][4]}(i=0,1,2);然后按一维数组的存放方式依次对数组元素进行存放,即先存放数组 a[0]的元素,再存放 a[1]的元素,以此类推。由此可见,在 C 语言中,二维数组元素在内存排列的顺序是**按行存放**,即放完第一行之后,按顺序放入第二行,以此类推。

5．多维数组

C 语言允许使用多维数组,有了二维数组的基础,再由二维数组推广到多维数组就相对容易了。

5.2.2　实验部分

1. 实验目的

（1）熟练掌握二维数组的定义、二维数组元素的引用、赋值以及输入输出的方法。

（2）比较二维数组与一维数组在操作上的异同。

（3）熟练掌握用二维数组解决矩阵、行列式、二维表及平面图等问题的算法。

（4）掌握二维数组以及多维数组的使用。

2. 实验内容

（1）程序填空一

给定程序中，fac 函数的功能是计算 $N \times N$ 矩阵的主对角线元素与反向对角线元素的和，并作为函数值返回，请填空。

```c
1   #include<stdio.h>
2   #define  N  4
3    int fac(int t[ ][N],int n)
4   {
5       int i,sum;
6       /***************** FILL *****************/
7       _____;
8       for(i=0;i<n;i++)
9           /***************** FILL *****************/
10          sum+= _____ ;
11      for(i=0;i<n;i++)
12          /***************** FILL *****************/
13          sum+=t[i][n-i- _____ ];
14      return sum;
15  }
16  int main()
17  {
18      int i,j,t[ ][N]={1,2,3,4,5,6,7,8,9,1,2,3,4,5,6,7};
19      printf("\nThe original data:\n");
20      for(i=0;i<N;i++)
21      {
22          for(j=0;j<N;j++)
23          printf("%4d",t[i][j]);
24          printf("\n");
25      }
26      printf("The result is %d",fac(t,N));
27      return 0;
28  }
```

【实验提示】

① 该题关键在于找出主对角线元素行下标和列下标的关系以及反向对角线元素的行下标和列下标的关系。程序中第 10 行循环累加主对角元素，第 13 行循环累加反向对角

元素。

②　main 函数给数组输入值,并调用 fac 子函数。程序第 25 行输出调用子函数后的结果,fac(t,N)实参 t 是数组名,意为将数组 t 的首地址传递给形参数组 t,如此,子函数中对形参数组的操作本质是对实参数组 t 的操作,实参 N 是方阵的行数(列数)。

③　牢固掌握 $N \times N$ 矩阵主对角线和反向对角线元素的下标特征。

（2）程序填空二

下列给定程序中,fun 函数的功能是求出一个 3×4 矩阵中值最大的那个元素,及其所在的行号和列号。main 函数中输入数组的值,请填空。

```
1    # include < stdio. h >
2    void fun(int a[3][4])
3    {
4        int i, j, row = 0, colum = 0, max;
5        / ***************** FILL ***************** /
6        _____ ;
7        / ***************** FILL ***************** /
8        for(i = 0;  _____  ;i++)
9            for(j = 0;j < = 3;j++)
10               if(a[i][j] > max)
11               {
12                   / ***************** FILL ***************** /
13                   _____ ;
14                   row = i;
15                   colum = j;
16               }
17       printf("max = % d,row = % d,colum = % d\n",max,row,colum);
18   }
19   int main()
20   {
21       int a[3][4], i, j;
22       printf("Please input array:\n");
23        for(i = 0;i < = 2;i++)
24           for(j = 0;j < = 3;j++)
25               scanf("% d",&a[i][j]);
26        fun(a);
27       return 0;
28   }
```

【实验提示】

①　找出一组数中最大值或最小值,即求最值,常采用"打擂台"的方法。

②　第 6 行,"擂台"上先存放一个数,第 8～16 行通过循环依次打擂求最值,即数组中每一个数都和"擂台"上的数比,如果比它大(小),就替代它,最后,"擂主"就是所求的最大(小)数。

③　如果想求每行的最大值及其所在的列号,该如何修改程序?

（3）程序改错一

下列给定程序中,yahui 函数的功能是按以下形式输出杨辉三角形(要求输出 10 行),

请修改程序中的错误。

注意：不要改动 main 函数，不得增行或删行，不得更改程序的结构。

```
                1
                1    1
                1    2    1
                1    3    3    1
                1    4    6    4    1
```

```
1   # include < stdio. h>
2   # define N 11
3   void yahui( int a[ ][N])
4   {
5       int i,j;
6       for(i = 1;i < N;i++)
7       {
8           a[ i][1] = 1;
9           a[ i][ i] = 1;
10      }
11      / ***************** ERROR ***************** /
12      for(i = 1;i < N;i++)
13          / ***************** ERROR ***************** /
14          for(j = 2;j < = i;j++)
15              a[ i][ j] = a[ i − 1][ j − 1] + a[ i − 1][ j];
16      for(i = 1;i < N;i++)
17      {
18          / ***************** ERROR ***************** /
19          for(j = 1;j < N;j++)
20              printf(" % 6d",a[ i][ j]);
21          printf("\n");
22      }
23  }
24  int main()
25  {
26      int a[N][N];
27      yahui(a);
28      return 0;
29  }
```

【实验提示】

① 题目中定义的二维数组是 11×11 的，该二维数组存放 10 行杨辉三角形数据是从第 1 行第 1 列开始的，所以定义的二维数组中第 0 行第 0 列元素没用。

② 杨辉三角形各行是 $(a+b)^n$ 展开后各项的系数（$n=0,1,2,\cdots$）。

③ 规律是各行第一个数都是 1，各行最后一个数都是 1；除 1 外的其余各数是上一行同一列和上一行的前一列两个数之和。程序第 12～15 行是在求杨辉三角形中除 1 外的其余各数，而杨辉三角形中除 1 外的数是从第三行开始才出现，所以控制外循环的 i 应从 3 开始；同理，除 1 外的数从第 2 列开始出现，但是每行有几列这样的数，是程序第 14 行改错的

关键。

④ yahui 函数求出并输出杨辉三角形,由 main 函数调用。

⑤ 输出杨辉三角形实际上是输出 10×10 方阵以主对角线为界的左下三角元素,注意内循环列标的变化。

⑥ 掌握 $N \times N$ 矩阵或行列式的下三角形的输出控制方法。

(4) 程序改错二

在二维数组中存放一个 m 行 m 列的表格($2 \leqslant m \leqslant 9$),例如:若输入 2,则输出:
$$\begin{matrix} 1 & 2 \\ 2 & 4 \end{matrix}$$

如果输入 4,则应输出:
$$\begin{matrix} 1 & 2 & 3 & 4 \\ 2 & 4 & 6 & 8 \\ 3 & 6 & 9 & 12 \\ 4 & 8 & 12 & 16 \end{matrix}$$

注意:不要改动 main 函数,不得增行或删行,不得更改程序的结构。

```
1    #include < stdio. h>
2    #define  M  10
3    int   a[M][M] = {0};
4    int main()
5    {
6       int i,j,m;
7       printf("ENTER m: ");
8       scanf(" % d",&m);
9       for( i = 0;i < m;i++)
10        for( j = 0;j < m;j++)
11          / **************** ERROR **************** /
12          a[i][j] = i * j;
13      / **************** ERROR **************** /
14      for( i = 0;i < m;i++)
15      {
16          / **************** ERROR **************** /
17          for (j = 0;j < m;j++)
18              printf(" % 4d",a[i][j]);
19          printf("\n");
20      }
21      return 0;
22  }
```

【实验提示】

① int a[M][M]={0};作用将数组 a 的所有元素赋初值为 0。

② 由题意知,数组元素的值为下一行与下一列的乘积,所以程序第 12 行中的错显而易见。

③ 最后输出的二维表格行、列数,依赖于主调函数输入的 m,所以程序第 14 行、第 17 行存在错误。

（5）程序设计一

有 3 名学生，每名学生有 4 门课成绩如表 5-5 所示，编程计算出每名学生的平均分。

表 5-5　学生成绩表

语　文	数　学	英　语	理　综
76	89	87	80
80	88	67	77
66	78	80	90

【实验提示】

① 每名同学的平均分等于每名学生的各科总分除以科目数，注意二维数组中行下标和列下标所代表的含义。

② 为了方便起见，可以定义一个 3×5 的二维数组，每行的最后一个元素专门用于存放每个学生的平均分。采用双循环把 3 名学生 4 门课成绩输入数组。

③ 使用双重循环，外循环控制 3 名学生，内循环控制学生的 4 门课累加，求出每名学生的平均分放入每行的最后一个元素中。

④ 输出 3×5 的二维数组元素，注意换行。

⑤ 如果求各科的平均分，该如何修改程序？

（6）程序设计二

下列程序定义了一个 $N \times N$ 的数组，并在 main 函数中赋值。试编写 fun 函数，功能是将数组左下三角中元素的值全部置 0。

例如：数组 a 中的值为：
$$\begin{matrix} 1 & 9 & 7 & 3 \\ 2 & 4 & 6 & 8 \\ 3 & 5 & 8 & 6 \end{matrix}$$

则返回 main 函数后数组 a 中的值变为：
$$\begin{matrix} 0 & 9 & 7 & 3 \\ 0 & 0 & 6 & 8 \\ 0 & 0 & 0 & 0 \end{matrix}$$

部分源程序已给出，如下所示。请勿改动 main 函数和其他函数中的任何内容，仅在 fun 函数的花括号中填入编写的语句。

```
1   # include < stdio.h >
2    # define N 4
3    void fun( int a[][N])
4   {
5      int i,j;
6      /***************** BEGIN ******************* /
7
8
9      /***************** END ******************* /
10  }
11  int main()
12  {
```

```
13      int a[][N] = {1,2,3,4,5,6,7,8,9,10,11,12,13,14,15,16};
14      int i,j;
15      fun(a);
16      for(i = 0;i <= N - 1;i++)
17      {
18          for(j = 0;j <= N - 1;j++)
19              printf(" % 4d",a[i][j]);
20          printf("\n");
21      }
22   return 0;
23   }
```

【实验提示】

① 控制 $N \times N$ 数组中左下三角元素的算法,实际上是下面千篇一律的循环语句,注意内循环的变化。

```
for(i = 0;i < N;i++)
    for(j = 0;j <= i;j++)
        …
```

② 一个 $N \times N$ 方阵,如果以主对角线为界线,可以将该方阵分为左下三角和右上三角;如果以反向对角线为界线,可将该方阵分为左上三角和右下三角。

③ 如何将一个 4×4 的方阵变为一个单位方阵(主对角线元素为 1,其他元素为 0)。

5.2.3　练习与思考

1. 单选题

(1) 以下定义数组的语句中错误的是(   )。

    A. int num[ ] = {1,2,3,4,5,6};

    B. int num[ ][3] = {{1,2},3,4,5,6};

    C. int num[2][4] = {{1,2},{3,4},{5,6}};

    D. int num[ ][4] = {1,2,3,4,5,6};

(2) 以下程序段的输出结果是(   )。

```
int b[3][3] = {0,1,2,0,1,2,0,1,2}, i, j, t = 1;
for(i = 0;i < 3;i++)
    for(j = 1;j <= 1;j++)
        t += b[i][b[j][i]];
printf(" % d\n",t);
```

    A. 1   B. 4   C. 3   D. 9

(3) 设有定义:int a[4][5];,按在内存中的存放顺序,数组 a 的第 11 个元素是(   )。

    A. a[2][1]   B. a[1][2]   C. a[2][0]   D. a[2][2]

(4) 已知int c[3][4];则对数组元素正确引用的是(   )。

    A. c[1][4]   B. c[1.5][0]

C. c[1＋0][0]   D. 以上表达都错误

（5）以下语句定义正确的是（   ）。

  A. int a[1][4] = {1,2,3,4,5};

  B. float a[3][] = {{1},{2},{3}};

  C. long a[2][3] = {{1},{1,2},{1,2,2},{0,0}};

  D. double a[][3] = {0};

（6）若二维数组 a 有 m 列,则在 a[i][j]前的元素个数为（   ）。

  A. j×m＋i   B. i×m＋j   C. i×m＋j－1   D. i×m＋j＋1

（7）以下定义数组的语句中错误的是（   ）。

  A. int x[2][3] = {1,2,3,4,5,6};

  B. int x[][3] = {0};

  C. int x[][3] = {{1,2,3},{4,5,6}};

  D. int x[2][3] = {{1,2},{3,4},{5,6}};

（8）二维数组在内存中存放的顺序是（   ）。

  A. 按行顺序   B. 按列顺序

  C. 按元素的大小   D. 按元素被赋值的先后顺序

（9）以下程序段的输出结果是（   ）。

```
int i, t[][3] = {9,8,7,6,5,4,3,2,1};
for(i = 0;i < 3;i++)
    printf("%d",t[2-i][i]);
```

  A. 3 5 7   B. 7 5 3   C. 3 6 9   D. 7 5 1

（10）以下程序段的输出结果是（   ）。

```
int a[3][3] = {1,2,3,4,5,6,7,8,9};
int sum = 0, i, j;
for(i = 0;i < 3;i++)
    for(j = 0;j < 3;j++)
    {
        a[i][j] = i + j;
        if(i == j)sum = sum + a[i][j];
    }
printf("%d",sum);
```

  A. 5   B. 6   C. 7   D. 8

2. 填空题

（1）若有定义int a[3][4] = {{1,2},{0},{4,6,8,10}};,则 a[1][2]得到的初值是
_____, a[2][1]得到的初值是_____。

（2）若有定义double a[2][2];,则数组 a 的 4 个元素在内存中的存放顺序是
_____。

（3）若有定义int a[3][5];,则数组 a 行下标的下界是_____,列下标的上界
是_____。

（4）以下程序段的输出结果是_____。

```
int a[4][5] = {1,2,4,-4,5,-9,3,6,-3,2,7,8,4};
int i,j,n = 6;
i = n/5;
j = n - i%5 - 2;
printf("%d\n",a[i][j]);
```

（5）在初始化多维数组时，可以省略_____。

（6）对二维数组元素赋初值int a[3][4] = {5,12,7,4,8,3,9,24,11,2,6,4}，则其中数组元素 a[2][2]的值为_____。

（7）若有定义和语句 int a[3][3] = {{3,5},{8,9},{12,35}}, i, sum = 0; for(i = 0; i < 3; i++) sum += a[i][2-i];则 sum =_____。

（8）若定义 int a[3][4] = {{1},{5},{9}};它的作用是将数组各行第一列的元素赋初值，其余元素值为_____。

5.2.4　综合应用

1. 程序填空一

下面给定的程序中，fun 函数的功能是将 $N \times N$ 矩阵中元素的值按列向右移动 1 个位置，右边被移出矩阵的元素绕回左边第 1 列。

例如，若 $N = 3$，有下列矩阵：
$$
\begin{array}{ccc} 1 & 2 & 3 \\ 4 & 5 & 6 \\ 7 & 8 & 9 \end{array}
$$
则计算后结果为：
$$
\begin{array}{ccc} 3 & 1 & 2 \\ 6 & 4 & 5 \\ 9 & 7 & 8 \end{array}
$$

```
1    #include <stdio.h>
2    #define N 4
3    void fun(int t[N][N])
4    {
5        int i,j,x;
6        /**************** FILL ****************/
7        for(i = 0;_____;i++)
8        {
9            /**************** FILL ****************/
10           x = t[i][_____];
11           for(j = N - 1;j > 0;j--)
12               t[i][j] = t[i][j-1];
13           /**************** FILL ****************/
14           t[i][_____] = x;
15       }
16   }
17   int main()
18   {
19       int i,j,t[][N] = {1,2,3,4,5,6,7,8,9,10,11,12,13,14,15,16};
20       printf("\nThe original array:\n");
```

```
21      for(i = 0;i < N;i++)
22      {
23         for(j = 0;j < N;j++)
24              printf(" % 4d",t[i][j]);
25          / * * * * * * * * * * * * * * * * FILL * * * * * * * * * * * * * * * * * /
26              _____;
27      }
28      fun(t);
29      printf("\nThe result is:\n");
30      for(i = 0;i < N;i++)
31      {
32         for(j = 0;j < N;j++)
33              printf(" % 4d", t[i][j]);
34         printf("\n");
35      }
36      return 0;
37  }
```

请在程序的下画线处填入正确的内容,并把下画线删除,使程序得出正确的结果。

注意:不要增行或删行,也不得更改程序结构。

【实验提示】

(1) 每一行的第 1 列右移 1 列的方法是一样的,因此,需要寻求第 1 行第 1 列右移 1 列的方法,继而每行第 1 列的右移方法都相同,共有 N 行循环 N 次即可,程序中第 7 行即是。

(2) 若要右移 1 列,右边势必有被移出矩阵的元素,程序第 10 行先将其暂时存放在变量 x 中,然后通过循环从倒数第二列开始依次后移 1 列,最后将移除矩阵暂存在变量 x 中的元素放入第 1 列。

2. 程序填空二

功能:分别求出 $N \times N$ 矩阵左下和左上两个三角元素的和(含对角线元素)。分别以主对角线和反向对角线为界可以划分出 4 个三角形:左下三角和右上三角,左上三角和右下三角。

```
1   # include < stdio. h >
2   # define N 4
3   int fun1( int a[N][N])                 //求左下三角元素的和
4   {
5       int i,j,s = 0;
6       for(i = 0;i < N;i++)
7           / * * * * * * * * * * * * * * * * FILL * * * * * * * * * * * * * * * * * /
8           for(j = 0;_____;j++)
9               / * * * * * * * * * * * * * * * * FILL * * * * * * * * * * * * * * * * * /
10              s = s + _____;
11      return s;
12  }
```

```
13  int fun2 (int a[N][N])   //求左上三角元素的和
14  {
15      int i,j,s = 0;
16      for(i = 0;i < N;i++)
17      / ***************** FILL ***************** /
18          for(j = 0;_____ ;j++)
19          / ***************** FILL ***************** /
20              s = s + _____ ;
21      return s;
22  }
23  int main()
24  {
25      int a[N][N],i,j;
26      printf("Input array   a:\n");
27      for(i = 0;i < N;i++)
28          for(j = 0;j < N;j++)
29          / ***************** FILL ***************** /
30              scanf(" % d",_____ );
31      printf("The sum of left - lower triangles is % d\n",fun1(a));
32      printf("The sum of upper left triangles is % d\n",fun2(a));
33      return 0;
34  }
```

【实验提示】

(1) $N \times N$ 方阵分别以主对角线和反向对角线为界可分出 4 个三角形,即左下和右上、左上和右下共 4 个三角形。

(2) 4 个三角形每个三角形都是 N 行,关键在于列数的变化,读者可以分别写出各三角形元素的行下标和列下标,以此找出每个三角形元素列标的变化特征,从而找出控制列的内循环的循环规律。

(3) 请自行写出右上和右下三角元素的和。

3. 程序改错

功能: 实现 3 行 3 列矩阵的转置,即行列互换。

```
1   # include < stdio. h >
2   void fun(int a[3][3], int n)
3   {
4       int i,j,t;
5       for(i = 0;i < n;i++)
6         for(j = 0;j < n;j++)
7         / ***************** ERROR ***************** /
8             scanf(" % d", a[i][j]);
9       printf("\nThe original array is:\n");
10      for(i = 0;i < n;i++)
11      {
12          for(j = 0;j < n;j++)
```

```
13          printf(" % 4d",a[i][j]);
14          printf("\n");
15      }
16      for(i = 0;i < n;i++)
17          / * * * * * * * * * * * * * * * * ERROR * * * * * * * * * * * * * * * * * * /
18          for(j = 0;j < n;j++)
19          {
20              / * * * * * * * * * * * * * * * * ERROR * * * * * * * * * * * * * * * * * * /
21              a[i][j] = t;
22              a[i][j] = a[j][i];
23              / * * * * * * * * * * * * * * * * ERROR * * * * * * * * * * * * * * * * * * /
24              t = a[j][i];
25          }
26      printf("\nThe result is:\n");
27      for(i = 0;i < n;i++)
28      {
29          for(j = 0;j < n;j++)
30          printf(" % 4d",a[i][j]);
31          printf("\n");
32      }
33  }
34  int main()
35  {
36      int b[3][3];
37      fun(b,3);
38      return 0;
39  }
```

【实验提示】

(1) 程序 5~8 行,采用双重循环实现二维数组的输入,第 8 行的 scanf 函数输入,错误显而易见。

(2) 将 3×3 矩阵转置,本质上就是以主对角线为对称轴,将左下三角与右上三角对应元素互换。

(3) 借助于变量 t 完成 a[i][j] 和 a[j][i] 的互换。

4. 程序填空三

给定程序中,fun 函数的功能是在 3×4 的矩阵中找出鞍点,即该位置上的元素在该行上最大,在该列上最小; 若没有鞍点,则输出相应信息。

$$
\begin{array}{cccc}
1 & 2 & 13 & 4 \\
7 & 8 & 10 & 6 \\
3 & 5 & 9 & 7 \\
\end{array}
$$

有下列矩阵

程序执行结果为: find: a[2][2] = 9

注意: 不得增行或删行,不得更改程序的结构。

```
1    # include < stdio. h>
2    # define M 3
3    # define N 4
4    void fun( int a[M][N])
5    {
6        int i = 0, j, find = 0, rmax, c, k;
7        while((i < M)&&(!find))
8        {
9            rmax = a[i][0];
10           c = 0;
11           for(j = 1; j < N; j++)
12               if(a[i][j]> rmax)
13               {
14                   rmax = a[i][j];
15               /＊＊＊＊＊＊＊＊＊＊＊＊＊＊＊＊ FILL ＊＊＊＊＊＊＊＊＊＊＊＊＊＊＊＊ /
16                 c = _____;
17                 }
18           find = 1;
19           k = 0;
20           while(k < M&&find)
21           {
22               if(k!= i&&a[k][c]< = rmax)
23               /＊＊＊＊＊＊＊＊＊＊＊＊＊＊＊＊ FILL ＊＊＊＊＊＊＊＊＊＊＊＊＊＊＊＊ /
24               find = _____;
25               k++;
26           }
27           if((find))
28               printf("find:a[ % d][ % d] = % d\n", i, c, a[i][c]);
29           /＊＊＊＊＊＊＊＊＊＊＊＊＊＊＊＊ FILL ＊＊＊＊＊＊＊＊＊＊＊＊＊＊＊＊ /
30           _____;
31       }
32       if(!find)
33           printf("not found\n");
34   }
35   int main()
36   {
37       int x[M][N], i, j;
38       printf("Input array x:\n");
39       for(i = 0; i < M; i++)
40           for(j = 0; j < N; j++)
41           /＊＊＊＊＊＊＊＊＊＊＊＊＊＊＊＊ FILL ＊＊＊＊＊＊＊＊＊＊＊＊＊＊＊＊ /
42               scanf(" % d", _____);
43       fun(x);
44       return 0;
45   }
```

【实验提示】

(1) 题目要求找出矩阵的鞍点(也可能没有鞍点),即找出在该行上最大,在该列上最小的元素及其所在的行号和列号。该功能由 fun 子函数完成。

(2) 程序第 7～17 行循环语句,用"打擂法"找出行上最大的元素,记下其列号,第 18～26 行判断其是否是该列上最小的元素。变量 find 作为鞍点是否存在的标志。

(3) main 函数用双重循环输入矩阵的值,调用 fun 子函数。

5. 程序设计一

请编写 fun 函数,其功能是将 M 行 N 列的二维数组中的数据,按列的顺序依次放到一维数组中,一维数组中数据的个数作为函数的值返回。

若二维数组中的数据为:
```
33  33  33  33
44  44  44  44
55  55  55  55
```
则一维数组中的内容应是:33 44 55 33 44 55 33 44 55 33 44 55。

注意:部分源程序如下所示,请勿改动 main 函数和其他函数中的任何内容,仅在 fun 函数的花括号中填入编写的语句。

```
1   # include < stdio. h >
2   int fun( int s[ ][10], int b[ ], int mm, int nn)
3   {
4      int n = 0, i, j;
5      / * * * * * * * * * * * * * * * * * * BEGIN * * * * * * * * * * * * * * * * * * * * /
6
7
8      / * * * * * * * * * * * * * * * * * * END * * * * * * * * * * * * * * * * * * * * /
9      return n;
10  }
11  int main()
12  {
13     int w[10][10] = {{33,33,33,33},{44,44,44,44},{55,55,55,55}};
14     int a[100] = {0}, i, j, n;
15     n = fun(w,a,3,4);
16     printf("The A array:\n");
17     for( i = 0; i < n; i++)
18        printf(" % 3d",a[i]);
19     printf("\n");
20     return 0;
21  }
```

【实验提示】

(1) 给出的 fun 函数首部中共有 4 个形参,其中形参 mm 代表二维数组的行数,形参 nn 表示列数。

(2) 题目要求实现将二维数组元素存入一维数组,需使用循环语句来控制二维数组元素的下标。

用双重循环嵌套处理,题目要求按二维数组列的顺序取出,所以外循环控制列下标,内循环控制行下标,每次循环将数组 s 中的一个元素取出放入数组 b 中,程序第 4 行定义的变量 n 可充当一维数组 b 的下标,恰好也是作为函数返回值的数组 b 中元素的个数。

6. 程序设计二

请编写 fun 函数,该函数的功能是求出二维数组周边元素的和,作为函数的值返回。二维数组中的值由 main 函数输入。

注意:部分源程序已给出,请勿改动 main 函数和其他函数中的任何内容,仅在 fun 函数的花括号中填入编写的语句。

```
1    #include<stdio.h>
2    #define M 4
3    #define N 5
4    int fun(int a[M][N])
5    {
6      int i,j,s=0;
7      /***************** BEGIN *********************/
8
9
10     /***************** END *********************/
11     return s;
12   }
13   int main()
14   {
15     int aa[M][N],i,j,y;
16     for(i=0;i<M;i++)
17         for(j=0;j<N;j++)
18             scanf("%d", &aa[i][j]);
19      y=fun(aa);
20     printf("The sum is:%d\n", y);
21     return 0;
22   }
```

【实验提示】

(1)该题难度不大。要想求出 $M \times N$ 二维数组周边元素的和,可以先在草稿纸上写出周边元素的行列下标,观察规律,然后循环累加即可。

(2)思考:如果求周边元素的平均值,该如何修改程序?

5.3 字符数组

用来存放字符数据的数组是字符数组。C 语言没有提供字符串数据类型,也没有字符串变量,因此,字符串的存取、处理等操作要用字符型数组来实现。在字符数组中,一个元素存放一个字符。

5.3.1 知识点介绍

因为 C 语言中没有提供字符串变量,字符串的存储完全依赖于字符数组,但字符数组又不等于字符串变量。字符数组是用来存放字符的数组,字符数组的一个元素就是一个字符。字符数组的定义与前面介绍的一维数组和二维数组的定义形式相同。不同的是,定义一个字符数组时,数组名前的类型说明符应该是 char。

1. 字符串和字符串结束标志

在 C 语言中,没有字符串数据类型,但却允许使用字符串常量。字符串常量是由双引号括起来的一串字符。字符串是借助于字符数组存放的,并规定以字符'\0'作为字符串结束标识。在表示字符串常量时,不需要人为地在其末尾加入'\0',C 语言编译程序将自动地完成这一项工作,在末尾加'\0'。如:字符串"How are you!"等价于字符数组{'H','o','w',' ', 'a','r','e',' ','y','o','u','!','\0'},但字符数组{'H','o','w',' ','a','r','e',' ','y','o', 'u','!'}不能等价地看作字符串"How are you! ",因为字符数组中缺少字符串结束标识'\0'。

字符数组在包含字符串结束标识的情况下,可以使用字符串处理函数,对其进行操作。

2. 字符数组的初始化

对字符数组的初始化有两种方法实现。

(1)以单个字符的形式给每个数组元素赋值。例如,char c[5]={'c', 'h', 'i', 'n', 'a'};或者也可以是 char c[ ]={'c', 'h', 'i', 'n', 'a'};。

(2)以字符串常量的形式给数组赋值。例如,char c[6]="china";或者:char c[ ]= "china";。

注意:在程序执行过程中,不可以用赋值语句给字符数组整体赋一串字符。

例如:char m[10];

　　　　m="C program!";//赋值不合法

或char s1[10]="computer",s2[10];

　　s2=s1;　//赋值不合法

3. 字符数组的输入输出

C 语言提供了两种格式符％c 和％s 进行字符数组的输入和输出。其中,格式符％c 用来逐个字符地进行输入和输出,而格式符％s 用来进行整串地输入和输出。在实际应用中,对字符串的输出往往不是根据数组定义的长度来判断字符串是否结束,而是检测到第一个'\0'的时候结束。字符串中实际含有的有效字符的个数可以通过循环语句检测。如:执行了下列程序段后,变量 i 中存放的是字符串 string 中所含的有效字符的个数。

```
char string[] = "China is a beautiful country."
int  i;
for(i = 0; string[i]!= '\0'; i++);
```

4. 字符串处理函数

C语言提供了一些用于字符串处理的库函数,常见的字符串处理函数见表5-6。

表5-6   常见的字符串函数

函数名	函数原型	功 能	返 回 值	包含文件
strcpy	char * strcpy(char * str1,char * str2);	把str2所指的字符串复制到str1中去	返回str1	string.h
strcat	char * strcat(char * str1,char * str2);	把字符串str2连接到str1的后面,str1后面的'\0'被取消	返回str1	string.h
strlen	unsigned int strlen(char * str);	统计字符串str中字符的个数(不包括终止符'\0')	返回字符个数	string.h
strcmp	int strcmp(char * str1,char * str2);	比较两个字符串str1和str2	str1 < str2,返回负数 str1=str2,返回0 str1 > str2,返回正数	string.h
puts	int puts(char * str);	把str指向的字符串输出到标准的输出设备	返回换行符,若失败,返回EOF	stdio.h
gets	char * gets(char * str);	从标准输入设备读入字符串放入str指向的字符数组中	成功,返回str指针,否则返回NULL指针	stdio.h

5. 二维字符数组

二维字符数组用于同时存储和处理多个字符串,其定义格式与二维数值数组类似,可以看作若干个一维字符数组的叠加。如果以字符串的形式给字符数组赋值,同样每一个一维数组也是以'\0'结束。

5.3.2   实验部分

1. 实验目的

(1)熟练掌握字符数组的定义,赋值和输入输出的方法。
(2)熟练掌握用字符数组存储和处理字符串常量的方法。
(3)熟记常用字符串处理函数,并掌握它们的使用方法。
(4)掌握字符型数组和数值型数组在处理上的区别和联系。

2. 实验内容

(1)程序填空一

下列给定的程序中,fun函数的功能是将两个字符串连接起来(不得调用字符串连接strcat函数)形成一个新串,请填空。字符串的输入与输出在main函数中进行。

```
1   # include < stdio. h >
2   # include < string. h >
3   void fun(char s1[ ],char s2[ ])
4   {
5       int i = 0,j = 0;
6   / * * * * * * * * * * * * * * * * FILL * * * * * * * * * * * * * * * * * /
7       while(_____)
8           i++;
9       while(s2[j]!= '\0')
10      {
11          s1[i++] = s2[j];
12      / * * * * * * * * * * * * * * * * FILL * * * * * * * * * * * * * * * * * /
13              _____ ;
14      }
15  / * * * * * * * * * * * * * * * * FILL * * * * * * * * * * * * * * * * * /
16          _____ ;
17  }
18  int main()
19  {
20      char s1[50],s2[20];
21      printf("Input string s1:\n");
22      gets(s1);
23      printf("Input string s2:\n");
24  / * * * * * * * * * * * * * * * * FILL * * * * * * * * * * * * * * * * * /
25      scanf(" % s",_____ );
26      fun(s1,s2);
27      printf("The result is:");
28      puts(s1);
29      return 0;
30  }
```

【实验提示】

① 把第二个字符串连接到第一个字符串的后面,找出第一个字符串的连接位置是关键,程序第 7 行通过 while 循环语句遍历字符串,直到字符串结束,即结束标志'\0'的位置即为第二个串的连接点,程序第 9~14 行将第二个字符串的每个字符依次地循环接入到第一个字符串的后面。

② 程序第 16 行,注意连接后形成新字符串的结束标志'\0'。

③ 字符数组的输入有多种方法,读者应该清楚不同方法的区别和使用方法。

④ 如何将字符数组 s2 中的全部字符复制到字符数组 s1 中,而不调用 strcpy 函数。

(2) 程序填空二

请补充 fun 函数,该函数的功能是删除字符数组中小于指定字符的字符,只保留大于指定字符的字符。指定字符从键盘输入,结果仍保存在原数组中。例如:输入 abcdefghij,指定字符为 d,则输出结果为:defghij。

注意:不得增行或删行,不得更改程序的结构。

```
1    # include < stdio. h>
2    # include < string. h>
3    # define N 80
4    void fun(char s[ ],char ch)
5    {
6        int i = 0,j = 0;
7        while(s[i]!= '\0')
8        {
9            if(s[i]< ch)
10               / ***************** FILL ***************** /
11               _____;
12           else
13           {
14               / ***************** FILL ***************** /
15               _____ = s[i];
16               i++;
17           }
18       }
19       / ***************** FILL ***************** /
20       _____;
21   }
22   int main()
23   {
24       char str[N],ch;
25       printf("\nInput a string:\n");
26       gets(str);
27       printf("\nInput a character:\n");
28       scanf(" % c",&ch);
29       fun(str,ch);
30       printf("\nThe result is:\n");
31       puts(str);
32       return 0;
33   }
```

【实验提示】

① 程序第 7~18 行,对存放字符串的数组 s 进行循环遍历,每个字符都与指定字符进行比较,如果比指定字符小,访问下一个字符;如果大于指定字符,则进行保留,将它重新保存在数组 s 中,注意重新存放在数组 s 中时的下标。

② 通过保留比指定字符大的或相等的字符,实现删除比指定字符小的字符的目的。处理结束后,第 20 行,注意在新字符串的后面加上结束标志'\0'。

③ C 语言中没有直接删除字符的算法,做题时需注意方法。

④ 思考并编程:将一个字符串中 ASCII 码值为偶数的字符删除,只保留 ASCII 码值为奇数的字符。

（3）程序改错一

下面给定程序中,fun 函数的功能是判断用户输入的任意一个字符串是否为回文串。回文串是指从开头读和从末尾读(正读和反读)均为相同字符,例如:"HELLEH"。请修改程序中的错误。

注意：不得增行或删行，不得更改程序的结构。

```
1    #include <stdio.h>
2    #define N 50
3    int fun(char a[])
4    {
5        int i = 0, num = 0, flag = 1;
6        do
7         {
8            num++;
9        /**************** ERROR ***************** /
10       }while(a[i] != '\0');
11       do
12        {
13           /*************** ERROR ***************** /
14           if(a[i] != a[num - i])
15           {
16               flag = 0;
17               break;
18           }
19           i++;
20       /**************** ERROR ***************** /
21       }while(i < num);
22       return(flag);
23   }
24   int main()
25   {
26       char a[N];
27       int m;
28       printf("Input a string:\n");
29   /**************** ERROR ***************** /
30       scanf("%c", a);
31       m = fun(a);
32       if(m == 1)
33           printf("YES\n");
34       else
35           printf("NO\n");
36       return 0;
37   }
```

【实验提示】

① 首先需清楚题目中各变量所代表的含义：变量 flag 作为判断字符串是否是回文串的标志，当 flag 为 1 时此字符串为回文串，当 flag 为 0 时此字符串不为回文串；变量 num 用来存放字符串的有效长度。

② 程序第 6~10 行 while 循环语句的目的是求出字符串的有效长度，对字符数组的循环处理往往用检测'\0'作为循环的结束条件，但是 i 作为循环条件的元素下标显然不合适。

③ 程序第 11~21 行，判断该字符串是否为回文串，本质上就是循环判断数组元素 a[i]

(i 从 0 开始)与 a[num－i－1](num 为字符串有效长度)是否相等,i 的变化范围只限于字符串的前半部分。

④ 变量 flag 作为字符串是否是回文串的标记,是 flag 为 1,不是则为 0。main 函数通过调用 fun 函数得到返回的 flag 的值,并通过该值确定输出结果。

（4）程序改错二

下列给定的程序中,fun 函数的功能是判断字符 ch 是否与字符数组 str 中字符串的某一个字符相同;若相同,什么都不做,若不同,则将其插在该字符串的最后。

注意:不要改动 main 函数,不得增行或删行,不得更改程序的结构。

```
1    # include < stdio. h>
2    # include < string. h>
3    void fun(char str[ ],char ch)
4    {
5        int i = 0;
6    / ***************** ERROR ***************** /
7        while(str[i]!= '\0'||str[i]!= ch)
8            i++;
9    / ***************** ERROR ***************** /
10       if(str[i] == ch)
11       {
12           str[i] = ch;
13    / **************** ERROR ***************** /
14           str[i++] = '\0';
15       }
16   }
17   int main()
18   {
19       char s[80],c;
20       printf("\nInput a strinr:");
21       gets(s);
22       printf("\nInput a character:");
23       c = getchar();
24       fun(s,c);
25       printf("\nThe result is: % s:\n",s);
26       return 0;
27   }
```

【实验提示】

① 程序第 7 行对字符数组进行循环遍历,只要字符串没有结束且当前字符和字符 ch 不相同两个条件同时满足时,说明 ch 和字符串中的字符不同,将字符 ch 加在字符串的尾部,否则,什么都不做。因此,遍历时 while 语句的循环条件很重要。

② 程序第 12 行将与字符串任一字符都不相同的字符 ch 插入到字符串的最后,代替了'\0',此时注意第 14 行要重新在插入 ch 字符后的字符串结尾赋'\0'。

（5）程序设计一

从键盘任意输入一个字符串,将该字符串中的所有字符按其 ASCII 码值从小到大排序后输出。

【实验提示】

① 根据前面所学的排序算法（冒泡排序法），将字符串中各字符的 ASCII 码值依次进行比较排序。

② 利用字符串处理 strlen 函数，求出输入的字符串所包含字符的个数，即排序对象的个数，即可采用冒泡法排序。

（6）程序设计二

下面给定的程序中，fun 函数的功能是将字符串 s 中的所有数字字符移到所有非数字字符之后，并保持数字字符和非数字字符原有的次序。例如，字符串 s 为 def35abcg4jhdt7。执行结果为 def abcg jhdt3547。

部分源程序已给出，如下所示。请勿改动 main 函数和其他函数中的任何内容，仅在 fun 函数的空白处填入编写的语句。

```
1    # include < stdio. h>
2    # include < string. h>
3    void fun(char s[])
4    {
5      int i,j = 0,k = 0;
6      char t1[80],t2[80];
7      for(i = 0;s[i]!= '\0';i++)
8          if(s[i]> = '0'&&s[i]< = '9')
9              / ***************** BEGIN ******************* /
10
11
12             / ***************** END ****************** /
13      for(i = 0;i < k;i++)
14          s[i] = t1[i];
15      for(i = 0;i < j;i++)
16          s[k + i] = t2[i];
17 }
18 int main()
19 {
20    char s[80];
21    printf("\nInput a string:");
22    gets(s);
23    fun(s);
24    printf("\nThe result is:");
25    puts(s);
26    return 0;
27 }
```

【实验提示】

① 将字符串 s 中的数字字符和非数字字符挑出，分别存储在字符数组 t2 和 t1 中。

② 数组 t1 用来存放非数字字符，变量 k 用来统计非数字字符的个数；数组 t2 存放数字字符，变量 j 用来统计数字字符的个数。

③ 最后分别将两个数组连接到数组 s 即可。

5.3.3　练习与思考

1. 单选题

(1) 下面选项中，叙述正确的是（　　　）。

　　A. 在定义字符数组时不进行初始化，数组元素会被赋予默认初值'\0'

　　B. 可以在省略行下标和列下标的情况下，对二维字符数组进行初始化

　　C. 在定义字符数组时进行部分初始化，未初始化元素会被赋予默认初值'\0'

　　D. 用字符串常量初始化字符数组时，数组大小应至少等于字符串有效字符的个数

(2) 下面程序段的输出结果是（　　　）。

```
char s[ ] = {"012xy"};
int i,n = 0;
for(i = 0;s[i]!= 0;i++)
    if(s[i]> = 'a'&& s[i]< = 'z')    n++;
printf(" % d\n",n);
```

　　A. 2　　　　　　　　　B. 0　　　　　　　　　C. 3　　　　　　　　　D. 5

(3) 对两个数组 a 和数组 b 进行如下初始化，则下面选项中叙述正确的是（　　　）。

```
char a[ ] = "ABCDEF";
char b[ ] = {'A','B','C','D','E','F'};
```

　　A. 数组 a 与数组 b 完全相同　　　　　　B. 数组 a 与数组 b 长度相同

　　C. 数组 a 和数组 b 中都存放字符串　　　D. 数组 a 比数组 b 的长度长

(4) 下列选项中，不合法的数组定义语句是（　　　）。

　　A. char a[9] = {'s','t','i','r','n','g'};

　　B. char a = "string";

　　C. char a[9] = {"string"};

　　D. char a[9] = "string";

(5) 下面程序段的输出结果是（　　　）。

```
char ch[7] = {"12ab56"};
int i,s = 0;
for(i = 0;ch[i]> = '0'&&ch[i]< = '9';i += 2)
    s = 10 * s + ch[i] – '0';
printf(" % d\n",s);
```

　　A. 1　　　　　　　　　B. 12　　　　　　　　C. 12ab56　　　　　　D. 1256

(6) 下面程序段的输出结果是（　　　）。

```
char a[ ] = "morning", t;
int i, j = 0;
for(i = 0;i < 7;i++)
    if(a[j]< a[i])    j = i;
t = a[j];    a[j] = a[7];    a[7] = t;
puts(a);
```

A. mogninr   B. mo   C. morning   D. moring

（7）下面程序段的输出结果是（   ）。

```
char a[20] = "ABCD\0EFG\0",b[] = "IJK";
strcat(a,b);
printf("%s\n",a);
```

     A. ABCD\0EFG\0IJK   B. ABCDIJK
     C. IJK   D. EFGIJK

（8）设有定义和语句char str[] = "Sunny";printf("%8.3s",str);则输出是（   ）。
（注：␣代表一个空格）

     A. Sunny   B. Sun␣␣␣   C. ␣␣␣␣␣nny   D. ␣␣␣␣␣Sun

（9）以下字符数组初始化语句中,不正确的是（   ）。

     A. char c[] = 'goodmorning';   B. char c[20] = "goodmorning";
     C. char c[] = {'a','b','c','d'};   D. char c[] = {"goodmorning"};

（10）下面程序段的输出结果是（   ）。

```
char ch[3][5] = {"AAAA","BBB","CC"};
printf("%s\n",ch[1]);
```

     A. AAAA   B. BBBCC   C. BBB   D. CC

2. 填空题

（1）printf("%d\n",strlen("ATS\n012\1"))的输出结果是_____。

（2）判断字符串 a 和字符串 b 是否相等,应当使用_____函数。

（3）若有 char s[ ][20]={"one World!", "one Dream!"};则 strlen(s[1])=_____。

（4）若有定义 char a[10]="abcd";则 strlen(a)=_____;sizeof(a)=_____。

（5）有以下程序段,字母 A 的 ASCII 码值是 65,则程序输出后的结果是_____。

```
char s[] = "ABC";
int i = 0;
do
{
    printf("%d",s[i]%10);
    i++;
} while(s[i]!= '\0');
```

（6）若有程序段 char x[] = "STRING";x[0] = 0;x[1] = '\0';x[2] = '0';则 sizeof(x)=
_____, strlen(x)=_____。

（7）若有以下定义和语句 char s1[] = "12345",s2[] = "1234"; printf("%d\n",
strlen(strcpy(s1,s2)));则输出结果是_____。

（8）有以下程序段,若从键盘输入 55566 7777abc 后,y 的值为_____。

```
int j;
float y;
char n[50];
```

```
scanf("%2d%3f%s",&j,&y,n);
```

（9）下面程序段的输出结果是_____。

```
char a[] = "computer" , t;
int i, j = 0;
for(i = 0;i < 8;i++)
    for(j = i + 1;j < 8;j++)
        if(a[i]< a[j])
        {   t = a[i];   a[i] = a[j];   a[j] = t;   }
printf("%s",a);
```

（10）若有以下程序段：

```
char p[20] = {'a','b','c','d'},q[] = "abc",r[] = "abcde";
strcat(p,r);
strcpy(p + strlen(q),q);
```

则 strlen(p)＝_____。

5.3.4　综合应用

1．程序填空一

功能：试在程序的下画线处填入正确的内容，使程序得到如图 5-3 所示的运行结果。

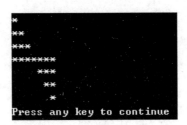

图 5-3　运行结果

```
1    # include < stdio. h>
2    int main()
3    {
4        int i,j;
5        char a[5][5];
6        for(i = 1;i < = 4;i++)
7         for(j = 1;j < = 4;j++)
8           if(j < = i)
9                a[i][j] = ' * ';
10          else
11               a[i][j] = '  ';          //放入一个空格
12       for(i = 1;i < = 3;i++)
13       {
14           for(j = 1;j < = 4;j++)
```

```
15                /**************** FILL **************** /
16                _____ ;
17            printf("\n");
18        }
19        /**************** FILL **************** /
20        for(_____)
21            printf(" % c",a[4][j]);
22        printf("\b");    //光标退一格
23        /**************** FILL **************** /
24        for(_____)
25            printf(" % c",a[4][j]);
26        printf("\n");
27        for(i = 3;i > = 1;i -- )
28        {
29            printf("    ") ; //输出 3 个空格
30            /**************** FILL **************** /
31            for(_____)
32                printf(" % c",a[i][j]);
33            printf("\n");
34        }
35    return 0;
36 }
```

【实验提示】

（1）程序是将图形分成三部分来考虑,前 3 行是第一部分,第 4 行是第二部分,后 3 行是第三部分。第一部分和第三部分形状类似,不同的是第三部分按第一部分的行和列相反的顺序输出图形。第二部分即第四行的 7 个 ' * ' 又分两次输出。

（2）程序第 6～11 行是将字符 ' * ' 和空格字符放入字符数组 a 中应有的位置。程序第 12～18 行输出图形的第一部分,第 20～25 行输出图形的第二部分,第 27～34 行输出图形的第三部分。

（3）程序中定义的数组是 5 行 5 列的二维字符数组,实际上只使用了后 4 行 4 列的元素,即没有使用 0 行与 0 列的元素。

2. 程序填空二

请补充 main 函数,该函数的功能是从字符串 str 中取出所有的数字字符,并分别统计字符 0,1,2,3,4,…,9 的个数,然后把计数结果保存在数组 b 中并输出,并把其他字符的个数保存在 b[10]中。

```
1   # include < stdio. h >
2   int main()
3   {
4       int i,b[11];
5       char str[ ] = "ab1234456789cde0990";
6       printf("\nThe original array: \n");
7       puts(str);
```

```
8        for(i = 0;i < 11;i++)
9          b[i] = 0;
10       /* **************** FILL **************** */
11       _____;
12       while(str[i]!= '\0')
13       {
14          /* **************** FILL **************** */
15          switch(_____)
16          {
17             case '0':b[0]++;break;
18             case '1':b[1]++;break;
19             case '2':b[2]++;break;
20             case '3':b[3]++;break;
21             case '4':b[4]++;break;
22             case '5':b[5]++;break;
23             case '6':b[6]++;break;
24             case '7':b[7]++;break;
25             case '8':b[8]++;break;
26             case '9':b[9]++;break;
27             /* **************** FILL **************** */
28             default:_____;
29          }
30          /* **************** FILL **************** */
31          _____;
32       }
33       printf("\n The statistical results:\n");
34       for(i = 0;i < 10;i++)
35          printf("\n%d: %d",i,b[i]);
36       printf("\nThe others : %d\n",b[10]);
37       return 0;
38  }
```

【实验提示】

(1) 对数组 str 中字符串的所有字符进行循环遍历并判断其种类,分别计数即可。注意,switch 语句的执行过程。

(2) 试用多分支的 if 语句替代 switch 语句。

3. 程序改错

下列给定的程序中,fun 函数的功能是从字符串 s 中找出子字符串 t 的个数。例如,当字符串 s 中的内容为 mnuvmnxmn,字符串 t 的内容为 mn,则求出的个数为 3。请改正程序中的错误。注意,不要改动 main 函数,不得增行或删行,不得更改程序的结构。

```
1   # include < stdio. h>
2   # include < string. h>
3   int fun(char s[ ],char t[ ])
4   {
```

```
5        /**************** ERROR ****************/
6        int i = 0,j = 0,n;
7        while(s[i]!= '\0')
8        {
9          while(t[j]!= '\0')
10           /**************** ERROR ****************/
11             if(s[i]!= t[j])
12             {
13                 i++;
14                 j++;
15             }
16             else
17             {
18                 i++;
19                 j = 0;
20                 /**************** ERROR ****************/
21                 continue;
22             }
23             if(t[j] == '\0')
24                 n++;
25             j = 0;
26         }
27       return n;
28  }
29  int main()
30  {
31      char s[100],t[100];
32      int m;
33      printf("\nPlease enter string s:");
34      scanf(" % s",s);
35      printf("\nPlease enter string t:");
36      scanf(" % s",t);
37      m = fun(s,t);
38      printf("\nThe result is :m = % d\n",m);
39      return 0;
40  }
```

【实验提示】

（1）程序第 6 行中定义的变量 i 是数组 s 的下标，j 是数组 t 的下标，n 则是存放字符串 t 在字符串 s 中存在的个数，充当计数器。

（2）从字符串 s 中找出子字符串 t 的方法是分别循环遍历字符串 s 和字符串 t，从字符串 s 的第一个字符开始，若字符串 s 中的当前字符与字符串 t 的第一个字符相同，则比较字符串和字符串 t 的下一个字符（程序第 7～15 行）；若不相同，则字符串 s 继续下移，而字符串 t 重回第一个字符，内循环退出（程序第 16～20 行）。如果一直循环直到字符串 t 结束，则说明字符串 t 在字符串 s 中出现，计数器 n 累加（程序第 22 行），字符串 t 重回第一个字符，再次开始遍历字符串 t 进行比较。

（3）fun 函数中变量 n 用来累计字符串 t 在字符串 s 中存在的个数，通过 return 语句返回给 main 函数。

4. 程序设计一

请编写 fun 函数,其功能是将一个数字字符串转换为一个整数(不得调用由 C 语言提供的,将数字字符串转换为对应整数的函数)。例如:若输入字符串－1234,则调用 fun 函数把它转换为整数值－1234。

部分代码给出,如下所示。请勿改动 main 函数和其他函数中的任何内容,仅在 fun 函数的圆括号中填入编写的语句。

```
1    # include < stdio. h >
2    # include < string. h >
3    long fun( char p[ ])
4    {
5        long n = 0;
6        int flag = 1, i;
7        / ****************** BEGIN ******************* /
8
9
10       / ****************** END ****************** /
11       return n;
12   }
13   int main()
14   {
15       char s[6];
16       long n;
17       gets(s);
18       n = fun(s);
19       printf(" % ld\n", n);
20       return 0;
21   }
```

【实验提示】

(1) 该题考察数字字符串转化为对应整数的算法操作。

(2) 考虑符号问题:用 if 语句判断数字字符串的第一个字符是'－'还是'＋'确定转换的整数的正负,用变量 flag 放＋1 或－1 作为系数,调节最终转换成的整数的正负。

(3) 不得调用 C 语言提供的将字符串转换为整数的函数,则数字字符转换为相应的数字需要通过该数字字符减去 '0' 来实现,即 p[i]－'0' 就可以得到与 p[i] 这个字符对应的数字。可用下面的循环语句,在数字字符串中完成将每个数字字符转换为相应数字,并且将其组成为整数(不含符号)。

```
while(p[i] != '\0')
{
    n = n * 10 + p[i] - '0';
    i++;
}
```

（4）综合符号问题，最后 n＝flag * n。

5. 程序设计二

规定输入的字符串中只包含字母和 * 号。编写 fun 函数，其功能是删除字符串中所有的 * 号。编写函数时，不得使用 C 语言提供的字符串函数。例如，字符串中的内容为 ****A * BC ** DEF * G ****** ，删除后，字符串中的内容应当是 ABCDEFG。

注意：部分代码给出如下。请勿改动 main 函数和其他函数中的任何内容，仅在 fun 函数的圆括号中填入编写的语句。

```
1    # include < stdio. h >
2    # include < conio. h >
3    void fun(char s[ ])
4    {
5        int i,j = 0;
6        /***************** BEGIN *****************/
7
8
9        /***************** END *****************/
10   }
11   int main()
12   {
13       char s[81];
14       gets(s);
15       fun(s);
16       printf("The string after deleted:\n");
17       puts(s);
18       return 0;
19   }
```

【实验提示】

（1）欲删除字符串中所有 * 号，需用循环语句遍历字符串的每一个字符，依次判断该字符是否是 * 号。若不是 * 号，则将该元素在原数组中保留；若是 * 号，则继续判断下一个字符。

（2）从字符串下标为 0 的元素开始循环逐个进行比较，if(s[i]! = ' * ')则保留，注意原字符串的下标和删除 * 号后新字符串的下标的变化。

（3）保留下来的新字符串最后要加字符串结束标志'\0'。

6. 程序设计三

下面给定的程序中，fun 函数的功能是对 5 个国家名字，按从小到大的顺序排序。从 main 函数中输入 5 个国家的名字，排序后的结果也在 main 函数中输出。

部分代码已给出，如下所示。请勿改动 main 函数和其他函数中的任何内容，仅在 fun 函数的空白处填入编写的语句。

```
1    # include < stdio. h >
2    # include < string. h >
3    int main()
4    {
5        void fun(char name[][20]);
6        char name[5][20];
7        int i;
8        printf("\n Input five   names:\n");
9        for(i = 0;i < 5;i++)
10           gets(name[i]);
11       fun(name);
12       printf("The result is:\n");
13       for(i = 0;i < 5;i++)
14       {
15           puts(name[i]);
16           putchar('\n');
17       }
18       return 0;
19   }
20   void fun(char name[5][20])
21   {
22       int i, j;
23       char temp[20];
24       / ***************** BEGIN ******************* /
25
26
27       / ***************** END ****************** /
28   }
```

【实验提示】

(1) 可以将第 5 行的二维字符数组看成是 5 个一维字符数组,每个一维字符数组存放一个国家名,共 5 个国家名,即 5 个字符串。对 5 个字符串排序,用冒泡排序法排序即可。程序第 22 行定义的数组 temp 作为排序时字符串交换用的备用数组。

(2) 使用字符串比较函数实现字符串的比较,使用字符串复制函数实现字符串的位置互换。

5.4　实践拓展

5.4.1　新个人所得税计算方法与实现

个人所得税与我们每个人的利益息息相关。2019 年 1 月 1 日新的《中华人民共和国个人所得税法》正式实施,个人需要缴纳的个人所得税也发生了变化,起征点从之前的 3500 元上调至 5000 元,还可以享受专享附加扣除以及社保扣除,工资超过 5000 元才需要纳税,个人综合所得税按全年累计计算。新个人所得税税率表见表 5-7。

表 5-7 新个人所得税税率表

级 数	全年应纳税所得	税率/%	速算扣除数/元
1	不超过 36 000 元的部分	3	0
2	超过 36 000 元至 144 000 元的部分	10	2520
3	超过 144 000 元至 300 000 元的部分	20	16 920
4	超过 300 000 元至 420 000 元的部分	25	31 920
5	超过 420 000 元至 660 000 元的部分	30	52 920
6	超过 660 000 元至 960 000 元的部分	35	85 920
7	超过 960 000 元的部分	45	181 920

请编程实现：计算个人每月应缴纳所得税额以及全年累计应缴纳所得税额。个人月工资数、三险一金每月扣除金额以及专项附加扣除金额由用户从键盘输入。

【实验提示】

(1) 计算个人全年累计应缴纳所得税额，定义两个含有 12 个元素的数组：

```
float a[12],tax[12],x;
```

数组 a 用来存放每个月税前工资，数组 tax 用来存放每个月应纳税金额。通过循环输入每个月的税前工资到数组 a，输入专项扣除额到变量 x 中。

(2) 累加数组 a 的各月工资数，再减去三险一金的金额和每月专项扣除的金额，即为应纳税额。

(3) 根据个人所得税税率表，判断应纳税额的纳税税率区间，计算应纳税额。

(4) 例如：如果个人 1 月工薪收入所得为 18 000 元，三险一金每月扣除 3200 元，专项附加扣除共 2000 元，个税起征点为 5000 元，则无须纳税额为 3200＋2000＋5000，则 1 月份应交税为：[18 000－(3200＋2000＋5000)]×3％＝234 元，放入 tax[0]中；2 月工薪收入 18 000 元，其他所得 1500 元，综合所得合计 19 500 元，则 1～2 月累积应纳税[(18 000＋19 500)－(3200＋2000＋5000)×2]×3％＝513 元，2 月应交税＝513－234＝279 元，放入 tax[1]中；……。依此方法，即可求出每月应纳税额及全年应纳税额。

5.4.2 模拟超市寄存柜存取操作

在大中型超市门口一般都放置有很多寄存柜，顾客可以将不能带入超市的物品暂时寄存在里面，购物结束后再取回。客户按动存包按钮，如果寄存柜中有空的箱子，则打开一个空箱子，并打印一张印有密码的纸条，客户购物结束凭密码取回个人的物品。如果没有空箱子，则显示"寄存柜已满，请耐心等待"。

本拓展项目要求编写一个程序模拟自动寄存柜的存包、取包功能。

【实验提示】

(1) 一般超市寄存柜都有若干排，每排都有若干个存包箱。构造两个二维数组，一个表示超市的寄存柜，二维数组的下标对应寄存柜中每个存包箱所在的位置；一个用来存放寄存柜中每个存包箱的密码。假设某超市的寄存柜共有 50 个存包箱，定义 box[6][11]的二维数组，数组行下标 1～5 表示存包箱所在的行数编号，列下标 1～10 表示存包箱所在的列数编号，定义二维数组 pas[6][11]存放对应存包箱的密码。

（2）利用 rand 随机函数分别对两个二维数组进行初始化，其中一个初始化 0～1 的随机数，0 表示箱子为空，可以存包；1 表示箱子非空，当前不能存包。放密码的二维数组随机生成 6 位数密码。

使用 rand()％(b−a+1)+a 可生成 a～b 的随机数，含 a 和 b。

```
srand((unsigned)time(NULL));          //用系统时间作为生成随机数的种子
rand()%2;                             //随机生成 0～1 的随机数
```

同理，想要生成随机 6 位数密码：rand()％100000+900000。

（3）程序运行界面示例如图 5-4 所示，有带有编号的运行菜单及必要的文字提示，以便顾客操作。顾客可以循环地输入要进行的操作编号，进行相应的操作。当输入 3 时，结束程序运行。

图 5-4 程序运行菜单界面

（4）当顾客存包时，需要寻找可存包的空的存包箱（二维数组元素值为 0），在该二维数组中查找值为 0 的元素，确定该元素行下标和列下标，即可找到空的存包箱的位置。存包运行界面如图 5-5 所示。

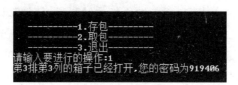

图 5-5 存包运行界面

（5）当顾客需要取回已寄存的包，此时需用户输入密码，将用户输入的密码与该箱子应有的密码进行比较。如果密码正确则箱子打开取出包，同时箱子变回空箱状态；如果密码输入错误，则需重新输入密码，直到密码正确为止。取包运行界面如图 5-6 所示。

图 5-6 取包运行界面

第6章
用函数实现模块化程序设计

　　在程序设计中,如果程序的功能比较多,规模比较大,将所有的代码都写到 main 函数中,会使程序变得庞杂,使用户阅读和维护变得困难。因此,用模块化程序设计的思路可以解决这个问题。程序员往往将大的问题分解为若干个功能模块"分而治之",自上向下、逐步求精,模块化程序设计不仅使程序更容易被理解,也更容易被调试和维护。C 语言中的函数(function)用来实现模块的功能。

　　一个 C 语言程序总是由一个或多个函数构成,其中必须有一个 main 函数。由 main 函数调用其他函数,其他函数也可以互相调用。值得注意的是,一个 C 语言源程序无论包含了多少个函数,程序的执行都从 main 函数的入口开始,到 main 函数的出口结束,中间循环、往复、迭代地调用一个又一个的函数。每个函数分工明确,各司其职。

　　为方便读者了解、学习本章内容,绘制本章思维导图,如图 6-1 所示。

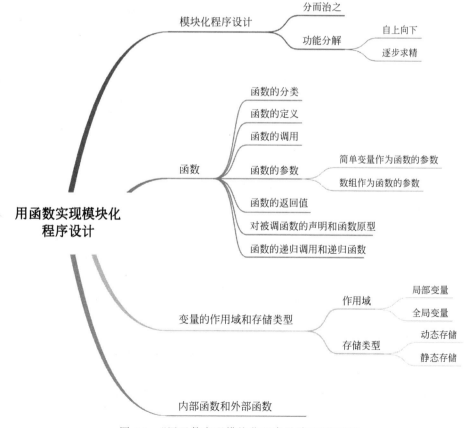

图 6-1　"用函数实现模块化程序设计"思维导图

6.1   函数的定义及函数的调用

要学会函数的使用,必须先理解函数的概念、函数的工作过程,熟练地掌握函数的定义方法、函数的调用以及函数的声明。

6.1.1   知识点介绍

1．库函数

C语言提供了丰富的库函数,这些库函数包括常用的数学函数、字符串处理函数以及输入输出处理函数等。库函数由系统提供,用户根据需要选用合适的库函数,无须定义,只需在程序最前面使用包含有该函数原型的头文件,即使用♯include命令包含库函数所对应的头文件名。

2．函数的定义

C语言虽然提供了丰富的库函数,但不可能满足每个用户的各种特殊需求,因此大量的函数须由用户自己编写,即自己定义函数。一个函数包括两个部分:函数首部和函数体。

定义函数时请注意:

(1)函数在使用前必须先定义。

(2)函数的定义可以在任意位置,既可放在 main 函数之前,也可放在 main 函数之后,这一特性称为函数定义的位置无关性。但如果函数定义在被调用之后,需要在主调函数中进行声明。

(3)在一个函数的函数体内,不能再定义另一个函数,即函数不能嵌套定义,各个函数必须平行定义。

(4)函数体可以是空的,即什么也不做。

3．函数的参数

函数的参数有两种:形式参数(简称形参)和实际参数(简称实参)。函数定义时函数名后面的参数是形参,在调用函数时函数名后面的参数是实参,实参与形参之间可以进行值或地址的单向传递。

4．函数的返回值

函数的返回就是函数执行结束,返回到调用它的函数中。当函数返回到主调函数时,有时会有数据带给主调函数,也可以没有任何数据返回给主调函数。返回的数据称为函数的返回值,通过 return 语句实现返回。即return(表达式);其中括号为可选项。当程序执行到 return 语句时,程序的流程就返回到调用该函数的地方,并带回函数值。

return 语句必须遵循以下 4 点要求。

(1)一个函数中可以有一个或一个以上的 return 语句,但函数最终只能执行其中的一条 return 语句。

（2）一条 return 语句只能返回一个值，不能返回多个值。

（3）return 语句后可以是常量、变量，也可以是表达式；也可以什么都没有，但此时必须定义函数为 void 型，程序的流程就一直执行到函数尾，然后返回调用函数，没有确定的函数值带回。

（4）若 return 语句返回值的类型与函数类型不同，则以函数类型为准。

5．函数的调用

函数的调用就是使用已经定义的函数，通常通过函数的调用来执行被调用的函数体。函数调用的一般形式为：**函数名（实际参数列表）;**。

调用函数时请注意以下 5 点。

（1）函数名要与被调用函数定义时的名称一致。

（2）实参列表中的参数可以是常量、变量、表达式，各个参数间用逗号隔开。

（3）实参与函数定义时的形参要按顺序一一对应，数量、类型必须一致。

（4）若调用无参函数，实际参数列表为空，其调用的一般形式为：函数名（）;。

（5）C 语言程序中，函数可以直接或间接地调用自己，称为递归调用。

6．函数的声明

函数声明的作用是把有关函数的信息（函数名、函数类型、函数参数的个数与类型）通知给编译系统，以便编译系统在对程序进行编译时检查被调用函数是否正确存在。

（1）函数声明的方法。只需把函数首部取出来，后面加一个;即可。

（2）函数声明语句的位置。函数的定义如果写在主调函数之前，则函数声明可以省略，否则必须声明，位置如下：

① 写在主调函数的外部，这时的函数声明为全局声明，即可以在被函数声明语句之后出现的所有函数调用；

② 写在主调函数的说明语句中，此时的函数声明为局部声明，即只能被该函数调用，而不能被其他函数调用。

7．函数的嵌套调用和递归调用

（1）函数的嵌套调用

C 语言不能嵌套定义函数，但可以嵌套调用函数。函数的嵌套调用就是在被调用的函数中又调用另一个函数。学习嵌套调用时，注意调用的执行过程。

（2）函数的递归调用

① C 语言中函数可以递归调用，即可以直接或者间接地自己调用自己。

② 递归调用比较复杂，采用递归方法解决问题时，要有递归结束的条件，即结束递归的终止条件。

③ 当函数进行递归调用时，系统将自动地把函数中当前的变量和形参暂时保留起来。每次函数的调用，系统都会为该函数的变量开辟新的内存空间。

6.1.2　实验部分

1．实验目的

（1）深入理解函数的概念。

（2）熟练掌握函数的定义和调用方法。

（3）掌握函数的实参和形参之间的对应关系以及参数之间的值传递或地址传递的方式，理解参数间两种传递方式的区别。

（4）了解函数的返回值的概念及使用。

（5）掌握函数的嵌套调用。

（6）掌握递归函数的特点以及递归调用的方法。

2．实验内容

（1）程序填空一

功能：将华氏温度转换为摄氏温度，转化公式如下：$C=5\times(F-32)/9$

注：C 为摄氏温度，F 为华氏温度。

```
1    # include < stdio. h >
2    int main()
3    {
4        / ***************** FILL ***************** /
5            _____ ;
6        float ctem, ftem;
7        scanf(" % f", &ftem);
8        if (ftem < 300)
9            / *************** FILL **************** /
10           _____ ;
11       else
12           printf("beyond the scope\n");
13       printf("celsius is % f\n", ctem);
14       return 0;
15   }
16   float trans(float tem)
17   {
18     / *************** FILL **************** /
19         _____ ;
20   }
```

【实验提示】

① 子函数定义在主函数之后时，应在调用之前对子函数加以声明。

② 第 19 行，子函数需通过 return 语句将函数值返回调用之处，return 语句后面可以是变量、常量或表达式。注意：C 语言中整除运算符"/"的含义；华氏温度转换为摄氏温度的转换公式中"5/9"，该怎样表达。

（2）程序填空二

下列给定的程序中，fun 函数的功能是求正整数 m 和 n 的最大公约数，并作为函数的值返回，请填空。

注意：不得更改 main 函数和其他函数中的任何内容，不得增行或删行，不得更改程序的结构。

```
1   # include < stdio. h>
2   int fun( int m, int n)
3   {
4       int r;
5       / ***************** FILL ***************** /
6       if( m _____ n)
7       {
8           r = m;
9           / ***************** FILL ***************** /
10          _____;
11          n = r;
12      }
13      / ***************** FILL ***************** /
14      while( _____ )
15      {
16          m = n;
17          n = r;
18      }
19      return n;
20  }
21  int main()
22  {
23      int x, y;
24      printf("Input x   y: ");
25      scanf("% d, % d", &x, &y);
26      / ***************** FILL ***************** /
27      printf("The G. C. D is % d\n", _____ );
28      return 0;
29  }
```

【实验提示】

① 第 14～18 行求两个正整数的最大公约数采用辗转相除法，思路是将两数中较小数作为除数，较大数作为被除数，两数相除所得的余数若为 0，则此时的除数即为最大公约数；若余数不为 0，则将原来的除数作为新的被除数，将余数作为新的除数，继续求余，直到余数为 0 为止。

② 第 6 行，考虑被除数和除数的大小关系，要保证被除数比除数大。

③ fun 函数写在 main 函数之前，对该函数无须声明。

④ 求出两个整数的最大公约数后，如何求它们的最小公倍数？

（3）程序填空三

下面程序的功能是从键盘上输入一个整数 n，输出对应的 n 项斐波那契数列。斐波那契数列是一整数数列,该数列从第三项开始,每项等于前面两项之和,即 0,1,1,2,3,5,8,13,21,…。fib 函数是一个递归函数,请填空。

```
1   # include < stdio. h >
2   int fib(int n);
3   int main()
4   {
5     int i,n = 0;
6     printf("\n 请输入 n:");
7     scanf(" % d",&n);
8     for(i = 0;i < n;i++)
9         printf(" % 5d",fib(i));
10    return 0;
11  }
12  int fib(int n)
13  {
14  / **************** FILL **************** /
15    if( _____ )
16        return 0;
17    else
18    / **************** FILL **************** /
19    if(_____)
20        return 1;
21    else
22      / **************** FILL **************** /
23        return _____ ;
24  }
```

【实验提示】

① 本题所用的是递归算法:一个过程或函数在其定义或说明中又直接或间接地调用自身的一种方法。

② fib 递归函数的功能是求斐波那契数列第 n 项的值。根据斐波那契数列的特点:第一项为 0(程序第 15 行),第二项为 1(第 19 行),从第三项开始,每项等于前面两项之和,所以 n==0 和 n==1 都是递归的终止条件。程序第 23 行即当 n>1 时,n 所对应的数列项为前两项之和,即可进行递归,fib(n-2)+fib(n-1)。如果 n=5,则求 fib(5)的整个过程如图 6-2 所示。

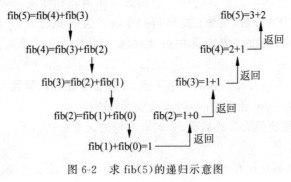

图 6-2　求 fib(5)的递归示意图

（4）程序改错

下面给定的程序中，func 函数的功能是求出一个长整型数据的各位数字之积，作为函数值返回。长整型数据由键盘输入。

注意：不得更改 main 函数和其他函数中的任何内容，不得增行或删行，不得更改程序的结构。

```
1   # include < stdio. h >
2   # include < math. h >
3   int main()
4   {
5       long n;
6       / * * * * * * * * * * * * * * * ERROR * * * * * * * * * * * * * * * * * /
7       long func(long   num)
8       printf("\nInput n: \n");
9     / * * * * * * * * * * * * * * * ERROR * * * * * * * * * * * * * * * * * /
10      scanf(" % d", &n);
11      printf("\n The result is   % ld", func(n));
12      return 0;
13  }
14  long func(long   num)
15  {
16      long k = 1;
17      num = abs(num);
18      do
19      {
20         / * * * * * * * * * * * * * * * ERROR * * * * * * * * * * * * * * * * * /
21         k * = num/10;
22         / * * * * * * * * * * * * * * * ERROR * * * * * * * * * * * * * * * * * /
23         num % = 10;
24      } while(num);
25      return(k);
26  }
```

【实验提示】

① main 函数写在 func 子函数之前，则需对 func 子函数加以声明（第 7 行）。

② 求整数各位数字的积，必须分离出该整数的各个数位，然后累乘起来，方法是第18~24 行，用该整数除以 10 取余数得到其个位数，用于求积；再将该数缩小为原来的 1/10，继续除以 10 取余数分解个位数（实质是原数的十位数），循环直到该数是 0 为止。

③ 程序 17 行中 abs 为求绝对值的标准数学函数。

④ 第 11 行，将 func 函数的调用直接作为 printf 函数的输出项。

（5）程序设计一

写一个 fun 函数，它的功能是计算给定正整数 n 的所有因子（不包括 1 和它本身）之和，将和作为函数值返回。n 值由 main 函数输入，并输出结果。

例如，若 main 函数从键盘给 n 输入的值为 856，则输出为 sum＝763。

注意：不得更改 main 函数和其他函数中的任何内容，不得增行或删行，不得更改程序的结构,仅在 fun 函数的空白处填入编写的语句。

```
1    # include < stdio. h >
2    long fun( int n)
3    {
4       int i;
5       long s = 0;
6       / ***************** BEGIN ******************* /
7
8
9       / ***************** END ******************* /
10   }
11   int main()
12   {
13      int n;
14      long sum;
15      scanf(" % d",&n);
16      if(n < = 1000)
17      {
18          sum = fun(n);
19          printf("\n The sum is % ld\n",sum);
20      }
21      else
22          printf("\n 输入数据错误\n");
23      return 0;
24   }
```

【实验提示】

① fun 函数的首部已经给出,分析形参 n 代表的含义。

② 根据题意可知 n 的因子不包括 1 和它本身,所以求 n 的因子,范围应该从 2 到 n−1,循环遍历该范围,判断找出 n 的所有因子(能被 n 整除的所有整数)并累加。

③ 累加之和 s 通过 return 语句返回。

(6) 程序设计二

以下程序中,isPrime 函数的功能是判断一个数是否是素数,cal 函数的功能是计算小于 n 的所有素数的倒数之和。n 由 main 函数输入,并输出结果。

注意:不得增行或删行,不得更改程序的结构,只在 isPrime 函数和 cal 函数的空白处写上编好的语句。

```
1    # include < stdio. h >
2    int main()
3    {
4       int isPrime( int x);          //函数声明
5       float cal( int n);            //函数声明
6       int n;
7       printf("Input n:");
8       scanf(" % d",&n);
```

```
9       printf("The result is:%.2f\n",cal(n));
10      return 0;
11  }
12  int isPrime(int x)    //判断x是否为素数,若是素数则返回1,若不是素数则返回0
13  {
14    int i;
15    /*****************BEGIN*****************/
16
17
18    /*****************END*****************/
19  }
20  float cal(int n)     //计算所有小于n的素数的倒数之和
21  {
22      int i;
23      float sum = 0;
24      /*****************BEGIN*****************/
25
26
27      /*****************END*****************/
28      return sum;
29  }
```

【实验提示】

① 程序第 4 行和第 5 行是对 isPrime 函数和 cal 函数的声明,第 12 行是 isPrime 子函数的首部,x 是形参。利用素数的定义,变量 i 的范围应该是 $2\sim x-1$ 或 $2\sim x/2$ 或 $2\sim\sqrt{x}$,通过循环,在该范围内,若 x 有因子,则返回 0;若没有因子,则返回 1。

② 程序中第 20 行是子函数 cal 的首部,n 是形参,在小于 n 的范围内,通过调用 isPrime 函数找出所有的素数,并累加素数的倒数,此处变量 sum 即为累加和。

③ C 语言中函数不能嵌套定义,但可以嵌套调用,即在一个函数的定义中出现对另一个函数的调用。本题中主函数调用 cal 函数,cal 函数调用 isPrime 函数。其调用过程如图 6-3 所示。

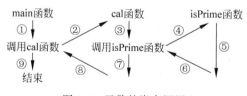

图 6-3　函数的嵌套调用

6.1.3　练习与思考

1. 单选题

(1) 在 C 语言中如果变量作为函数的参数,则以下说法中正确的是(　　　)。

　　A. 实参和与其对应的形参各占用独立的存储单元

　　B. 实参和与其对应的形参共占用一个存储单元

C. 只有当实参和与其对应的形参同名时才占用共同的存储单元

D. 形参是虚拟的,不占用存储单元

(2) 下列叙述中错误的是(   )。

A. 对于用户自己定义的函数,在使用前有时可以加以说明

B. 说明函数时必须明确其返回类型,不需要确定其参数的类型

C. 函数可以返回一个值,也可以什么值也不返回

D. 空函数不能完成任何操作,所以在程序设计中没有用处

(3) 若有如下函数的定义:

```
int  fun(int  k)
{
   if(k<1)       return 0;
   else if(k==1) return 1;
   else  return   fun(k-1)+1;
}
```

如果执行调用语句n=fun(3);则 fun 函数总共被调用的次数是(   )。

A. 2   B. 3   C. 4   D. 5

(4) 以下选项中,叙述正确的是(   )。

A. 在 C 语言中,总是从第一个定义的函数开始执行

B. 在 C 语言中,所有调用的其他函数必须在 main 函数中定义

C. C 语言总是从 main 函数开始执行

D. 在 C 语言中,main 函数必须放在最前面

(5) 在 C 语言中,函数返回值的类型是由(   )决定的。

A. 调用函数时临时   B. return 语句中的表达式类型

C. 调用该函数的主调函数类型   D. 定义函数时,所指定的函数类型

(6) 函数的实参不能是(   )。

A. 变量   B. 常量

C. 语句   D. 函数调用表达式

(7) 关于 return 语句,下列选项中正确的是(   )。

A. 只能在同一个函数中出现一次

B. 必须在每个函数中出现

C. 在 main 函数和其他函数中均可出现

D. 只能在除 main 函数之外的函数中出现一次

(8) 定义为 void 类型的函数,其含义是(   )。

A. 调用函数后,被调用的函数没有返回值

B. 调用函数后,被调用的函数不返回

C. 调用函数后,被调用的函数的返回值为任意类型

D. 以上说法都是错误的

(9) 若选项中的变量均已正确定义并赋值,则下面的函数调用,不正确的是(   )。

A. fun(3,9)   B. fun(a,b)

  C. fun(5,a + b)   D. `float　fun(a,b)`

 (10) 以下说法中正确的是(　　)。

  A. 一个函数在它的函数体内调用它自身称为嵌套调用

  B. 一个函数在它的函数体内调用它自身称为递归调用,这种函数称为递归函数

  C. 一个函数在它的函数体内调用其他函数称为递归调用,这种函数称为递归
    函数

  D. 一个函数在它的函数体内不能调用自身

2. 填空题

(1) 若有以下函数定义,函数返回值的类型是_____。

```
fun(double a)
{   return a * a * a;   }
```

(2) 有以下程序段,运行后的结果是_____。

```
int f(int x, int y)
{   return (y - x) * x;   }
int main()
{
    int a = 3,b = 4,c = 5,d;
    d = f(f(a,b),f(a,c));
    printf("%d\n",d);
    return 0;
}
```

(3) 函数调用语句f((x,y),(a,b,c),(1,2,3,4));中,所含实参的个数是_____。

(4) 从用户的角度看,C 语言中的函数有两种,即_____和_____。

(5) 执行下面程序后,变量 a 的值是_____。

```
int fun(int x,int y)
{   return x * y;   }
int main()
{
    int a = 2;
    a = fun(fun(a,a * a),fun(a + a,a/3));
    printf("%d\n",a);
    return 0;
}
```

(6) 一个函数在它的函数体内调用另一个函数称为_____调用,一个函数在它的函数体内调用它自身称为_____调用。

(7) 有下面 fun 函数的定义,其功能是计算 x^n。设在主函数中已经正确定义变量 m、a、b 并已赋值,现在要调用 fun 函数,计算:$m = a^4 + b^4 - (a+b)^3$,则实现这一计算的函数调用语句为:_____。

```
double fun(double x, int n)
{
```

```
    int i;
    double y = 1;
    for(i = 1;i <= n;i++) y = y * x;
    return y;
}
```

（8）下面程序运行后的结果是_____。

```
int fun( int x)
{
    int p;
    if(x == 0||x == 1)    return 3;
    p = x - fun(x - 2);
    return p;
}
int main()
{
    printf(" % d\n",fun(9));
    return 0;
}
```

（9）以下程序的输出结果是_____。

```
int main()
{
    int f(int x);
    int n = 1,m;
    m = f(f(f(n)));
    printf(" % d\n",m);
    return 0;
}
int f(int x)
{   return x * 2;   }
```

（10）C语言程序是由一个或多个函数组成,其中至少有一个_____。

6.1.4　综合应用

1. 程序填空一

下面给定的程序中,fun 函数的功能是找出 100~999 所有整数中各位上数字之和为 x（x 为正整数）的整数并输出,将符合条件的整数个数作为函数值返回。

例如,当 x 的值为 5 时,100~999 的各位上数字之和为 5 的整数有：104,113,122,131,140,203,212,221,230,302,311,320,401,410,500 共 15 个。请填空。

注意：不得增行或删行,不得更改程序的结构。

```
1   # include < stdio. h >
2   int fun( int x)
3   {
```

```
4        int n = 0,s1,s2,s3,t;
5        t = 100;
6        /***************** FILL ***************** /
7        while(t <= _____)
8        {
9            s1 = t % 10;
10           /**************** FILL ***************** /
11           s2 = _____ % 10;
12           s3 = t/100;
13           /**************** FILL ***************** /
14           if(s1 + s2 + s3 == _____)
15           {
16               printf(" % d,",t);
17               n++;
18           }
19           /**************** FILL ***************** /
20           _____;
21       }
22       return n;
23   }
24   int main( )
25   {
26       int x =- 1;
27       while(x < 0)
28       {
29           printf("Please input (x > 0):");
30           scanf(" % d",&x);
31       }
32       printf("The result is % d\n",fun(x));
33       return 0;
34   }
```

【实验提示】

（1）根据题意，在 100～999 寻找满足条件的数，采用穷举法，从 100 循环到 999 依次判断每一个数是否满足条件，所以 while 循环语句的条件应该为 t≤999 或 t<1000。

（2）对于三位数 t 的各个位数值的分离方法，个位表示为 t%10，十位表示为 t/10%10，百位表示为 t/100。

（3）第 14 行，判断个、十、百位的和是否与指定数 x 相等。

2. 程序填空二

下面给定的程序中，fun 函数的功能是将形参 n 中各位上为偶数的数取出，并按与原来从高位到低位相反的顺序组成一个新数，作为函数的值返回，请填空。

例如，输入一个整数 27638496，函数返回值为 64862。

```
1    # include < stdio. h >
2    unsigned long fun(unsigned long n)
3    {
4       unsigned long x = 0;
5       int t;
6       while(n)
7       {
8          t = n % 10;
9    / * * * * * * * * * * * * * * * FILL * * * * * * * * * * * * * * * * * /
10         if(t % 2 == _____)
11   / * * * * * * * * * * * * * * * FILL * * * * * * * * * * * * * * * * * /
12            x = _____ + t;
13   / * * * * * * * * * * * * * * * FILL * * * * * * * * * * * * * * * * * /
14         n = _____;
15      }
16      return x;
17   }
18   int main()
19   {
20      unsigned long n = - 1;
21      while(n > 99999999 || n < 0)
22      {
23         printf("Please input again:");
24         scanf(" % ld",&n);
25      }
26      printf("\nThe result is: % ld\n",fun(n));
27      return 0;
28   }
```

【实验提示】

(1) 本题关键点在于怎么求一个数的各个位数值；已知各个位数值，又如何用这些值组成一个符合条件的新数。

(2) 各变量的含义，t 用来存放某数的各个位数值，x 用来存放所求新数。如果 t 是偶数，则作为 x 的个位数，原来 x 的各个位上升一位，即 x＝x×10＋t。

(3) 第 6～15 行的 while 循环语句中，每循环一次，分离出 n 的个位放入 t 中，判断 t 的奇偶，处理完毕后，将数 n 缩小为原来的 1/10 使其高位降低一位，直到 n 是 0 为止。

3. 程序改错

给定程序的功能是计算并输出下列级数的前 N 项之和 S_N，直到 S_N 大于 q 为止，q 的值由实参传入。例如，当 q 的值为 50.0 时，则函数的值为 50.416687。

注意：不得更改 main 函数和其他函数中的任何内容，不得增行或删行，不得更改程序的结构。

```
1    # include < stdio. h >
2    / * * * * * * * * * * * * * * * * ERROR * * * * * * * * * * * * * * * * * /
```

```
3   double fun( double q );
4   {
5       int n;
6       double s = 0;
7       n = 1;
8       /***************** ERROR ****************** /
9       while( s >= q )
10      {
11          /**************** ERROR **************** /
12          s = s + (n + 1)/n;
13          n++;
14      }
15      printf("n = %d\n",n);
16      return s;
17  }
18  int main()
19  {
20      double sum;
21      sum = fun(50);
22      printf("The sum of the first 50 items is: %f\n",sum);
23      return 0;
24  }
```

【实验提示】

（1）子函数写在 main 函数之前，无须声明。第 3 行是所定义函数的首部。

（2）第 9 行，while 循环语句：while(表达式)语句中，其中表达式是循环条件，满足条件就进行累加。

（3）注意，C 语言中整除运算符"/"的用法。

4. 程序填空三

以下程序的功能是应用下面的近似公式，计算 e^x 的值。其中 fun1 函数用来计算每项分母的值，fun2 函数用来计算每项分子的值。例如，当 $x=3$ 时，$e^x \approx 20.0855$，请填空。

$$e^x = 1 + x + \frac{x^2}{2!} + \frac{x^3}{3!} + \cdots + \frac{x^{19}}{19!}$$

```
1   #include <stdio.h>
2   float fun1( int n )
3   {
4       if( n == 1 )
5           return 1;
6       /**************** FILL *************** /
7       else _____ ;
8   }
9   float fun2( int x, int n )
10  {
```

```
11      int i;
12      float j = 1;
13      for(i = 1;i < = n;i++)
14          / ***************** FILL ***************** /
15          _____;
16      return j;
17  }
18  int main()
19  {
20      float exp = 1.0;
21      int n, x;
22      printf("\nInput x:");
23      scanf(" % d",&x);
24      exp = exp + x;
25      for(n = 2;n < = 19;n++)
26          / **************** FILL **************** /
27          exp += _____;
28      printf("\nThe result is % 8.4f",exp);
29      return 0;
30  }
```

【实验提示】

（1）程序中 fun1 子函数的功能是求分母 n!(n＝2,3,…)的值,可以看出,用的是递归的方法。fun2 子函数的功能是求 x^n 的值,通过循环累乘即可。

（2）根据所给公式,求前 20 项的累加之和由 main 函数完成,第 20 行定义变量 exp 存放累加之和,初值赋公式的第一项 1.0;第 24 行,累加公式的第 2 项到 exp 中。第 25 行开始,通过循环,从分母是 2! 的那一项开始到最后一项为止共 18 项,每循环一次累加一个加数,每项加数又是由分子除以分母构成,分子和分母可由分别调用两个子函数得到。

5. 程序设计一

编写一个完整程序求出所有的水仙花数。所谓水仙花数就是一个 3 位数,其各个数位的立方和等于这个数本身。例如：$371＝3^3＋7^3＋1^3$,则 371 是水仙花数。求解过程用一个函数实现。

【实验提示】

（1）题目没有明确给出函数的功能,读者可以自己确立函数的功能。

（2）可以把代表三位数个位、十位、百位的 3 个变量作为形参,比如 i,j,k,若 $i^3＋j^3＋k^3$ 与 k * 100＋j * 10＋i 相等,则由 i,j,k 组成的三位数是水仙花数,返回 1;否则返回 0。main 函数 m 从 100～999 循环,分离出 m 的个、十、百位作为实参调用该函数,调用结果如果是 1,则 m 是水仙花数,输出。

（3）也可以在子函数中只判断某一个三位数是否是水仙花数,若是则将此数返回调用之处。若不是则返回一个不是水仙花数的标志,如－1。主函数从 100～999 循环调用子函数。

（4）还可以在子函数中求出 100～999 中所有的水仙花数,并将其打印出来,此时函数的类型应为 void。main 函数只需一条独立的调用语句即可。

6. 程序设计二

编程计算 $s=2^2!+3^2!$，其中 f1 函数的功能是求 n 的阶乘，f2 函数的功能是求一个数的平方值，再调用 f1 函数求该平方值的阶乘值，作为 f2 函数的返回值。部分代码已经给出，不得更改程序中的任何内容，仅在函数的花括号中填写若干语句。

```
1   # include < stdio. h >
2   long f1( int n)
3   {
4       long c = 1;
5       int i;
6       / ***************** BEGIN ******************* /
7
8
9       / ***************** END ******************** /
10  }
11  long f2( int x)
12  {
13      int k;              //存放 x 的平方值
14      long r;             //存放 k 的阶乘值
15      / ***************** BEGIN ****************** /
16
17
18      / ***************** END ******************** /
19  }
20  int main()
21  {
22      int i;
23      long s = 0;
24      for( i = 2; i < = 3; i++)
25          s = s + f2( i);
26      printf("s = % ld\n", s);
27      return 0;
28  }
```

【实验提示】

(1) 程序中，f1 函数和 f2 函数均为长整型类型，都在 main 函数之前定义，所以无须声明。

(2) main 函数中，循环依次把 i 值作为实参调用 f2 函数求 i^2 值，在 f2 函数中又发生对 f1 函数的调用，这时是把 i^2 的值作为实参去调用 f1 函数，计算其阶乘值，然后返回 f1 函数，再返回 main 函数，通过循环计算累加之和。

7. 程序设计三

将学生成绩分为 5 个等级：分数在 90～100，等级为 A；分数在 80～90，等级为 B；分数

在 70~80,等级为 C;分数在 60~70,等级为 D;分数在 60 以下,等级为 E。要求:

(1) 编写一个计算成绩等级的函数,其参数为学生成绩,其返回值为对应等级;

(2) 编写一个 main 函数,先输入一名学生成绩,然后调用以上函数计算对应等级并输出。

【实验提示】

(1) 学生成绩分 5 个等级,属于多分支情况,可用嵌套的 if 语句求等级,也可用 switch 语句求等级。

(2) 根据题意,所编写的函数类型应为 char 型,求出的等级作为函数值返回。

6.2　数组作为函数的参数

调用有参函数时,需要提供实参。实参可以是常量、变量和表达式,数组元素的作用与变量相当。因此,数组元素也可以用作函数实参,其作用与变量相同,向形参传递数组元素的值。此外,数组名也可以作实参,传递的是数组第一个元素的地址,即数组的首地址。

6.2.1　知识点介绍

1. 数组元素作为函数实参

数组元素可以用作函数的实参,但不能用作形参。在用数组元素作为函数的实参时,只要数组类型和函数的形参变量的类型一致,那么数组元素的类型与函数形参变量的类型也是一致的。可以将数组元素理解成普通的变量。因此,数组元素作为函数的实参与普通变量作为函数的实参是一样的,把实参的值传给形参,是值传递方式,数据传递的方向是从实参传到形参,单向传递。

2. 数组名作为函数参数

数组名也可作为函数的实参,与数组元素作为实参时不一样,要求形参和相对应的实参都必须是维数相同、类型相同的数组,都必须有明确的数组说明。数组名就是数组的首地址,因此在数组名作为函数实参时所进行的传递是地址传递,也就是说把实参数组的起始地址传递给形参数组,即地址传递。这样实际上是形参数组和实参数组共用同一个内存空间,从而改变形参数组元素值就改变了实参数组元素的值,这是因为在同一个地址空间里进行操作会影响实参所对应的数组中元素的值,形似双向传递,但实际上实参传递的数组首地址值并未受到形参的影响,故仍然是单向传递。

6.2.2　实验部分

1. 实验目的

(1) 熟练掌握用数组元素和数组名作函数参数时,形参和实参的对应关系。

(2) 熟练掌握参数的值传递与地址传递的方式和区别。

(3) 理解地址传递方式具有改变形参的值即可影响实参值的特点,并灵活利用此特点解决实际问题。

2. 实验内容

（1）程序填空

fun 函数的功能是统计字符串 s 中数字字符的个数，作为函数的值返回。

```
1   # include < stdio. h >
2   int fun( char s[ ])
3   {
4       int i,n = 0;
5       / ***************** FILL ***************** /
6       for(i = 0; _____ != '\0'; i++)
7           / *************** FILL *************** /
8           if(s[i]> = '0'&&s[i]< = _____ )
9               n++;
10      / *************** FILL *************** /
11      _____ ;
12  }
13  int main()
14  {
15      char s[100];
16      int n;
17      printf("Input a string:");
18      gets(s);
19      / *************** FILL *************** /
20      n = _____ ;
21      printf("\nThe result is: % d\n",n);
22      return 0;
23  }
```

【实验提示】

① 统计字符串中数字字符的个数，循环遍历字符串中每个字符，依次判断其是否是数字字符，直到字符串结束即数组元素是'\0'为止。

② 变量 i 存放字符数组的下标，第 6 行 for 循环的循环条件是判断字符串是否结束。

③ 变量 n 存放数字字符的个数，第 8 行判断如果是数字字符，则变量 n 累加统计。最后作为函数值返回。

（2）程序改错一

下列给定的程序中，fun 函数的功能是用选择排序法对一个字符串的字符进行递增排序。请改正程序中的错误。不得增行、删行，不得更改程序的结构。

```
1   # include < stdio. h >
2   # include < string. h >
3   # define N 50
4   / **************** ERROR **************** /
5   void fun( char a[ ], int n);
```

```
6  {
7      int i,j,p;
8      char t;
9      for(j = 0;j < n;j++)
10     {
11        p = j;
12        for(i = j + 1;i < n;i++)
13        / ***************** ERROR ***************** /
14              if(a[i]<a[j])
15                  p = i;
16         t = a[p];
17        / ***************** ERROR ***************** /
18         a[j] = a[p];
19         a[j] = t;
20     }
21 }
22 int main()
23 {
24     char s[N];
25     int m;
26     printf("\nplease enter a string:\n");
27     gets(s);
28     m = strlen(s);
29     / ***************** ERROR ***************** /
30     fun(s[N],m);
31     printf("\nThe result is: \n");
32     puts(s);
33     return 0;
34 }
```

【实验提示】

① 排序是 C 语言中一个重要的算法。本题是选择排序算法,在比较次数上与冒泡排序法是一致的,但无论是在最好的情况下还是在最坏的情况下,它的交换次数都远小于冒泡法。其思路为：假设数组 a 有 n 个元素,则第一趟排序过程扫描 a[0]～a[n-1]所有待排序的元素,逐个比较元素的大小,用一个整型变量记录当前最小元素的位置(数组下标),第一趟扫描结束后得到整个数组中最小元素的位置,并把该位置上元素值与 a[0]交换,这样值最小的数放到了第一个位置;第二趟扫描的范围是除 a[0]外的其余元素,比较排序的结果是数组中第二大的元素位置,再将该元素与 a[1]交换,以此类推,如此扫描 n-1 趟,即可完成对数组中 n 个元素的排序。程序中第 8～17 行即为选择排序。

② 函数调用时,应当注意被调函数中形参是数组时,主调函数的实参应该用数组名的形式。

③ 用选择排序法对一个字符串中下标是偶数的字符进行排序,下标是奇数的字符不变。

（3）程序改错二

以下程序是利用顺序查找法从数组 a 的 10 个元素中对关键字 m 进行查找。注意,不得增行、删行,不得更改程序结构。

```
1   # include < stdio. h>
2   int main()
3   {
4      int a[10];
5      int m, i, f;
6      int search( int a[ ], int m);
7      printf("Input a array:");
8      for( i = 0; i < 10; i++)
9        scanf(" % d", &a[ i]);
10     printf("Input m:");
11     scanf(" % d", &m);
12     / * * * * * * * * * * * * * * * * * ERROR * * * * * * * * * * * * * * * * * /
13     f = search( a[10], m);
14     if( f != - 1)
15          printf("Found! Position is: % d\n", f + 1);
16     else
17          printf("Not found! \n");
18     return 0;
19  }
20  int search( int a[10], int m)
21  {
22    int i;
23    / * * * * * * * * * * * * * * * * ERROR * * * * * * * * * * * * * * * * * /
24    for( i = 0; i < 9; i++);
25        / * * * * * * * * * * * * * * * ERROR * * * * * * * * * * * * * * * * * /
26        if( a[ i] = m)
27            return i;
28      return - 1;
29  }
```

【实验提示】

① 顺序查找法的思路是循环遍历数组,从第一个元素开始,依次判断与关键字是否相等,直到找到此元素或查找到数组尾部时结束。若找到,返回此元素的下标;若仍未找到,则返回值-1。

② 第13行调用search函数,注意实参和形参的数据传递方式;第24行循环遍历数组,第26行判断是否与查找的关键字相等。

③ 在实验5.1.2中,第2题,程序填空题也有顺序查找法的介绍,请加以比较。

(4) 程序设计一

m个同学的成绩放在数组score中,请编写fun函数,该函数的功能是将低于平均分的人数作为函数值返回,将低于平均分的分数放在数组below中。

注意:部分代码已给出。请勿改动main函数和其他函数中的任何内容,仅在fun函数的花括号中填入所编写的语句。

```
1    # include < stdio. h>
2    int fun( int score[ ], int m, int below[ ])
3    {
4        / ***************** BEGIN ******************* /
5
6
7        / ***************** END ******************** /
8    }
9    int main()
10   {
11       int i,n;
12       int below[9],score[9] = {10,20,30,40,50,60,70,80,90};
13       n = fun(score,9,below);
14       printf("The number is: % d\n",n);
15       printf("The score below the average is:\n");
16       for(i = 0;i < n;i++)
17           printf(" % 5d",below[i]);
18       return 0;
19   }
```

【实验提示】

① 计算低于平均分的个数,首先应该求出平均分,然后循环遍历数组,用 if 条件语句找出低于平均分的分数,放入数组 below 中,并累计低于平均分的人数。

② 已给出的子函数首部中,有 3 个形式参数,数组 score 中存放学生的分数,m 是该数组的长度,即学生人数,数组 below 用来存放低于平均分的学生分数,弄清各个形参的含义,对完成 fun 函数的功能非常重要。

③ 从题目中已给出的子函数首部,可以看出,形参有两个数组,而 main 函数中的函数调用中的实参对应的是数组名,数组名作实参时,是把实参数组的地址传递给形参数组,两个数组共占同一段内存单元,所以形参数组 below 中元素的值发生变化会使相对应实参数组的值同时发生变化。注意,在程序设计中可以利用这一特点改变实参数组元素的值。

(5) 程序设计二

写一个函数,将一个字符串中的元音字母复制到另外一个字符数组中。在 main 函数中输入和输出字符串。

【实验提示】

① 题目没有给出的代码,要求读者按题意自己定义子函数,完成函数功能,main 函数输入字符串,调用子函数,输出结果。

② 根据题意,子函数的形参应为两个 char 型数组,一个数组用于存放字符串,另一个字符数组用于存放从第一个数组中挑出的元音字母。循环遍历字符串,依次判断字符串中每个字符是否元音字母('a'、'A'、'e'、'E'、'i'、'I'、'O'、'o'、'U'、'u'),把满足条件的字符放入另一个字符数组中。

③ 注意,编程过程中两个形参数组的含义及下标的变化。

④ main 函数定义两个实参数组,输入一个字符串,调用子函数,输出结果,调用时请注意形参是数组,对应实参务必是数组名。

6.2.3　练习与思考

1. 单选题

(1) 用数组名作为函数调用时的实参，实际上传送给形参的是(　　)。

    A. 数组首地址　　　　　　　　　　　　B. 数组的第一个元素值

    C. 数组中全部元素的值　　　　　　　　D. 数组元素的个数

(2) 若使用一维数组名作函数实参，则以下说法中正确的是(　　)。

    A. 必须在主调函数中说明此数组的大小

    B. 实参数组类型与形参数组类型可以不匹配

    C. 实参数组名与形参数组名必须一致

    D. 在被调用函数中，不需要考虑形参数组的大小

(3) 下面叙述错误的是(　　)。

    A. 对于 double 型数组，不可以直接用数组名对数组进行整体输入和输出

    B. 数组名代表数组的首地址，其值不可以改变

    C. 在程序执行中，数组元素的下标超出所定义的下标范围时，系统将给出"下标越界"的出错信息

    D. 可以通过赋初值的方式确定数组元素的个数

(4) 以下程序段的运行结果是(　　)。

```c
void fun(int a,int b)
{
    int t;
    t = a;a = b;b = t;
}
int main()
{
    int c[10] = {1,2,3,4,5,6,7,8,9,0},i;
    for(i = 0;i < 10;i += 2)    fun(c[i],c[i + 1]);
    for(i = 0;i < 10;i++)         printf("%d,",c[i]);
    printf("\n");
    return 0;
}
```

    A. 1,2,3,4,5,6,7,8,9,0,　　　　　　B. 2,1,4,3,6,5,8,7,0,9,

    C. 0,9,8,7,6,5,4,3,2,1,　　　　　　D. 0,1,2,3,4,5,6,7,8,9,

(5) 以下程序段的运行结果是(　　)。

```c
int f(int x,int y)
{    return ((y - x) * x);    }
int main()
{
  int a = 3,b = 4,c = 5,d;
  d = f(f(a,b),f(a,c));
  printf("%d\n",d);
```

```
    return 0;
}
```

  A. 7　　　　　　　　　B. 10　　　　　　　　C. 8　　　　　　　　D. 9

  (6) C语言规定,在一个源程序中,main 函数的位置(　　)。

   A. 必须在最开始　　　　　　　　　　B. 必须在系统调用的库函数的后面

   C. 必须在最后　　　　　　　　　　　D. 可以任意

  (7) C语言中函数调用时,当形参和实参都是简单变量时,它们之间数据传递的过程是(　　)。

   A. 实参将其地址传给形参,并释放原先占用的存储单元

   B. 实参将其地址传给形参,调用结束时形参再将其地址回传给实参

   C. 实参将其值传给形参,调用结束时形参再将其值回传给实参

   D. 实参将其值传给形参,调用结束时形参并不将其值回传给实参

  (8) 下面程序运行后的输出结果是(　　)。

```
int fun(int b[], int n)
{
    if(n > 0)
        return b[n - 1] + fun(b, n - 1);
    else
        return 0;
}
int main()
{
    int a[4] = {1,2,3,4}, s = 0;
    s = fun(a,4);
    printf("%d\n",s);
    return 0;
}
```

  A. 12　　　　　　　　　B. 10　　　　　　　　C. 3　　　　　　　　D. 6

  (9) 若调用一个函数,且此函数中没有 return 语句,则该函数(　　)。

   A. 没有返回值　　　　　　　　　　　B. 返回若干个系统默认值

   C. 返回一个不确定的值　　　　　　　D. 能返回一个用户所希望的值

  (10) 下列叙述中错误的是(　　)。

   A. 若函数的定义出现在主调函数之前,则可以不必再加说明

   B. 一般来说,函数的形参和实参的类型要一致

   C. 若一个函数没有 return 语句,则什么值也不会返回

   D. 函数的形式参数,在函数未被调用时就不被分配存储空间

2. 填空题

  (1) 若有定义:char a[20] = "ABCD\0EFG\0", b[] = "IJK";执行语句 strcat(a,b);后,数组 a 中存放的字符串是＿＿＿＿。

  (2) 以下程序的输出结果是＿＿＿＿。

```
int fun(int x)
{
    int p;
    if(x == 0 || x == 1)
      return (3);
    p = x - fun(x - 2);
    return p;
}
int main()
{
    printf(" % d\n",fun(9));
    return 0;
}
```

（3）C 语言程序的执行在_____函数中开始，在_____函数中结束。

（4）下面程序的运行结果是_____。

```
void fun(int a[ ], int n)
{
    int i,j,k,t;
    for(i = 0;i < n - 1;i += 2)
    {
        k = i;
        for(j = i;j < n;j += 2)
            if(a[j]> a[k])k = j;
        t = a[i];
        a[i] = a[k];
        a[k] = t;
    }
}
int main()
{
    int aa[10] = {1,2,3,4,5,6,7},i;
    fun(aa,7);
    for(i = 0;i < 7;i++)
    printf(" % d,",aa[i]);
    printf("\n");
    return 0;
}
```

（5）下面程序的输出结果是_____。

```
# include < stdio. h >
int f(int b[ ], int n)
{
    int r = 1,i;
    for(i = 0;i < = n;i++)
    r = r * b[i];
    return r;
}
int main()
```

```
{
    int s,a[ ] = {2,3,4,5,6,7,8,9};
    s = f(a,3);
    printf(" % d\n",s);
    return 0;
}
```

(6) 在调用一个函数的过程中又直接或间接地调用该函数本身,这种调用称为函数的_____。

(7) 如果函数值的类型和 return 语句中表达式值的类型不一致,则以_____为准。

(8) 用数组元素作为函数的实参,实参和形参之间数据传递,是一种_____方式。

(9) 数组名作为函数的实参,传递给形参数组的是_____。

(10) 函数调用语句func(rec1,rec2 + rec3,(rec4,rec5));中,实参个数是_____。

6.2.4　综合应用

1. 程序填空一

fun 函数的功能是使给定的一个 3×3 的二维整型数组,对其进行转置,即行列互换。请在程序的下画线处填入正确的内容,并把下画线删除,使程序得出正确的结果。

注意:不得增行或删行,也不得更改程序结构!

```
1    # include < stdio. h >
2    void fun( int a[ ][3])
3    {
4        int i,j,t;
5        for(i = 0;i < = 2;i++)
6        / **************** FILL **************** /
7          for(j = 0;_____;j++)
8          {
9              t = a[i][j];
10             / **************** FILL **************** /
11             a[i][j] = _____ ;
12             a[j][i] = t;
13         }
14   }
15   int main()
16   {
17       int b[3][3] = {{1,2,3},{4,5,6},{7,8,9}};
18       int i,j;
19       / **************** FILL **************** /
20       _____ ;
21       for(i = 0;i < = 2;i++)
22       {
23           for(j = 0;j < = 2;j++)
24               printf(" % 4d",b[i][j]);
```

```
25        / * * * * * * * * * * * * * * * * * FILL * * * * * * * * * * * * * * * * /
26        _____;
27    }
28    return 0;
29 }
```

【实验提示】

(1) 将一个 $N \times N$ 方阵转置,本质上是以方阵的主对角线为对称轴,对称元素互换位置。

(2) 第 5 行外循环控制行,第 7 行内循环控制每行需要互换对称元素的个数。

(3) 程序第 20 行,主调函数调用 fun 函数,完成实参数组的转置。第 21~27 行输出转置后的方阵。注意,二维数组在内存中的存储是线性的,输出结果若为矩阵形式,则需要控制换行。

2. 程序填空二

fun 函数的功能是在字符串 s 中的每个数字字符之后插入一个 * 号。例如:字符串 s 为 abf35jhso3kjluyf7,执行后结果为 abf3 * 5 * jhso3 * kjluyf7 * 。请在程序的下画线处填入正确的内容,并把下画线删除,使程序得出正确的结果。

注意:不要增行或删行,也不得更改程序结构。

```
1    # include < stdio. h >
2    void fun(char s[ ])
3    {
4        int i, j, n;
5        for(i = 0;s[i]!= '\0';i++)
6          / * * * * * * * * * * * * * * * * * FILL * * * * * * * * * * * * * * * * /
7          if(s[i]> = '0'_____ s[i]< = '9')
8          {
9            n = 0;
10           while(s[i + 1 + n]!= '\0')
11               / * * * * * * * * * * * * * * * * FILL * * * * * * * * * * * * * * * * /
12               _____;
13           for(j = i + 1 + n;j > i;j -- )
14               / * * * * * * * * * * * * * * * * FILL * * * * * * * * * * * * * * * * /
15               s[ j + 1 ] = _____;
16           s[ j + 1 ] = ' * ';
17           i++;
18         }
19   }
20   int main()
21   {
22       char s[50] = "abf35jhso3kjluyf7";
23       fun(s);
24       printf("\nThe result is: % s\n",s);
25       return 0;
26   }
```

【实验提示】

（1）如要在字符串中位置 i 处插入字符，则需要将位置 i 及其以后的字符后移一个位置，以便进行插入操作。本题中一旦发现数字字符，则其后的所有字符依次后移一个位置。

（2）if 语句中的条件是判断当前字符是否为数字字符，数字字符的条件是大于等于'0'同时小于等于'9'。

（3）第 10 行 while 循环语句用于判断是否到达字符串的结尾，第 13 行 for 循环语句，使数字后的字符全部后移一个位置，以便空出位置插入 ＊ 号。

3. 程序改错一

fun 函数的功能是依次取出字符串中所有的数字字符，形成新的字符串，并取代原字符串。请改正程序中的错误，使程序得到正确的结果。

注意：不要增行或删行，也不得更改程序结构。

```
1    # include < stdio. h>
2    void fun(char s[ ])
3    {
4        int i,j = 0;
5        / ＊＊＊＊＊＊＊＊＊＊＊＊＊＊＊＊ ERROR ＊＊＊＊＊＊＊＊＊＊＊＊＊＊＊＊＊ /
6        for(i = 0;i!= '\0';i++)
7          if(s[i]> = '0'&&s[i]< = '9')
8                / ＊＊＊＊＊＊＊＊＊＊＊＊＊＊＊＊ ERROR ＊＊＊＊＊＊＊＊＊＊＊＊＊＊＊＊＊ /
9                s[j] = s[i];
10       / ＊＊＊＊＊＊＊＊＊＊＊＊＊＊＊＊ ERROR ＊＊＊＊＊＊＊＊＊＊＊＊＊＊＊＊＊ /
11       s[j] = "\0";
12   }
13   int main()
14   {
15     char ss[50];
16     printf("Input a string:");
17     gets(ss);
18     fun(ss);
19     printf("\nThe result is: ");
20     puts(ss);
21     return 0;
22   }
```

【实验提示】

（1）题目要求依次取出字符串中所有的数字字符，则需要循环遍历字符串，逐个判断其是否为数字字符。

（2）程序中第 9 行将数字字符取出存入 s[j]后要使 j 加 1，为下次存储数字字符做准备。

（3）程序中第 11 行是一个语法错误。

4. 程序改错二

下列程序中,fun 函数的功能是给一维数组 a 输入任意 4 个整数,并按以下的规律输出。例如,输入 1、2、3、4,程序运行后输出以下方阵:

$$
\begin{array}{cccc}
4 & 1 & 2 & 3 \\
3 & 4 & 1 & 2 \\
2 & 3 & 4 & 1
\end{array}
$$

请改正程序中的错误,使它能得出正确的结果。注意,不要增行或删行,也不得更改程序结构。

```
1   # include < stdio. h >
2   # define M 4
3   / * * * * * * * * * * * * * * * * ERROR * * * * * * * * * * * * * * * * * /
4   void fun( int a)
5   {
6       int i, j, m, k;
7       printf("Input 4 number:");
8       for( i = 0; i < M; i++)
9           / * * * * * * * * * * * * * * * * ERROR * * * * * * * * * * * * * * * * * /
10          scanf(" % d", a[i]);
11      printf("\nThe result:\n");
12      / * * * * * * * * * * * * * * * * ERROR * * * * * * * * * * * * * * * * * /
13      for( i = M; i > = 0; i -- )
14      {
15          m = a[M - 1];
16          for( j = M - 1; j > 0; j -- )
17              / * * * * * * * * * * * * * * * * ERROR * * * * * * * * * * * * * * * * * /
18              a[ j] = a[ i - 1];
19          a[0] = m;
20          for( k = 0; k < M; k++)
21              printf(" % d ", a[k]);
22          printf("\n");
23      }
24  }
25  int main()
26  {
27    int a[M];
28    fun(a);
29    return 0;
30  }
```

【实验提示】

(1)由函数的调用形式可知,fun 函数的形参变量应为数组或指针类型。因此,第 4 行的错误显而易见。

(2)采用循环输入一维数组,输入项应为数组元素的地址。

(3)每次循环都将最后一个元素取出暂时存放在 m 中,使前面的元素向后移动一位,第 13~18 行就是完成该操作。最后再将暂放在 m 中的数放入第一个位置,输出该一位数组,即得到方阵中第一行。如此循环 M 遍,可得到方阵所要求的 M 行。

5. 程序设计一

fun 函数的功能是将一个数组中前 m 个数依次向后移动 m 个位置,并将后 m 个数移到前 m 个位置。部分代码已给出,请将下列程序补充完整。

```
1   # include < stdio. h >
2   void fun( int a[], int n , int m)
3   {
4     / ****************** BEGIN ******************* /
5
6
7     / ****************** END ******************* /
8   }
9   int main()
10  {
11    int a[10] = {0,1,2,3,4,5,6,7,8,9}, m, i;
12    scanf(" % d",&m);
13    fun(a,10,m);
14    for( i = 0; i < 10; i++)
15        printf(" % d,",a[i]);
16    return 0;
17  }
```

【实验提示】

(1) 先考虑怎么移动一个数,然后移动 m 个数只需循环 m 次即可。

(2) 要想把第一个数后移一个位置,其后面的数都需依次后移一个位置,此时最后位置上的那个数会被移出数组。因此,在进行前面的操作之前,需将最后位置上的那个数先存在一个变量中,那么前面的数即可依次后移一个位置。再将存放在变量中的最后那个数放入数组的第一个位置。

(3) 编程时,要清楚所给函数首部中各形参的含义。

6. 程序设计一

有 3 行英文字符,每行的长度不超过 10 个。请编写 fun 函数,该函数的功能是将这 3 个字符串,按顺序合并成一个新的字符串。例如,若这 3 行中的字符串分别为 AAAA、BBBBBBB、CC,则合并后的字符串内容应该是 AAAABBBBBBBCC。部分代码已给出,请勿改动程序中的任何内容,仅在 fun 函数的花括号中填入所编写的语句。

```
1   # include < stdio. h >
2   # define M 3
3   # define N 10
4   void fun(char a[M][N],char b[ ])
5   {
6     / ****************** BEGIN ******************* /
```

```
7
8
9      /******************* END *********************/
10 }
11 int main()
12 {
13     char w[M][N] = {"AAAA","BBBBBBB","CC"};
14     int i;
15     char a[50];
16     fun(w,a);
17     printf("合并后的串为：\n");
18     printf(" %s\n",a);
19     return 0;
20 }
```

【实验提示】

（1）可以用双重 for 循环语句完成，第一个 for 循环语句用于控制二维数组的行，第二个 for 循环语句用于从同一行中取出字符并存放到一维数组 b 中。

（2）注意，每一行字符串的结束标志，即是第二个 for 循环语句的终止条件。

6.3　变量的作用域和存储类型

6.3.1　知识点介绍

1. 变量的分类

可从 3 个方面对变量分类，即变量的数据类型，变量的作用域和变量的存储类型。本节介绍变量的作用域和变量的存储类型。

2. 变量的作用域和生存期

C 语言中变量必须先定义，后使用。变量的作用域是指变量在程序中的有效范围，分为局部变量和全局变量。变量的存储类型是指变量在内存中的存储方式，分为静态存储和动态存储，表示变量的生存期。变量分类的关系如表 6-1 所示。

表 6-1　变量的作用域和生存期

作用域	局部变量			全局变量	
存储类别	auto	register	局部 static	外部 static	外部
存储方式	动态			静态	
存储区	动态存储区	寄存器		静态存储区	
生存期	函数调用开始至结束			程序整个运行期间	
有效范围	定义变量的函数或复合语句内			本文件	其他文件
赋初值	每次函数调用时赋初值			编译时赋初值，只赋一次	
系统初值	不确定			自动赋初值 0 或空字符	

6.3.2　实验部分

1. 实验目的

(1) 掌握全局变量和局部变量、动态变量和静态变量的概念。
(2) 熟练掌握全局变量和局部变量的使用方法。
(3) 掌握各种存储类型变量的定义方法、作用域及生存期。
(4) 理解利用全局变量解决问题。
(5) 了解变量的存储类别。

2. 实验内容

(1) 程序填空一
下面程序的功能是输出 1!～5! 的值，请填空。

```
1    #include<stdio.h>
2    int fac(int n)
3    {
4      static int f=1;        //定义静态局部变量
5       /****************FILL*****************/
6       _____;
7       return f;
8    }
9    int main()
10   {
11       int i;
12       for(i=1;i<=5;i++)
13          /****************FILL*****************/
14          printf("%d!=%d\n", i, _____);
15       return 0;
16   }
```

【实验提示】

① 程序中第 4 行定义变量 f 是静态局部变量，它是与程序"共存亡"的，所以它的值仍保持为上一次调用结束时的值，使得定义了静态局部变量的函数具有一定的"记忆"功能，本题正是利用了这一记忆功能，才实现了累乘计算各阶乘的值。即每次调用 fac 函数，输出一个阶乘的值，同时保留这个阶乘的值，以便下次再用。

② 然而，函数的这种"记忆"功能也使得函数对于相同的输入参数输出不同的结果，因此，一般情况下，建议尽量少用静态局部变量。

③ 思考：程序中，如果将变量定义static int f=1;改为int   f=1;结果会如何。

(2) 程序填空二

average 函数的功能是计算 n 个学生某门课的最高分、最低分以及平均分，由 main 函数输入数据，调用并输出。请填空，注意请勿改动程序中的任何内容，也不得更改程序结构。

```
1    # include < stdio. h>
2    / * * * * * * * * * * * * * * * FILL * * * * * * * * * * * * * * * * * /
3    _____ ;
4    float average(float a[ ], int n)
5    {
6        int i;
7        float sum = a[0];
8        / * * * * * * * * * * * * * * * FILL * * * * * * * * * * * * * * * * * /
9        max = min = _____ ;
10       / * * * * * * * * * * * * * * * FILL * * * * * * * * * * * * * * * * * /
11       for(_____ ; i < n; i++)
12       {
13           if(a[ i]> max)
14               max = a[ i];
15           else
16               if(a[ i]< min)
17                   min = a[ i];
18           sum += a[ i];
19       }
20       / * * * * * * * * * * * * * * * FILL * * * * * * * * * * * * * * * * * /
21       return _____ ;
22   }
23   int main()
24   {
25       int i;
26       float ave, score[10];
27       printf("Input a array:");
28       for(i = 0; i < 10; i++)
29           scanf(" % f", &score[ i]);
30       ave = average(score, 10);
31       printf("max = % 8.2f\nmin = % 8.2f\naverage = % 8.2f\n", max, min, ave);
32       return 0;
33   }
```

【实验提示】

① 根据题意,average 函数的功能是计算 n 个学生的最高分、最低分以及平均分,而该函数最终只能返回其中的一个值,因此,程序第 3 行需要定义全局变量。

② 函数中计算最高分、最低分采用"打擂法"算法,程序第 9 行注意 max、min 需要赋初始值。

③ 程序第 17 行,函数最终到底返回所求结果当中的哪个值,需要观察主调函数的调用语句和主调函数的输出结果。

（3）程序设计一

fun 函数的功能是统计长整数 n 的各个数位上出现数字 3、6、9 的次数,并通过全局变量 x1、x2、x3 返回给 main 函数。例如:当 n＝369334950 时,结果应该为:x1＝3,x2＝1,x3＝2。

注意:部分代码已给出,请勿改动 main 函数和其他函数中的任何内容,仅在 fun 函数的空白编写若干语句。

```
1   # include < stdio.h >
2   int x1,x2,x3;              //定义全局变量
3   void fun(long n)
4   {
5      / ***************** BEGIN ******************** /
6
7
8      / ***************** END ******************** /
9   }
10  int main()
11  {
12     long n;
13     scanf("%ld",&n);
14     fun(n);
15     printf("The result is: \n");
16     printf("n = %ld x1 = %d x2 = %d x3 = %d\n", n, x1, x2, x3);
17     return 0;
18  }
```

【实验提示】

① 函数的功能是统计计算 3 个结果值，而一个函数只能返回一个值，因此，必须借助全局变量处理。程序第 2 行定义全局变量 x1、x2、x3 充当计数器，未赋值的全局变量系统会自动初始化为 0。

② 通过循环的方法分离出长整型数 n 的各个数位，判断其是否为 3、6、9，并分别用全局变量 x1、x2、x3 累加计数。main 函数调用后输出结果。

（4）程序设计二

编写一个函数，由实参传来一个字符串，统计该字符串中字母、数字、空格和其他字符的个数，要求在 main 函数中输入字符串并输出上述结果。

【实验提示】

① 编写的这个函数，功能是统计由主调函数传来的字符串中字母、数字、空格和其他字符的个数，共有 4 个结果，题目要求在 main 函数中输出这 4 个结果，而一个函数通过 return 语句只能返回一个值。因此，需将这 4 个变量设为全局变量，以便主调函数和被调函数都可使用。

② 从下标为 0 的第一个元素到结束标志'\0'，采用循环遍历的方法，依次判断每个字符的种类，相应的计数变量累加计数即可。

6.3.3 练习与思考

1. 单选题

（1）下列说法中不正确的是(　　)。

　　A. 不同函数中，可以使用相同名字的变量

　　B. 在一个函数内部，可以在复合语句中定义变量，这些变量只在复合语句中有效

C. 形参是局部变量

D. main 函数中定义的变量在整个文件或程序中有效

（2）如果在一个函数中的复合语句中定义了一个变量,则该变量（　　　）。

  A. 只在该复合语句中有效　　　　　　B. 在该函数中有效

  C. 在本程序范围内有效　　　　　　　D. 为非法变量

（3）下面程序段运行后的输出结果是（　　　）。

```
int a = 10;
void f( )
{   int a;
    a = 12;
 }
int main( )
{   f();
    printf(" % d\n",a);
    return 0;
}
```

  A. 10　　　　　　　　B. 12　　　　　　　　C. 0　　　　　　　　D. 不确定

（4）在一个 C 文件中,若要定义一个只允许本文件中所有函数使用的全局变量,则该变量需要使用的存储类型是（　　　）。

  A. 自动　　　　　　B. 静态　　　　　　C. 外部　　　　　　D. 寄存器

（5）以下说法不正确的是（　　　）。

  A. 在不同函数中可以使用相同名字的变量

  B. 形参是局部变量

  C. 在函数内定义的变量只在本函数范围内有效

  D. 在函数内的复合语句中定义的变量在本函数范围内有效

（6）当全局变量与函数内部的局部变量同名时,则在函数内部（　　　）。

  A. 全局变量有效　　　　　　　　　　B. 局部变量有效

  C. 全局变量和局部变量都有效　　　　D. 全局变量和局部变量都无效

（7）以下程序段运行后的结果是（　　　）。

```
int fun()
{   static int x = 1;
    x += 1;
    return x;
}
int main()
{   int i,s = 1;
    for(i = 1;i <= 5;i++)
        s += fun();
    printf(" % d\n",s);
    return 0;
}
```

  A. 11　　　　　　　　B. 21　　　　　　　　C. 6　　　　　　　　D. 120

（8）在 C 语言中，只有在使用时才占用内存单元的变量是(　　)。

    A. auto 和 static　　　　　　　　　　B. extern 和 register

    C. auto 和 register　　　　　　　　　　D. static 和 register

（9）以下叙述中正确的是(　　)。

    A. 静态(static)类别变量的生存期贯穿于整个程序的运行期间

    B. 函数的形参都属于全局变量

    C. 未在定义语句中赋初值的 auto 变量和 static 变量的初值都是随机值

    D. 全局变量的作用域一定比局部变量的作用域范围大

2. 填空题

（1）凡在函数中未指明存储类别的变量，其隐含的存储类别为_____。

（2）变量根据其作用域的范围可以分为_____和_____。

（3）除了利用实参和形参在各函数之间传递数据外，还可以利用_____在各函数间传递数据。

（4）设有下面的函数定义，当执行语句k = f(f(1))后，变量 k 的值是_____。

```
int f(int x)
{    static int k = 0;
     k = k + x;
     return k;
}
```

（5）下面程序运行后的输出结果是_____。

```
int fun(int x)
{    static int a = 3;
     a += x;
     return a;
}
int main()
{    int k = 2, m = 1, n;
     n = fun(k);
     n = fun(m);
     printf("%d\n", n);
     return 0;
}
```

（6）形参是_____，其作用域仅限于函数内部。

（7）在一个 C 语言源程序中所定义的变量，其作用域由_____和 extern 说明决定范围。

（8）在一个源文件中，全局变量的作用域为_____。

（9）以下程序的运行结果是_____。

```
int m = 13;
int fun(int x, int y)
{    int m = 3;
```

```
        return (x * y - m);
    }
    int main()
    {   int a = 8, b = 7;
        printf(" % d\n", fun(a, b)/m);
    }
```

(10) 下列程序的执行结果是_____。

```
    int d = 1;
    void fun( int p)
    {   int d = 5;
        d += p++;
        printf(" % d ", d);
    }
    int main()
    {   int a = 3;
        fun(a);
        d += a++;
        printf(" % d\n", d);
        return 0;
    }
```

6.3.4 综合应用

1. 程序填空一

下列给定的程序中,fun 函数的功能是一个含有 4 位字数的字符串,要求输出这 4 个数字字符,但每个数字间有一个空格。如输入 1990,应输出 1 9 9 0。请在程序的下画线处填入正确的内容,并把下画线删除,使程序得出正确的结果。

注意:不要增行或删行,也不得更改程序结构。

```
1   # include < stdio. h >
2   # include < string. h >
3   int main()
4   {
5       char s[80];
6       / ***************** FILL ***************** /
7       _____ ;
8       printf("\n 请输入 4 位数字字符串:");
9       scanf(" % s", s);
10      fun(s);
11      return 0;
12  }
13  void fun(char s[])
14  {
15      int i;
```

```
16      / ***************** FILL ****************** /
17      for(i = _____ ;i > 0;i -- )
18       {
19           s[2 * i] = s[i];
20           / **************** FILL ***************** /
21           s[_____] = ' ';
22       }
23      printf("\n结果为: % s\n", s);
24  }
```

【实验提示】

（1）主调函数在前，被调子函数在后，需要对被调子函数原型声明。

（2）字符串的实际有效长度不包含'\0'，数组的下标从 0 开始，因此，字符串结束标志'\0'的下标值刚好和字符串的有效长度一致。

（3）要求每个数字间插入一空格，则插入空格后，字符串所占长度刚好是原字符串有效长度的 2 倍。于是需从字符串尾部开始，将每个字符依次向后移动至它原下标位置两倍的下标位置，然后在其前一位置插入空格（程序中第 17～22 行完成该功能）。

2. 程序填空二

fun 函数的功能是将形参 a 所指数组中前半部分元素的值和后半部分元素的值对换。形参 n 中存放数组中数据的个数，若 n 为奇数，则中间的元素不动。

请在程序的下画线处填入正确的内容，并把下画线删除，使程序得出正确的结果。

注意：不要增行或删行，也不得更改程序结构。

```
1    # include < stdio. h >
2    # define N 9
3    void fun(int a[ ], int n)
4    {
5        int i,t,p;
6        / **************** FILL ***************** /
7        p = (n % 2 == 0)?n/2:_____;
8        for(i = 0;i < n/2;i++)
9        {    t = a[i];
10           / **************** FILL ***************** /
11           a[i] = a[p + _____];
12           / **************** FILL ***************** /
13           _____ = t;
14       }
15   }
16   int main ()
17   {
18       int b[N] = {1,2,3,4,5,6,7,8,9},i;
19       printf("\nThe original array :\n");
20       for(i = 0;i < N;i++)
```

```
21          printf(" % 4d",b[i]);
22      / * * * * * * * * * * * * * * * FILL * * * * * * * * * * * * * * * * * /
23      _____;
24      printf("\nThe result is : \n");
25      for(i = 0;i < N;i++)
26          printf(" % 4d",b[i]);
27      printf("\n");
28      return 0;
29  }
```

【实验提示】

(1) 程序中第 5 行定义的变量 p 表示数组的中间位置。

(2) 数组元素交换的操作,与两个变量值交换方法相同。

(3) 将程序中的第 7 行赋值语句p = (n % 2 = 0)?n/2:_____改为用 if 语句实现。

3. 程序改错一

下列给定的程序的功能是读入一个英文文本行,将其中每个单词的第一个字母改成大写,然后输出此文本行(单词间用空格隔开),请改错。注意,不要改动 main 函数,不得增行和删行,不得更改程序的结构。

```
1   # include < stdio. h >
2   # include < string. h >
3   void fun(char p[])
4   {
5       int k = 0,i = 0;
6       / * * * * * * * * * * * * * * * * ERROR * * * * * * * * * * * * * * * * * /
7       for(; i!= '\0'; i++)
8         if(k)
9           {
10              if(p[i] == ' ')
11              k = 0;
12          }
13        else
14          {
15              if(p[i]!= ' ')
16              {
17                  k = 1;
18                  / * * * * * * * * * * * * * * * ERROR * * * * * * * * * * * * * * * * /
19                  p[i] = p[i] + 32;
20              }
21          }
22  }
23  int main()
24  {
25      char s[80];
```

```
26    printf("\nInput a line of English text:\n");
27    gets(s);
28    fun(s);
29    printf("\nThe result is :");
30    puts(s);
31    return 0;
32  }
```

【实验提示】

(1) 变量 k 作为判别单词是否出现的标志,若变量 k 为 0 则表示未出现单词,如果出现单词,就变 1;第 7 行判断一个字符串是否结束,应该判断数组元素是否为结束标志'\0',而不是判断下标是否为'\0'。

(2) 将大写字母转换成相应的小写字母是在原大写字母的基础上加 32;将小写字母转换成相应大写字母是在原小写字母的基础上减 32。

4. 程序改错二

下列给定的程序的功能是用牛顿迭代法求方程的根,方程为 $ax^3 + bx^2 + cx + d = 0$,求解 x 在 1 附近的一个根。系数 a、b、c、d 由 main 函数输入,结果也在 main 函数中输出。

牛顿迭代法的公式是 $x = x_0 - f(x)/f'(x)$,要求 $x - x_0$ 差的绝对值小于 10^{-5} 为止。请改错。注意,不要改动 main 函数,不得增行和删行,不得更改程序的结构。

```
1   # include < stdio. h >
2   # include < math. h >
3   /* 此函数用牛顿迭代法求方程的根 */
4   /***************** ERROR ***************** /
5   float fun(float a,b,c,d)
6   {
7     float x = 1,x0,f,f1;
8     do
9     {
10      x0 = x;
11      f = ((a * x0 + b) * x0 + c) * x0 + d;
12      f1 = (3 * a * x0 + 2 * b) * x0 + c;
13      x = x0 - f/f1;
14   /***************** ERROR ***************** /
15    }while(fabs(x - x0)< = 1e - 5);
16    return x;
17  }
18  int main()
19  {
20    float a,b,c,d;
21    printf("Input Coefficient of equation a,b,c,d:");
22    scanf(" % f, % f, % f, % f",&a,&b,&c,&d);
```

```
23    printf("The root of equation is:\n");
24    /****************** ERROR ***************** /
25    printf("x = %10.7f\n",fun(float a,b,c,d));
26    return 0;
27  }
```

【实验提示】

(1) 函数首部中定义形参应该分别说明类型,不能共用一个类型说明符。

(2) 牛顿迭代法的公式是 $x = x_0 - f(x)/f'(x)$,迭代到 $|x - x_0| < 10^{-5}$ 时结束。所以第 14 行的错误显而易见。

(3) 主调函数调用 fun 函数时,实参与形参在类型、个数、顺序上必须一一对应,因为实参在主调函数中已经定义,所以调用子函数时,实参无须再写类型。

(4) 注意,绝对值函数 fabs 和 abs 的区别。

5. 程序设计

输入 3 个字符串,找出其中最大的串。用函数完成比较过程,要求输入输出都在 main 函数中进行。

【实验提示】

(1) 题目算法比较简单,先比较找出两个字符串中较大的字符串,再将较大的这个字符串和第 3 个字符串比较即可。用 strcmp 函数对字符串大小进行比较。

(2) 按题目要求,结果在 main 函数中输出,那么存放最大字符串的数组应定义为全局变量。

(3) 可以定义 3 个一维数组完成处理,也可定义一个二维数组完成处理。

6.4 实践拓展

结构化、模块化设计理念是实现大型软件程序设计和提高程序设计效率以及程序的可扩展性、可维护性的关键,而初学者可能习惯于把所有的功能都通过 main 函数实现。下面通过两个实践拓展练习巩固结构化、模块化编程的方法。

6.4.1 模拟猜数字游戏

先由计算机随机生成一个各位相异的 4 位数字,由用户来猜,根据用户猜测的结果给出提示:xAyB。其中,A 前面的数字表示有几位数字不仅数字猜对了,而且位置也正确;B 前面的数字表示有几位数字猜对了,但是位置不正确。最多允许用户猜的次数由用户从键盘输入,如果 4 位数字全部猜对,则显示"Congratulations!";如果在规定次数以内仍然猜不对,则给出提示"Sorry,you haven't guess the right number!"。程序结束之前,在屏幕上显示这个正确的数字。

【实验提示】

（1）本题的关键是如何实现随机数据的分配和如何核对玩家输入的数据。首先要生成一个各位相异的 4 位数，利用产生随机数函数 rand()，如：rand()％10 可产生 0～9 的任意数。将 0～9 这 10 个数字顺序放入数组 a 中，然后将其排列顺序随机打乱 10 次，取前 4 个数组元素的值，即可得到一个各位相异的 4 位数。

（2）C 语言编译器提供了基于 ANSI 标准的随机数发生器 rand 函数和 srand 函数，用于生成随机数。这两个函数的工作过程如下：srand 函数提供一个种子，它是一个 unsigned int 类型，其取值范围从 0～65 535；然后调用 rand 函数，它会根据提供给 srand 函数的种子值返回一个随机数（在 0～32 767）；根据需要多次调用 rand 函数，从而不间断地得到新的随机数；无论什么时候，都可以给 srand 函数提供一个新的种子，从而进一步"随机化"rand 函数的输出结果。下例是 0～100 的随机数程序，例如：

```
# include < stdlib. h >
# include < stdio. h >
# include < time. h >
int main()
{   int i;
    srand((unsigned)time(NULL));     //使用当前时钟做种子初始化随机数
    for(i = 0;i < 10;i++)            //打印出 10 个随机数
        printf(" % d\n",rand() % 100);
}
```

（3）参照上述程序随机生成 4 个正整数 n(0≤n≤9)，将每次产生的 0～9 的随机数依次存到数组 a 中，将玩家猜的数据依次存到数组 b 中，将数组 b 和数组 a 中的数据进行比较，即对数组 a 和数组 b 中相同位置的元素进行比较，可得 A 前面待显示的数字，对数组 a 和数组 b 的不同位置的元素进行比较，可得 B 前面待显示的数字。通过统计两个数组中下标与数据均相同的数据个数和统计数据相同而下标不同的个数给出提示信息。

6.4.2　小学生算术测验系统

计算机在教育中的应用常被称为计算机辅助教学（Computer Assisted Instruction，CAI）。面向小学 1～2 年级学生，随机选择由两个 50 以内整数加减法形成的算式要求学生解答。要求至少具有如下功能：

（1）计算机随机出 10 道题，每题 10 分，程序结束时显示学生得分；

（2）确保算式没有超出 1～2 年级的水平，只允许进行 50 以内的加减法，不允许两数之和或两数之差超出 0～50 的范围，负数更是不允许的；

（3）每道题学生有 3 次机会输入答案，当学生输入错误答案时，提醒学生重新输入，如果 3 次机会结束，则输出正确答案；

（4）对于每道题，学生第一次输入正确答案得 10 分，第二次输入正确答案得 7 分，第三次输入正确答案得 5 分，否则不得分；

（5）总成绩大于或等于 90 显示 SMART，总成绩大于或等于 80 小于 90 显示 GOOD，总成绩大于或等于 70 小于 80 显示 OK，总成绩大于或等于 60 小于 70 显示 PASS，总成绩小于 60 显示 TRY AGAIN。

(6) main 函数作为程序的入口,显示答题界面和评分界面。

【实验提示】

(1) 该题可以分解成多个功能模块,分别由若干个子函数完成。

(2) 产生 X 到 Y 范围内(含 X 和 Y)的随机数: rand()%(Y−X+1)+X;,用到该函数时,应该在该源文件中包含♯include<stdlib.h>。定义生成随机数的子函数 1:

```
int suijishu()              //随机数生成
{   int z;
    z = (int)(rand() % 51);     //产生 0~50 的随机数
    return z;
}
```

则调用该函数可以产生两个 50 以内的随机整数: x = (int)(rand() % 51); y = (int)(rand() % 51)。

(3) 加、减符号的生成,通过定义子函数 2 完成,sign 代表加、减记号,可用 1 代表加(+),用 2 代表减(−),因 rand()%2 可产生 0~1 的随机数,则 sign=1+(int)(rand()%2),于是:

```
int fuhao()                 //加减符号的生成
{   int sign;
    sign = 1 + (int)(rand() % 2);
    return sign;
}
```

(4) 定义子函数 3 根据 sign 计算两个数计算结果:

```
int jieguo(int m, int n, int sign)      //计算结果
{   int r;
    switch(sign)
    {   case 1:r = m + n;break;
        case 2: r = m − n; break;
    }
    return r;
}
```

(5) 定义子函数 4 求小学生的测试分数。题目要求出 10 道题,由小学生作答,所以循环 10 次,每次做一题,通过调用上述几个函数,得出学生测试总分数。

(6) 最后由 main 函数调用子函数 4,并且根据题目意思,根据测试总分给出结论:总成绩在 90 以上显示 SMART,总成绩在 80~90 显示 GOOD,总成绩在 70~80 显示 OK,总成绩在 60~70 显示 PASS,总成绩在 60 以下显示 TRY AGAIN(可用 switch 语句进行多分支选择)。

第7章 善于利用指针

指针是 C 语言中的一个重要概念,是 C 语言的精华。指针有很多优点,它可以有效地表示复杂的数据结构,能动态分配内存,能方便地使用数组、字符串,在调用函数时能得到多个函数返回值,能直接处理内存地址等。灵活地运用指针,可以使程序简洁、高效。

指针的概念比较复杂,初学时常会出错,因此在学习指针时,应多思考、多比较、多上机,在实践中掌握它。

为方便读者了解、学习本章内容,绘制本章思维导图,如图 7-1 所示。

7.1 指针变量

C 语言程序中定义的变量,系统根据变量的类型,在编译时给它分配一定长度的内存空间。例如,VS2010 系统为基本整型变量分配 4B 内存空间,为双精度浮点型变量分配 8B 内存空间。内存区的每一个字节都有一个编号,编号即是"地址"。对变量的访问,系统是先通过变量名与地址的对应关系得到变量的地址,然后从此地址开始的内存空间中取出数据即变量的值。通过地址可以找到变量的内存单元,因此在 C 语言中,将地址形象化地称为指针,变量的地址则称为该变量的指针。指针变量,就是专门用于存放另一个变量的地址的变量。通过指针变量可以间接地访问它所指的变量。

7.1.1 知识点介绍

1. 指针与指针变量的概念

指针即地址。程序经过编译后已经将变量名转换为变量的地址,通过变量的地址就可以访问到变量的存储单元,因此把变量的地址称为该变量的指针。

指针变量是存放变量的地址的变量,通过指针变量可以间接地访问变量,因此变量的访问方式有以下两种。

(1) 直接访问

按变量名存取变量值的访问方式称为直接访问,前面章节所学的变量的访问方式均为直接访问。

(2) 间接访问

利用指针访问变量值的方式称为间接访问。间接访问变量前,必须先对指针赋值,使其

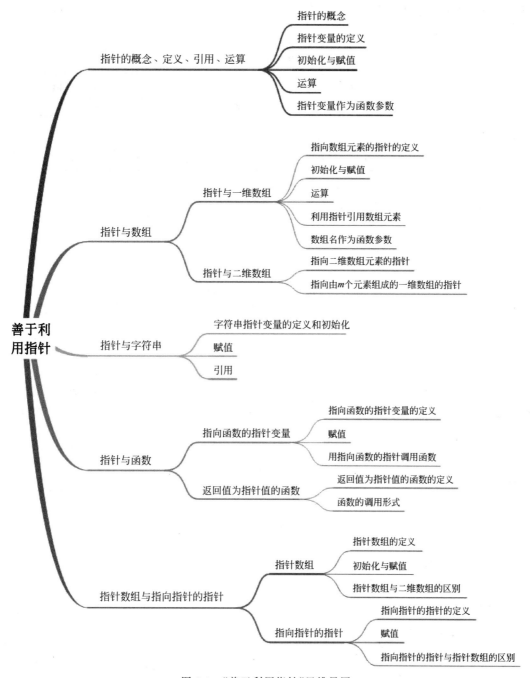

图 7-1　"善于利用指针"思维导图

有明确的指向对象,否则可能带来不可预测的后果。给指针变量赋的值一定是内存地址值,而且指针变量中只能存放给定类型变量的地址。

2. 指针变量的定义

指针变量与普通变量一样,必须先定义后使用。定义时应指定基类型,基类型规定了指针所指向的变量的类型,即一个指针变量只能指向同一个类型的变量。指针变量的定义与说明如表 7-1 所示。

表 7-1　指针变量的定义形式及说明

定义形式：　基类型　＊指针变量名；		示例：int　＊p；
基类型	指针变量所指向的变量的类型	指针 p 所指的变量为 int 型
＊	＊是指针类型说明符,表示定义的变量是指针类型	＊表示 p 是指针型变量
指针变量名	遵循标识符命名规则	变量名是 p,不是 ＊p

3. 指针变量的赋值与初始化

利用指针访问变量之前,须对其赋值或初始化,使其指向一个具体的对象。指针变量的赋值与初始化方法如表 7-2 所示。

表 7-2　指针变量的赋值与初始化方法

方　　法		示　　例	说　　明
指针变量的赋值	方法 1：将一个变量的地址赋给指针变量	int　a, ＊p; p＝&a;	将变量 a 的地址赋值给指针变量 p,要求变量 a 的类型和指针 p 的基类型相同
	方法 2：将一个指针变量的值赋给另一个指针变量	int a, ＊p, ＊q; q＝&a; p＝q;	将指针变量 q 的值赋值给指针变量 p,令 p 和 q 都指向变量 a。要求变量 q 有值
指针变量的初始化	基类型　＊指针变量名＝初始地址	int　a, ＊p＝&a;	定义了整型变量 a 和指针变量 p,用 &a 初始化变量 p。注意不是初始化 ＊p

4. 指针运算符&与＊

指针运算符有取地址运算符 & 和取值运算符 ＊,详情如表 7-3 所示。

表 7-3　指针运算

运算符号	&	＊
运算符功能	取地址运算	取值运算
运算对象	单目运算,运算对象为任何类型变量或数组元素	单目运算,运算对象为指针类型数据
结合方向	从右向左结合	
优先级	2级	
表达式的值	变量的地址	指针所指变量的值

注意：指针运算符 ＊ 和指针定义中的指针说明符 ＊ 是不同的。在指针变量定义中,＊是类型说明符,表示其后的变量是指针类型,而表达式中出现的 ＊ 则是指针运算符,运算结果为指针变量所指的对象的值。

5. 指针变量作为函数参数

（1）当函数的形参为指针变量时，对应的实参必须是指向相同数据类型的指针变量或地址常量。当实参为指针变量时，必须有确定的值。

（2）指针变量作为函数参数时，是地址传递，实参与形参共享内存。在函数调用时使指针变量所指向的变量值发生变化，函数调用结束后，这些变量的值的变化会依然保留下来，可以通过函数调用得到 n 个要改变的值。

7.1.2 实验部分

1. 实验目的

（1）理解指针与指针变量的概念。
（2）掌握指针变量的声明方法。
（3）掌握指针变量的引用方法。
（4）掌握指针变量作为函数参数的使用方法。

2. 实验内容

（1）程序填空一
功能：使用指针，通过指针运算找出两个整数中的最小值并输出。
请在程序的下画线处填入正确的内容，并把下画线删除，使程序得出正确的结果。
注意：不得增行或删行，也不得更改程序的结构。

```
1    # include < stdio.h>
2    int main()
3    {
4        int x,y,t;
5        / ***************** FILL ***************** /
6        _____;
7        a = &x; b = &y;
8        printf("Please Input Two Integers: ");
9        scanf(" % d, % d",a,b);
10       / ***************** FILL ***************** /
11       _____;
12       / ***************** FILL ***************** /
13       if( * a > * b)    _____;
14           printf("Please Print the Lowest Integer: % d\n",t);
15       return 0;
16   }
```

【实验提示】
① 指针变量使用前须声明。
② 第 9 行 scanf 函数中的变量地址可以用对应指针变量代替。
③ 必须先令指针存储另一个变量的地址，才能利用指针间接地访问该变量。

④ 思考：如何用指针求 3 个数中的最小值？

（2）程序填空二

功能：输入 3 个数，使用指针运算将它们由大到小排序后输出。

请在程序的下画线处填入正确的内容，并把下画线删除，使程序得出正确的结果。

注意：不要增行或删行，也不得更改程序结构。

```
1   # include < stdio. h>
2   / **************** FILL **************** /
3   void fun(float * a,float * b,_____)
4   {
5       float   k;
6   / **************** FILL **************** /
7       if( _____)
8       {
9          k = * a; * a = * b; * b = k;
10      }
11      if( * a < * c)
12      {
13          k = * a; * a = * c; * c = k;
14      }
15      if( * b < * c)
16      {
17          k = * b; * b = * c; * c = k;
18      }
19  }
20  int main()
21  {
22      float a,b,c;
23      printf("Input a b c:");
24      scanf(" % f % f % f",&a, &b, &c);
25      printf("a = % 7.2f,b = % 7.2f,c = % 7.2f\n",a,b,c);
26  / **************** FILL **************** /
27      _____;
28      printf("a = % 7.2f,b = % 7.2f,c = % 7.2f\n",a,b,c);
29      return 0;
30  }
```

【实验提示】

① 在 fun 函数中通过访问形参 a,b,c 所指对象，实现对 main 函数中的变量 a,b,c 的访问。

② fun 函数实参类型应与定义时的形参类型匹配。

③ 指针变量及变量的地址都可以作为实参。

④ 思考：如果形参不用指针，能完成数的排序吗？

（3）程序改错一

功能：输入 3 个整数，不改变 n1,n2,n3 的值，使用指针方法将它们由小到大排序后输出。

请改正程序中的错误,使它能得出正确的结果。

注意:不要增行或删行,也不得更改程序的结构。

```
1   # include < stdio. h >
2   int main()
3   {
4       int n1,n2,n3;
5       int * p1, * p2, * p3;
6   /**************** ERROR **************** /
7       int p;
8       p1 = &n1; p2 = &n2; p3 = &n3;
9       scanf(" % d, % d, % d",p1,p2,p3);
10      if(n1 > n2)
11  /**************** ERROR **************** /
12          p = * p1, * p1 = * p2, * p2 = p;
13      if(n1 > n3)
14          p = p1,p1 = p3,p3 = p;
15      if(n2 > n3)
16          p = p2,p2 = p3,p3 = p;
17  /**************** ERROR **************** /
18      printf(" % d, % d, % d\n",p1,p2,p3);
19      return 0;
20  }
```

【实验提示】

① 用 3 个 if 语句使 p1 指向最小值,p3 指向最大值。

② 第 12 行应交换指针变量的值,不交换指针所指对象的值。

③ 指针变量之间可以相互赋值,则它们指向同一个对象。

④ 思考:语句 printf("%d,%d,%d\n",a,b,c);和 printf("%d,%d,%d\n",p1,p2,p3); 的执行结果相同吗?

(4) 程序改错二

功能:求一维数组中的最大值及其下标。

请改正程序中的错误,使它能得出正确的结果。

注意:不要增行或删行,也不得更改程序的结构。

```
1   # include < stdio. h >
2   # define N 10
3   /**************** ERROR **************** /
4   void fun( int arr[ ], int  * pt, int m, int n)
5   {
6       int i;
7   /**************** ERROR **************** /
8       * pt = &arr[ 0];
9       * m = 0;
10      for( i = 1; i < n; i++)
11      {
```

```
12          if(arr[i]> * pt)
13          {
14              * pt = arr[i];
15          / * * * * * * * * * * * * * * * * * ERROR * * * * * * * * * * * * * * * * * /
16              m = i;
17          }
18      }
19 }
20 int main()
21 {
22     int array[N] = {10,7,19,29,4,0,7,35, - 16,21},max,k;
23     / * * * * * * * * * * * * * * * * ERROR * * * * * * * * * * * * * * * * * /
24     fun(array,max,&k,N);
25     printf("max = % d,k = % d",max,k);
26     return 0;
27 }
```

【实验提示】

① fun 函数无返回值,但通过用指针作形参,可以将多个结果带回主调函数。

② 形参指针 pt、m 和实参类型应匹配。形参是指针,实参可以是指针或变量地址。

③ 第 8 行对 * pt 初始化,其值为数组首元素。

④ 思考:如果形参不用指针,函数能同时返回最大值及其下标吗?

(5) 程序设计一

功能:编写程序,用指针作函数参数实现求一个整数的因子之和。例如,6 的因子和为 1+2+3。

注意:请勿改动 main 函数中的任何内容,仅在 fun 函数的指定部位填入编写的语句。

```
1   # include < stdio. h >
2   void   fun( int p, int * s)
3   {
1       / * * * * * * * * * * * * * * * * BEGIN * * * * * * * * * * * * * * * * * * * * /
2
3
4       / * * * * * * * * * * * * * * * * * END * * * * * * * * * * * * * * * * * * * /
5   }
6   int main()
7   {
8       int a, sum;
9       printf("input a:");
10      scanf(" % d",&a);
11      fun(a,&sum);
12      printf("\nThe sum is : % d\n",sum);
13      return 0;
14 }
```

【实验提示】

① 用循环确定因子的范围和累加求和,用求余运算符判断是否是因子。

② fun 函数无返回值,利用指针 c 作为形参,可以在主调函数中得到 fun 函数的调用结果。

（6）程序设计二

功能：将两个两位数的正整数 a、b 合并成一个整数 c。要求将 a 的十位和个位依次放在 c 的个位和百位上,b 的十位和个位依次放在 c 的千位和十位上。给定的部分程序中,fun 函数的功能是按要求合并数字。

注意：请勿改动 main 函数中的任何内容,仅在 fun 函数的指定部位填入编写的语句。

```
1    #include < stdio.h>
2    void fun( int a, int b, long * c)
3    {
4        /ⅹⅹⅹⅹⅹⅹⅹⅹⅹⅹⅹⅹⅹⅹⅹⅹⅹ BEGIN ⅹⅹⅹⅹⅹⅹⅹⅹⅹⅹⅹⅹⅹⅹⅹⅹⅹⅹⅹⅹ/
5
6
7        /ⅹⅹⅹⅹⅹⅹⅹⅹⅹⅹⅹⅹⅹⅹⅹⅹⅹ END ⅹⅹⅹⅹⅹⅹⅹⅹⅹⅹⅹⅹⅹⅹⅹⅹⅹⅹⅹⅹⅹ/
8    }
9    int main()
10   {
11       int a, b;
12       long c;
13       printf("Input a, b:");
14       scanf("%d%d", &a, &b);
15       fun(a, b, &c);
16       printf("\nThe result is : %ld\n", c);
17       return 0;
18   }
```

【实验提示】

① 取出 a、b 中的各位数字,并分别用变量保存。

② 将取出的数据按要求依次组成新数,放在指针变量 c 所指的对象中。

③ 思考：如果不使用指针该如何操作?

7.1.3　练习与思考

1. 单选题

（1）若有说明：int   * p, m = 5, n;,以下程序段正确的是(　　　)。

    A. scanf("%d", &n); * p = n;　　　　　　B. p = &n; scanf("%d", * p);

    C. p = &n; scanf("%d", &p);　　　　　　D. p = &n; * p = m;

（2）若有定义int * point, a = 4;和语句point = &a;,下面均代表地址的一组选项是(　　　)。

    A. a, point, * &a　　　　　　　　　　　B. & * a, &a, * point

    C. * &point, * point, &a　　　　　　　　D. &a, & * point, point

（3）若有说明：int * p1, * p2, m = 5, n; ,以下均是正确赋值语句的选项是（　　）。

    A. p1 = &m; p2 = &p1;　　　　　　　　B. p1 = &m; p2 = &n; * p1 = * p2;

    C. p1 = &m; p2 = p1;　　　　　　　　　D. p1 = &m; * p2 = * p1;

（4）以下程序段中调用 scanf 函数给变量 a 输入数值的方法有误，其原因是（　　）。

```
int  * p , a; p = &a; scanf("% d", * p);
```

    A. * p 表示的是指针变量 p 的地址

    B. * p 表示的是变量 a 的值，而不是变量 a 的地址

    C. * p 表示的是指针变量 p 的值

    D. * p 只能用来说明 p 是一个指针变量

（5）若有说明：int * p, m = 5, n; ,以下正确的程序段是（　　）。

    A. p = &n; scanf("% d", &p);　　　　　B. p = &n; scanf("% d", * p);

    C. scanf("% d", &n); * p = n;　　　　　D. p = &n; * p = m;

（6）设有定义int a = 3, b, * p = &a; ,则以下语句中使 b 不为 3 的是（　　）。

    A. b = * &a;　　　　B. b = * a;　　　　C. b = a;　　　　D. b = * p;

（7）假设整型变量 a 的值为 12, a 的地址为 2000,若要使 p 为指向 a 的指针变量,则下面赋值正确的是（　　）。

    A. &a = 3;　　　　B. * p = 12;　　　　C. p = 2000;　　　　D. p = &a;

（8）下面程序的输出结果是（　　）。

```
void  fun(int * x, int * y)
{
    printf("% d % d", * x, * y);
    * x = 3; * y = 4;
}
int main()
{
    int  x = 1, y = 2;
    fun(&y, &x);
    printf("% d  % d", x, y);
    return  0;
}
```

    A. 2 1 1 2　　　　B. 1 2 3 4　　　　C. 2 1 4 3　　　　D. 1 2 1 2

（9）下面程序的输出结果是（　　）。

```
void  prtv(int * x)
{   ++ * x;   }
int  main()
{   int  a = 25;
    prtv(&a);
    printf("% d\n", a);
    return  0;
}
```

    A. 24　　　　B. 26　　　　C. 23　　　　D. 25

（10）定义语句：double a,b, ﹡ pa, ﹡ pb,执行了 pa = &a, pb = &b 之后,下述语句表述准确的是（　　　）。

   A．scanf("%lf%lf",pa,pb);   B．scanf("%d%d",a,b);

   C．scanf("%f%f",&pa,&pb);   D．scanf("%f%f",&a,&b);

2．填空题

（1）一个专门用于存放另一个变量地址的变量称为_____。

（2）利用指针变量可以_____（直接/间接）访问其所指向的变量。

（3）在 C 语言中,只能给指针变量赋_____值和_____值。

（4）有定义 int a = 7; int ﹡ point;,则让指针 point 指向 a 的语句是_____；当指针 point 指向 a 后,_____与 point 等价；_____与 ﹡ point 等价；（ ﹡ point ）＋＋与_____等价；执行 point＋＋后,变量 a 的值为_____。

（5）下面程序段执行后,a 的值是_____。

```
int ﹡ p,a = 10,b = 1;
p = &a;a = ﹡ p + b;
```

（6）若输入的值分别是 1、3、5,则下面程序的运行结果是_____。

```
int s(int ﹡ p)
{
    int  sum = 10;
    sum += ﹡ p;  return(sum);
}
int  main()
{
    int a = 0,i, ﹡ p,sum;
    p = &a;
    for(i = 0;i < = 2;i++)
    {
        scanf("%d",p);
        sum = s(p);
        printf("sum = %d\n",sum);
    }
    return 0;
}
```

（7）下面程序的输出结果是_____。

```
void  sub(float x,float ﹡ y,float ﹡ z)
{
    ﹡ y = ﹡ y - 1.0;
    ﹡ z = ﹡ z + x;
}
int  main()
{
    float a = 2.5,b = 9.0, ﹡ pa, ﹡ pb;
    pa = &a;pb = &b;sub( b - a,pa,pb);
```

```
    printf("%f\n",a);
    return  0;
}
```

（8）下面程序段的输出结果是_____。

```
int   i = 10,j = 20,temp, * p1, * p2;
p1 = &i;p2 = &j;
temp = * p1; * p1 = * p2; * p2 = temp;
printf("%d,%d,%d,%d\n",i,j, * p1, * p2);
```

（9）下面程序的输出结果是_____。

```
void  sub(int * x,int y,int z)
{   * x = y − z;   }
int   main()
{
    int a,b,c;
    sub(&a,10,5);sub(&b,a,7);sub(&c,a,b);
    printf("%d,%d,%d\n",a,b,c);
    return  0;
}
```

（10）下面程序的输出结果是_____。

```
void  fun(char * c,int d)
{
    * c = * c + 1;d = d + 1;
    printf("%c,%c,", * c,d);
}
int   main()
{
    char b = 'a',a = 'A';
    fun(&b,a); printf("%c,%c\n",b,a);
    return  0;
}
```

7.1.4　综合应用

1. 程序填空一

功能：给定程序中，fun 函数的作用是不断从终端读入整数，用变量 a 统计大于 0 的个数，用变量 b 统计小于 0 的个数，当输入 0 时结束输入，并通过形参 pa 和 pb 把统计的数据传回 main 函数进行输出。

请在程序的下画线处填入正确的内容并把下画线删除，使程序得出正确的结果。

注意：不得增行或删行，也不得更改程序的结构。

```
1   #include<stdio.h>
2   void  fun(int * px ,int * py)
```

```
3  {
4      / ****************** FILL ****************** /
5      int _____;
6      scanf(" % d",&k);
7      / ****************** FILL ****************** /
8      while(_____)
9      {
10         if(k > 0) a++;
11         if(k < 0) b++;
12         / ****************** FILL ****************** /
13         _____;
14     }
15     * px = a;  * py = b;
16 }
17 int main()
18 {
19     int x, y;
20     fun(&x, &y);
21     printf("positive number = % d,negative number = % d\n", x, y);
22     return  0;
23 }
```

【实验提示】

(1) 第 6 行 scanf 语句输入的是一个数据,应利用循环控制输入多个数据。

(2) 指针作为参数时,是地址的传递,形参和实参指向同一个变量,改变形参所指变量的值即是改变实参所指变量。

2. 程序填空二

fun 函数的功能是统计形参 s 所指的字符串中数字字符出现的次数,并存放在形参 t 所指的变量中,最后在 main 函数中输出。例如,若形参所指的字符串为"abode5adgh3kjsd7",则输出结果为 4。

请在程序的下画线处填入正确内容并将下画线删除,使程序得出正确的结果。

注意:不得增行或删行,也不得更改程序的结构。

```
1  # include < stdio.h >
2  void fun(char s[ ], int * t)
3  {
4      int i, n;
5      n = 0;
6      / **************** FILL **************** /
7      for(i = 0; _____ != 0; i++)
8          / **************** FILL **************** /
9          if(s[ i] > = '0'&&s[ i] < = _____ )    n++;
```

```
10        / * * * * * * * * * * * * * * * * FILL * * * * * * * * * * * * * * * * /
11        _____ ;
12  }
13  int main()
14  {
15        char s[80] = "abcdef35adgh3kjsdf7";
16        int t;
17        printf("\nThe original string is :    % s\n",s);
18        fun(s,&t);
19        printf("\nThe result is :    % d\n",t);
20        return 0;
21  }
```

【实验提示】

(1) 利用形参指针 t 将数字字符的个数带回到主调函数中。

(2) 第 7 行应用字符串结束符'\0'作为字符数组的循环判断条件。

(3) 思考：fun 函数是否可以不需要变量 n？

3. 程序改错一

fun 函数实现的功能是统计一个无符号整数中各位数字值为 0 的个数,通过形参传回 main 函数,并把该整数中各位上最大的数字值作为函数值返回。例如,若输入无符号整数 30 800,则数字值为 0 的位的个数为 3,各位上数字值最大的是 8。

请改正 fun 函数中的错误,使它能得出正确的结果。

注意：不要改动 main 函数,不得增行或删行,也不得更改程序的结构。

```
1    # include < stdio. h >
2    int fun(unsigned n, int * zero)
3    {
4        int count = 0, max = 0, t;
5        do
6        {
7            t = n % 10;
8            / * * * * * * * * * * * * * * * * ERROR * * * * * * * * * * * * * * * * /
9            if(t = 0)
10               count++;
11           if(max < t)
12               max = t;
13           n = n/10;
14       }while(n);
15       / * * * * * * * * * * * * * * * ERROR * * * * * * * * * * * * * * * * /
16       zero = count;
17       return max;
18   }
19   int main()
20   {
```

```
21      unsigned n;
22      int zero,max;
23      printf("\nInput n(unsigned): ");
24      scanf("%d",&n);
25      max = fun(n,&zero);
26      printf("\nThe result: max = %d\n zero = %d\n",max,zero);
27      return 0;
28  }
```

【实验提示】

（1）根据题意，第9行条件语句中的表达式应该是关系表达式，而不是赋值表达式。

（2）第16行对指针指向的元素进行赋值应使用指针运算符 *。

4. 程序改错二

功能：将长整型数 s 各位上为偶数的数字依次取出，构成一个新数存放在 t 中。高位仍在高位，低位仍在低位。例如，当 s 为 87653142 时，t 为 8642。

请改正程序中的错误，使它能得出正确的结果。

注意：不要增行或删行，也不得更改程序的结构。

```
1   #include <stdio.h>
2   void fun(long s,long *a)
3   {
4       int d;
5       long s1 = 1;
6       /**************** ERROR ****************/
7       a = 0;
8       /**************** ERROR ****************/
9       while(s<0)
10      {
11          d = s%10;
12          if(d%2 == 0)
13          {
14              /**************** ERROR ****************/
15              *a = d*s1;
16              s1 * = 10;
17          }
18      s/ = 10;
19      }
20  }
21  int main()
22  {
23      long s,t;
24      printf("Please input s:");
25      scanf("%ld",&s);
26      fun(s,&t);
27      printf("The result is :%ld\n",t);
28      return 0;
29  }
```

【实验提示】

（1）形参指针 a 所指的变量用于存放最后结果。

（2）利用 s1 * =10 将分离出的偶数放置在新数的对应位上。例如,将数字 6 放在新数的百位上。

（3）第 18 行表达式 s/=10 运算是将 s 的各位数字向右移动 1 位。

（4）思考：如果不用指针如何实现？

5. 程序设计一

编写 fun 函数,其功能是求出 1~1000 能被 7 或 11 整除,但不能同时被 7 和 11 整除的所有整数,并将其放在数组 a 中,通过 n 返回这些数的个数。

注意：请勿改动 main 函数中的任何内容,仅在 fun 函数的指定部位中填入编写的语句。

```
1    # include < stdio. h>
2    void fun( int a[ ], int  * n)
3    {
4        / ****************** BEGIN ******************* /
5
6
7        / ****************** END ******************* /
8    }
9    int main()
10   {
11       int aa[1000], n, k;
12       fun (aa, &n);
13       for (k = 0; k < n; k++)
14           if((k + 1) % 10 == 0) printf("\n");
15           else printf(" % 5d", aa[k]);
16       return 0;
17   }
```

【实验提示】

（1）用循环结构查找满足条件的数。

（2）循环变量可以作为数组元素的下标,循环结束时其值也是满足条件的元素的个数。

（3）利用指针形参 n 将数的个数带回到主调函数。

6. 程序设计二

编写 fun 函数,其功能是验证参数 n 是否可以分解成两个素数相乘,是则返回 1,否则返回 0,并通过指针变量 x、y 返回分解后的两个素数值,要求 * x < * y。主程序中将打印出分解结果。用 prime 函数验证参数 m 是否为素数,若 m 是素数则返回 1,否则返回 0。例如,111=3 * 37,当 fun 函数的参数 n 为 111 时,可以分解为两个素数(3 和 37)的乘积,函数返回值为 1。

注意：请勿改动 main 函数中的任何内容，仅在 fun 函数的指定部位填入所编写的语句。

```
1   # include < stdio. h >
2   # include < math. h >
3   int prime( int m)
4   {
5       int k, flag = 1;
6       for( k = 2; k < ( int) sqrt(( double) m); k++)
7           if( m % k == 0)      flag = 0;
8       return flag;
9   }
10  int fun( int n, int * x, int * y)
11  {
12      int k, flag = 0;
13      / * * * * * * * * * * * * * * * * * * BEGIN * * * * * * * * * * * * * * * * * * * * /
14
15
16      / * * * * * * * * * * * * * * * * * * * END * * * * * * * * * * * * * * * * * * * /
17      return flag;
18  }
19  int main()
20  {
21      int a, b;
22      if( fun(111, &a, &b))
23          printf("111 = % d * % d\n", a, b);
24      if( fun(11111, &a, &b))
25          printf("11111 = % d * % d\n", a, b);
26      return 0;
27  }
```

【实验提示】

（1）在 fun 函数中首先需要找到 n 的因子，通过 for 循环遍历 2～sqrt(n) 的所有数 k，判断 n 是否能被 k 整除，如果 n 不能被 k 整除，则使用 continue 语句继续下一个数，若 n 可以被 k 整除，则 k 和 n/k 都是 n 的因子。调用 prime 函数判断 k 和 n/k 是否是素数，若 k 和 n/k 都是素数则将 k 赋值给 *x，将 n/k 赋值给 *y，置 flag 为 1，结束循环，返回 flag；若 k 和 n/k 有一个不是素数，使用 continue 语句继续下一个 k。

（2）prime 函数判断 k 是否是 m 的因子，若 k 不是 m 的因子，则使用 continue 语句判断下一个 k。若找到因子表示 m 不是素数，置 flag 为 0，结束循环。找不到因子置 flag 为 1。

7.2 指针与数组

数组是若干个相同类型元素的集合，每个数组元素都在内存中占有存储单元，它们都有相应的地址。指针变量既可以指向变量，也可以指向数组和数组元素。灵活地使用指向数组的指针，可以设计出性能优良、功能强大的程序。

7.2.1　知识点介绍

1. 指针与一维数组

可以令指针变量指向一维数组元素,通过指针的移动访问数组中的每一个元素。

(1) 指向一维数组元素的指针的定义、赋值与初始化

方法与 7.1 节的指针变量类似,具体示例和说明如表 7-4 所示。

表 7-4　指向一维数组元素的指针的定义、赋值与初始化

指向一维数组元素的指针	示　例	说　明
定义	int　a[10]; int　* p;	由于数组元素为 int 型,因此定义一个指向 int 型变量的指针 p
赋值	p = a;或 p = &a[0];	令指针 p 指向数组元素 a[0]。在 C 语言程序中,数组名 a 与 &a[0]等价,表示数组的首元素地址
初始化	int　a[10], * p = a;	将 &a[0]初始化给指针变量 p,而不是初始化 * p

(2) 指向一维数组元素的指针的运算

为了更加方便地引用数组元素,C 语言程序允许对指向数组元素的指针进行加、减、自增、自减等算术运算及关系比较运算。在指针 p 已指向一个数组元素时,可以对指针 p 进行如表 7-5 所示的运算。

表 7-5　指向一维数组元素的指针的运算

运 算 方 式	示　例	表达式的值
加(减)一个整数	p + 1/p - 1	同一数组中的下(上)一个元素地址
	p + i	p 所指元素后面的第 i 个元素地址
自增(减)	p++/p--	表达式值为 p 所指元素的地址,并将 p 移到同一数组中的下(上)一个元素
两个指针相减	p1 - p2	两个指针之间相差的元素个数(只有 p1 和 p2 都指向同一数组中元素时才有意义)
关系比较	p1 == p2	p1 和 p2 指向同一个元素时,值为 1,否则值为 0
	p1 > p2	p1 处于高地址位置时,值为 1,否则值为 0
	p1 < p2	p1 处于低地址位置时,值为 1,否则值为 0

(3) 利用指针引用一维数组元素

引用数组元素时可以用下标法,也可以用指针法,即通过指向数组元素的指针找到所需的元素。使用指针法能使目标程序占用较少的存储空间,以提高程序的运行速度。

(4) 一维数组名作为函数参数

数组名作函数参数时,实参向形参传递的是数组首地址。指向一维数组的指针可以作为函数参数。

若有定义:int　a[10], * p = a;,则数组名和指针作为实参和形参的对应关系如表 7-6所示。

表 7-6　数组名和指针作为函数参数

实　　参	形　　参
数组名 a	数组名 int x[ ]
数组名 a	指针变量 int ＊q
指针变量 p	数组名 int x[ ]
指针变量 p	指针变量 int ＊q

2．指针与二维数组

（1）指向二维数组元素的指针

由于 C 语言中的二维数组元素在内存中是按行顺序存储的，即存放完第 0 行的所有元素后再存放第 1 行的所有元素，以此类推。因此，可以定义一个指针变量，令其指向二维数组中的元素。例如：

```
int  a[3][4];
int  ＊p;
p = a[0];              //令 p 指向元素 a[0][0],a[0]是数组 a 第 0 行的首地址即 &a[0][0]
```

（2）指向由 m 个元素组成的一维数组的指针

若有定义 int a[3][4];，也可以将二维数组 a 理解成包含 3 个元素的一维数组，分别是a[0]、a[1]、a[2]，因此二维数组名 a 表示首行元素地址即 &a[0]。而每一个元素又都是一个包含 4 个元素的一维数组，如 a[0]包含 a[0][0]、a[0][1]、a[0][2]、a[0][3]。因此，可以定义一个指针变量，令其指向由 4 个元素组成的一维数组，以下是指向由 m 个元素组成的一维数组的指针的定义形式：

类型说明符(＊指针名)[常量表达式]

例如：

```
int a[3][4];
int ( ＊ p)[4];         //定义指针 p,指向由 4 个元素组成的一维数组
p = a;                //令 p 指向数组 a 的首行元素,数组名 a 表示首行元素地址 &a[0]
```

（3）利用指针引用二维数组元素

利用指向二维数组元素的指针和指向由 m 个元素组成的一维数组的指针引用二维数组元素的方法如表 7-7 所示。

表 7-7　利用指针引用数组元素

指针的定义		数组元素地址的表示		数组元素的引用	
类别	示例	下标法	指针法	下标法	指针法
指向一维数组元素的指针	int a[10]; int ＊ p=a;	&a[i]	p+i a+i	a[i]	＊(p+i) ＊(a+i)
指向二维数组元素的指针	int a[3][4]; int ＊ p=a[0];	&a[i][j]	p+i＊4+j	a[i][j]	＊(p+i＊4+j)
指向由 m 个元素组成的一维数组的指针	int a[3][4]; int (＊ p)[4]; p=a;	&a[i][j]	＊(p+i)+j ＊(a+i)+j	a[i][j] p[i][j]	＊(＊(p+i)+j) ＊(＊(a+i)+j)

（4）用指向数组的指针作函数参数

若有定义：

```
int   a[3][4];
int   ( * p)[4] = a;
```

则二维数组名和指针作为实参和形参的对应关系如表 7-8 所示。

表 7-8　二维数组名和指针作为函数参数

实　　参	形　　参
数组名 a	数组名 int x[ ][4]
数组名 a	指针变量 int (* q)[4]
指针变量 p	数组名 int x[ ][4]
指针变量 p	指针变量 int (* q)[4]

7.2.2　实验部分

1. 实验目的

（1）掌握指向一维数组元素的指针变量的定义与引用方法。
（2）掌握指向多维数组元素的指针变量的定义与引用方法。
（3）掌握利用指针引用数组元素的方法。
（4）掌握数组名作为函数参数的使用方法。

2. 实验内容

（1）程序填空一

功能：利用指针访问数组中的元素，求一维数组的平均值。

请在程序的下画线处填入正确的内容，并把下画线删除，使程序得出正确的结果。

注意：不得增行或删行，也不得更改程序的结构。

```
1    # include < stdio. h >
2    int main()
3    {
4       float   a[10],sum,ave;
5       int i;
6     / **************** FILL **************** /
7        _____ ;
8       for (i = 0;i < 10;i++)
9           scanf(" % f",&a[i]);
10    / **************** FILL **************** /
11       _____ ;
12      sum = 0;
13      for(i = 1;i < 10;i++)
14      {
15          sum += * p;
```

```
16          / ***************** FILL **************** /
17          _____;
18      }
19      ave = sum/10;
20      printf("ave = % .2f\n",ave);
21      return 0;
22  }
```

【实验提示】

① 第 7 行应定义指针变量 p。

② 第 11 行应在循环之前使 p 指向数组元素。

③ 指针 p 值为数组首地址时,p+i 是第 i 个元素的地址即指向第 i 个元素,*(p+i)就是 a[i]。

(2) 程序填空二

功能:利用指针求 3×3 矩阵的两条对角线元素之和(中间元素只计算一次)。

请在程序的下画线处填入正确的内容,并把下画线删除,使程序得出正确的结果。

注意:不得增行或删行,也不得更改程序的结构。

```
1   # include < stdio. h >
2   int main()
3   {
4       int x[3][3] = {7,2,1,3,4,8,9,2,6};
5       int s,( * p)[3];
6       int i;
7       s = 0;
8       / ***************** FILL **************** /
9       p = _____;
10      / ***************** FILL **************** /
11      for(i = 0;_____;i++)
12          / ***************** FILL **************** /
13          s = s + _____;
14      s = s - p[1][1];
15      printf("The result is: % d\n",s);
16      return 0;
17  }
```

【实验提示】

① 二维数组 x 可以看成是一个含有 3 个元素的一维数组。指针 p 是指向含有 3 个元素的一维数组 x 的指针。

② 第 9 行应令指针 p 存放数组 x 的首地址。

③ 当指针 p 是一维数组的首地址时,*(p+i)+j 指向 x[i][j],*(*(p+i)+j)就是 x[i][j]。

④ 第 13 行同时计算两个对角线上的对应元素和。

⑤ 思考：如果指针 p 指向的是二维数组元素,该怎样引用对角线元素?

（3）程序改错一

功能：用指针法实现在一维有序数组中插入一个数据。

请改正程序中的错误,使它能得出正确的结果。

注意：不可以增加或删除程序行,也不可以更改程序的结构。

```
1    #include <stdio.h>
2    #define M 10
3    int main()
4    {
5        int a[M+1] = {10,20,30,40,50,60,70,80,90,100};
6        int i, n, * p, * q;
7        printf("请输入要插入的数据\n:");
8        scanf(" %d",&n);
9        if(n>a[M-1])   a[M-1]=n;
10       else
11       {
12           for(p=a, i=0;i<M;i++)
13               if(n<=*(p+i))
14               {
15                   /***************** ERROR ***************** /
16                   *p=*(p+i);
17                   /***************** ERROR ***************** /
18                   continue;
19               }
20           /***************** ERROR ***************** /
21           for(q=a+M;q>=p;q--)
22               *(q+1)=*q;
23           *p=n;
24           printf("插入数据后的数列:\n");
25       }
26       for(i=0;i<=M;i++)
27           printf(" %5d",a[i]);
28       return 0;
29   }
```

【实验提示】

① 第 9 行是比较插入的值如果大于所有元素,则直接存放在数组的最后位置。

② 第 12 行 for 语句寻找 n 的插入位置,第一个比 n 大的元素即是 n 的插入位置,用指针 p 记录位置。

③ 将从 p 开始的所有元素均后移一位,为避免覆盖问题,元素后移的方向是从后往前。

④ 最后将 n 赋值给 p 所指的元素。

⑤ 思考：如果不用指针如何记录插入的位置?

（4）程序改错二

功能：将 6 个字符按输入时的逆序进行排列。

请改正程序中的错误,以便得出正确的结果。

注意：不可以增加或删除程序行，也不可以更改程序的结构。

```
1   # include < stdio. h>
2   void sort(char * p, int m)
3   {
4       int i;
5       / * * * * * * * * * * * * * * * ERROR * * * * * * * * * * * * * * * /
6       char * change, * p1, * p2;
7       for(i = 0; i < m/2; i++)
8       {
9           / * * * * * * * * * * * * * * * ERROR * * * * * * * * * * * * * * * /
10          * p1 = p + i;      * p2 = p + (m − 1 − i);
11          change = * p1;
12          * p1 = * p2;
13          * p2 = change;
14      }
15  }
16  int main()
17  {
18      int i;
19      char * p, num[6];
20      p = num;
21      for(i = 0; i <= 5; i++)
22          / * * * * * * * * * * * * * * * ERROR * * * * * * * * * * * * * * * /
23          scanf(" % c", * (p++));
24      p = &num[0];
25      / * * * * * * * * * * * * * * ERROR * * * * * * * * * * * * * * * /
26      sort(&p, 6);
27      for(i = 0; i <= 5; i++)
28          printf(" % c", num[i]);
29      return 0;
30  }
```

【实验提示】

① 当数组作为函数参数时，形参和实参都可以用指针。

② 通过指针 p1 和 p2 将数组首尾相对应的元素做值的交换。

③ 第 23 行表达式 * (p++)的值是元素值而不是地址值。

④ 思考：如果只对指针 p1 与 p2 交换，能否实现逆序？

(5) 程序设计一

功能：写一个函数，将一个 3×3 的矩阵转置。

注意：请勿改动 main 函数中的任何内容，仅在 move 函数的指定部位中填入编写的
语句。

```
1   # include < stdio. h>
2   int main()
3   {
```

```
 4      void move(int * pointer);
 5      int a[3][3], * p,i,j;
 6      printf("Input matrix: \n");
 7      for(i = 0;i < 3;i++)
 8          for(j = 0;j < 3;j++)
 9              scanf(" % d",&a[i][j]);
10      p = &a[0][0];
11      move(p);
12      printf( "Now, matrix: \n");
13      for(i = 0;i < 3;i++)
14      {
15          for(j = 0;j < 3;j++)
16              printf(" % 5d",a[i][j]);
17          printf("\n");
18      }
19      return 0;
20  }
21  void move(int * pointer)
22  {
23      / ****************** BEGIN ******************** /
24
25
26      / ****************** END ****************** /
27  }
```

【实验提示】

① 当 move 函数被调用时，形参 pointer 指向二维数组元素 a[0][0]，则 * (pointer+3 * i+j)就是 a[i][j]。

② 对二维数组 a 的转置是将元素 a[i][j]与 a[j][i]做值的交换。

③ 用循环嵌套实现所有元素的交换。

(6) 程序设计二

功能：输入 10 个整数，将其中最小的数与第一个数对换，把最大的数与最后一个数对换。写 3 个函数：输入 10 个数；进行处理；输出 10 个数。然后，用指针实现。

给定的部分程序中，input 函数的功能是输入 10 个数，output 函数的功能是输出处理后的 10 个数，max_min 函数的功能是按要求对数据进行处理。

注意：请在函数指定部位中填入编写的语句。

```
1   # include < stdio. h >
2   void input( int num[])                //输入 10 个数
3   {
4       / **************** BEGIN ******************** /
5
6
```

```
7        / * * * * * * * * * * * * * * * * * END * * * * * * * * * * * * * * * * * * * * * /
8    }
9    void output( int num[ ] )//输出 10 个新数
10   {
11       / * * * * * * * * * * * * * * * BEGIN * * * * * * * * * * * * * * * * * * * * /
12
13
14       / * * * * * * * * * * * * * * * * * END * * * * * * * * * * * * * * * * * * * * * /
15   }
16   void max_min( int num[ ] )//交换数
17   {
18       int * max, * min, * p;
19       int * array_end; //array_end 存放最后一个元素的地址
20       / * * * * * * * * * * * * * * * BEGIN * * * * * * * * * * * * * * * * * * * * /
21
22
23       / * * * * * * * * * * * * * * * * * END * * * * * * * * * * * * * * * * * * * * * /
24   }
25   int main()
26   {
27       int number[10];
28       input( number );
29       max_min( number );
30       output( number );
31       return 0;
32   }
```

【实验提示】

① 当数组名作为函数参数时,实参向形参传递的是数组首地址。

② 使用指针 p 从数组的第一个元素遍历到最后一个元素,指针 max 和 min 分别存放当前已比较的元素中最大、最小值的地址。

③ 将 max 和 min 所指的元素的值分别与第一个元素以及最后一个元素做值的交换。数据的交换需要通过中间变量 p 实现。

7.2.3　练习与思考

1. 单选题

(1) 若有 double * p,x[10];int i = 5;,使指针变量 p 指向元素 x[5]的语句是(　　)。

  A. p = x;   B. p = x[i];   C. p = &(x + i); D. p = x + i;

(2) 设有定义 int x[ ] = {1,3,5,7,9,11},y, * p = x,k;,则能够正确引用数组元素的选项是(　　)。

  A. x   B. * (p--)   C. x[6]   D. * (-- p)

(3) 设有定义 int x[ ] = {1,3,5,7,9,11}, * p = x,k;,且 0≤k<6,则能正确表示数组元素地址的选项是(　　)。

  A. x++   B. &p   C. &p[k]   D. &(x+1)

（4）设有定义int a[2][3] = {2,4,6,8,10,12};,则能正确表示数组元素地址的是（   ）。

     A. * (a + 1)   B. * (a[1] + 2)   C. a[1] + 3   D. a[0][0]

（5）设有定义int a[ ] = {1,2,3,4,5,6,7,8,9,10}, * p = a;,则表达式的值为 3 的是（   ）。

     A. p += 2, * (p++)   B. p += 2, * ++p

     C. p += 3, * p++   D. p += 2, ++ * p

（6）设有定义int i,x[3][4];,则不能将 x[1][1] 的值赋给变量 i 的语句是（   ）。

     A. i = * (* (x + 1) + 1);   B. i = x[1][1];

     C. i = * (* (x + 1));   D. i = * (x[1] + 1);

（7）设有定义float a[3] = {1.2,45.6, - 23.0}; float * p = a ;,则执行语句a = p + 2;后,a[0]的值是（   ）。

     A. 1.2   B. 45.6   C. - 23.0   D. 语句有错

（8）设有定义 int (* p)[3];,则以下选项正确的是（   ）。

     A. p 是一个指向函数的指针变量

     B. p 是一个指针数组,每个元素是一个指向整型变量的指针

     C. p 是一个指针,指向一个具有 3 个元素的一维数组

     D. p 是一个指向整型变量的指针

（9）以下程序段给数组所有元素输入数据,应在下画线处填入的是（   ）。

```
int  a[10],i = 0;
while(i < 10)
scanf("% d",_____ );
```

     A. &a[i + 1]   B. a + i   C. &a[++i]   D. a + (i++)

（10）设有定义语句int a[3][4] = {{0,1},{2,3},{4,5}}; int (* p)[4] = a;,则数值为 3 的表达式是（   ）。

     A. * a[1] + 1   B. * (p + 1) + 1

     C. a[2][2]   D. * (* (p + 1) + 1)

2. 填空题

（1）执行以下程序段后,s 的值是_____。

```
int  a[ ] = {5,3,7,2,1,5,3,10},s = 0,k;
for(k = 0;k < 8;k += 2)        s += * (a + k);
```

（2）数组在内存中占一段连续的存储区,由_____代表它的首地址。

（3）若有定义：int a[6] = {2,4,6,8,10,12};,则 * (a + 1)的值是_____。

（4）已知int a[ ] = {1,3,5,7,9}, * p = &a[2];,则 ++ * p -- 的值是_____。

（5）下面程序段运行后,指针变量 p 所指的对象的值是_____。

```
int  a[8] = {1,2,3,4,5,6,7,8}, * p;
p = a;p++;p += 6;p -- ;p -= 3;
```

（6）已知int a[ ] = {1,2,3,4},y, * p = a;,则执行语句 y = (* ++p) ++;之后,变量

y 的值是_____。

(7) 下面程序段运行后的输出结果是_____。

```
int  a[10] = {1,2,3,4,5,6,7,9,10} , * p = a + 10,sum = 0;
for(p = p - 1;p > = a;p -- )
    if( * p % 2 == 0)     sum += * p;
printf(" % d\n",sum);
```

(8) 已知 int a[3][2] = {2,4,6,8,10,12};,则 * (a[1]＋1)的值是_____。

(9) 下面程序运行后的输出结果是_____。

```
void  xyz(int * m)
{ printf(" % d\n", * m);}
int main( )
{
  int  a[3][2] = {19,9,6,3,7,1},( * p)[2];
  p = a;xyz( * (p + 1));
  return  0;
}
```

(10) 下面程序运行后的输出结果是_____。

```
int findmax( int * a,int n)
{
  int  * p, * s;
  for(p = a + 1,s = a;n > 1;n -- ,p++)
  if ( * p > * s)     s = p;
  return( * s);
 }
int main()
{
  int x[5] = {12,21,13,6,18};
  printf(" % d\n",findmax(x,5));
  return  0;
}
```

7.2.4 综合应用

1. 程序填空一

功能：给定程序中,fun 函数的功能是将 $N \times N$ 矩阵中元素的值均右移 1 列,右边被移出矩阵的元素绕回左边。例如,$N = 3$,有下列矩阵：

1	2	3			3	1	2
4	5	6	计算结果为		6	4	5
7	8	9			9	7	8

请在程序的下画线处填入正确的内容并把下画线删除,使程序得出正确的结果。

注意：不得增行或删行,也不得更改程序的结构。

```
1    # include < stdio. h>
2    # define N 4
3    / ***************** FILL ***************** /
4    void fun( int ( * t)[ _____ ])
5    {
6        int i, j, x;
7        / **************** FILL **************** /
8        for(i = 0; i <_____; i++)
9        {
10           / **************** FILL **************** /
11           x = t[i][ _____ ];
12           for(j = N - 1; j >= 1; j-- )
13               t[i][j] = t[i][j - 1];
14            / **************** FILL **************** /
15           t[i][ _____ ] = x;
16       }
17   }
18   int main()
19   {
20       int a[ ][N] = {21,12,13,24,25,16,47,38,29,11,32,54,42, 21,33,10}, i, j;
21       printf("The original array:\n");
22       for(i = 0; i < N; i++)
23       {
24           for(j = 0; j < N; j++)
25               printf(" %2d ",a[i][j]);
26           printf("\n");
27       }
28       fun(a);
29       printf("\nThe result is:\n");
30       for(i = 0; i < N; i++)
31       {
32           for(j = 0; j < N; j++)
33               printf(" %2d ",a[i][j]);
34           printf("\n");
35       }
36       return 0;
37   }
```

【实验提示】

（1）当二维数组名作为实参时,形参可以是一个指向一维数组的指针变量。

（2）形参指针 t 所指向的一维数组的长度应和二维数组 a 的列长度一致。t[i][j]就是元素 a[i][j]。

（3）第 11 行是在元素右移前先将最后一列元素的值保存。

2. 程序填空二

功能：给定程序中,fun 函数的功能是有 n 个整数,使其前面各数顺序向后移 m 个位置,最后 m 个数变成最前面 m 个数。

请在程序的下画线处填入正确的内容并把下画线删除,使程序得出正确的结果。

注意:不得增行或删行,也不得更改程序的结构。

```
1   # include < stdio.h >
2   int main()
3   {
4       int number[20],n,m,i;
5       void move(int * array, int n, int m);
6       printf("How many numbers?");                    //共有多少个数
7       scanf("%d",&n);
8       printf("Input %d numbers: \n",n);               //输入 n 个数
9       for (i = 0; i < n; i++)
10          scanf("%d",&number[i]);
11      printf("How many place you want to move? ");    //后移多少个位置
12      scanf("%d",&m);
13      move(number,n,m);
14      printf("Now, they are: \n");
15      for (i = 0; i < n; i++)
16          printf("%d    ",number[i]);
17      return 0;
18  }
19  void move(int * array, int n, int m)                //循环后移一次的函数
20  {
21      int * p, array_end;
22      /***************** FILL *****************/
23      array_end = _____ ;
24      /***************** FILL *****************/
25      for ( _____ ; p > array; p -- )
26          * p = * (p - 1);
27      * array = array_end;
28      m -- ;
29      /***************** FILL *****************/
30      if(m > 0)  _____ ;        //递归调用,当循环次数 m 减至 0 时,停止调用
31  }
```

【实验提示】

(1) 第 23 行在所有数据右移前,先将最后一个数据保存,以避免被覆盖。

(2) 第 25 行用 for 语句实现所有数据右移 1 位,方向是从后往前依次右移。

(3) 通过函数的递归调用完成 m 位的右移。

3. 程序改错一

功能:以 fun 函数分别统计形参 t 所指二维数组中正数和负数的个数。

请改正程序中的错误,使它能得出正确的结果。

注意:不可以增加或删除程序行,也不可以更改程序的结构。

```
1    # include < stdio. h >
2    / ***************** ERROR ***************** /
3    int fun(int * t[4],int * m)
4    {
5        int i,j,n;
6        n = 0;
7        / *************** ERROR ***************** /
8        m = 0;
9        for (i = 0;i < 4;i++)
10           for (j = 0;j < 4;j++)
11           {
12               if (t[i][j] > 0)
13                   n++;
14               / *************** ERROR ***************** /
15               else if (t[i][j] < 0) m++;
16           }
17       return n;
18   }
19   int main()
20   {
21       int a[4][4] = {{1,2,3,4},{ - 1, - 2, - 3,0},{0,5,0, - 2},{6, - 4, - 1,6}};
22       int x,y;
23       x = fun(a,&y);
24       printf("正数有 %d个,负数有 %d个\n",x,y);
25       return 0;
26   }
```

【实验提示】

(1) 形参 t 是指向含有 4 个元素的一维数组的指针而不是数组。

(2) 可以将二维数组 a 看成是一维数组,有 4 个元素,每个元素又是一个含有 4 个 int 型元素的一维数组。因此,可以用形参 t 指向一维数组 a 的 4 个元素。

(3) t[i][j]等值于 * (* (t+i)+j)。

(4) fun 函数用 return 语句返回正数的个数,用形参指针 m 所指的变量存放负数的个数。

4. 程序改错二

功能:有 n 个人围成一圈,按顺序排号。从第 1 个人开始依次报数(循环从 1 到 3 报数),凡报到 3 的人退出圈子,问最后留下的人是原来的第几号。

请改正程序中的错误,以便得出正确的结果。

注意:不要增行或删行,也不得更改程序的结构。

```
1    # define N 50
2    # include < stdio. h >
3    int main()
4    {
5        int i,k,m,n,num[N], * p;
```

```
6       scanf(" % d",&n);
7       p = num;
8       for(i = 0;i < n;i++)
9       /****************** ERROR ****************** /
10          p + i = i + 1;
11      i = k = m = 0;
12      /****************** ERROR ****************** /
13      while(m < n)
14      {
15          /**************** ERROR **************** /
16          if( * (p + i) == 0)   k++;
17          if(k == 3)
18          {
19              * (p + i) = 0;
20              k = 0;
21              m++ ;
22          }
23          i++ ;
24          if(i == n)   i = 0;
25      }
26      while( * p == 0)
27          p++ ;
28      printf(" % d", * p);
29      return 0;
30 }
```

【实验提示】

（1）数组 num 中存放 n 个人的原始编号。

（2）将报数为 3 的人的数组元素修改为 0，凡是元素值为 0 的数组元素不得参与下次报数。

（3）k 为 1～3 的计数，m 为退出的人数，while 循环语句中的 i 用来实现循环报数。

（4）思考：不用指针或数组可以实现本功能吗？

5．程序设计一

功能：请编写 fun 函数，删去一维数组中所有相同的数，使之只剩一个。数组中的数已按由小到大的顺序排列，函数返回删除后数组中数据的个数。

例如，一维数组中的数据是：2 2 2 3 4 4 5 6 6 6 6 7 7 8 9 9 10 10 10 10。删除后，数组中的内容应该是：2 3 4 5 6 7 8 9 10。

请勿改动 main 函数和其他函数中的任何内容，仅在 fun 函数的指定部位填入编写语句。

```
1   # include < stdio. h >
2   # define N 20
```

```
 3   void fun(int * a, int * n)
 4   {
 5       / ****************** BEGIN ******************* /
 6
 7
 8       / ****************** END ******************* /
 9   }
10   int main()
11   {
12       int a[N] = {2,2,2,3,4,4,5,6,6,6,6,7,7,8,9,9,10,10,10,10};
13       int i,n;
14       printf("The original data :\n");
15       for(i = 0;i < N;i++)
16           printf(" % 3d",a[i]);
17       fun(a,&n); //n 为删除后元素的个数
18       printf("\n\nThe data after deleted :\n");
19       for(i = 0;i < n;i++)
20           printf(" % 3d",a[i]);
21       printf("\n\n");
22       return 0;
23   }
```

【实验提示】

（1）变量 t 存放要保留的元素，并将 t 值重新存入数组中。

（2）t 初值为 a[0]，用循环依次将后面元素与 t 比较，若值相等则下标后移，直到找出值不等的元素，则将该元素值重新赋值给 t，继续循环比较。

（3）给 t 重新赋值前，将 t 值先存入数组中。

6．程序设计二

请编写 fun 函数，函数的功能是将 M 行 N 列的二维数组中的数据，按列的顺序依次放到一维数组中。例如，二维数组中的数据为：

33　33　33　33

44　44　44　44

55　55　55　55

则一维维数组中的内容应是：

33　44　55　33　44　55　33　44　55　33　44　55

注意：请勿改动 main 函数中的任何内容，仅在 fun 函数的花括号中填入编写的语句。

```
 1   # include < stdio. h >
 2   void fun(int( * s)[10],int * b,int * n,int mm,int nn)
 3   {
 4       / ****************** BEGIN ******************* /
 5
```

```
6
7        / * * * * * * * * * * * * * * * * * * * END * * * * * * * * * * * * * * * * * * * * /
8    }
9    int main()
10   {
11       int w[10][10] = {{33,33,33,33},{44,44,44,44},{55,55,55,55}},i,j;
12       int a[100] = {0},n = 0;
13       printf("The matrix: \n");
14       for(i = 0;i < 3;i++)
15       {
16           for(j = 0;j < 4;j++)
17               printf(" % 3d",w[i][j]);
18           printf("\n");
19       }
20       fun(w,a,&n,3,4);
21       printf("The A array:\n");
22       for(i = 0;i < n;i++)
23           printf(" % 3d",a[i]);
24       return 0;
25   }
```

【实验提示】

(1) 利用双层循环,外循环表示列,内循环表示行的顺序依次访问形参 s 所指的数组 w 中的所有元素,并将其复制到形参 b 所指的一维数组 a 中。

(2) 形参 n 所指的对象表示数组 a 的下标,也可以用来表示元素的个数。

7.3 指针与字符串

在 C 语言程序中引用字符串有两种方式,前面章节中已经介绍了利用字符数组存放字符串,用数组名和下标的方式引用字符串;也可以用字符指针指向一个字符串常量,通过字符指针引用字符串。相对于用数组操作字符串来说,用字符指针操作字符串能使算法变得简洁,目标程序占用较少的存储空间,能提高程序运行速度。

7.3.1 知识点介绍

1. 字符指针变量的定义和初始化

例如:

char   * cp = "student";

定义了一个指针变量 cp,将字符串"student"的首地址即第一个字符的地址初始化后给指针变量 cp,即 cp 指向了字符串的第一个字符's'。

2. 字符指针变量的赋值

例如：

```
char  * cp;
cp = "student";
```

将字符串"student"的首地址赋值给指针变量 cp。注意，这不是将字符串"student"的值赋值给 cp。

3. 字符指针变量的引用

将字符串的首地址赋值给指针变量 cp 后，*（cp+i）或 cp[i]就是字符串中的第 i 个字符。可以对 cp 进行＋＋、－－运算。

4. 字符指针变量与字符数组的区别

（1）数据类型不同。字符指针是指针类型，存放的是地址而不是整个字符串。字符数组是数组类型，有若干个元素，每个元素是字符型数据。

（2）赋值方式不同。字符指针变量用字符串地址赋值，字符数组要对每个元素分别赋值。例如，以下代码是不合法的。

```
char  s[10];
s = "student";
```

（3）字符指针变量的值可以改变。例如，以下代码是合法的。

```
char  * cp = "student";
cp = cp + 5;
```

而字符数组名代表数组首地址，不能改变其值。例如，以下代码是不合法的。

```
char  s[ ] = "student";
s = s + 5;
```

（4）存储单元的内容的区别。

字符数组在内存中分配多个存储单元，用于存放各元素的值，而对字符指针变量，只分配一个存储单元。

（5）字符数组中各元素的值可以改变。例如，以下代码是合法的。

```
char a[ ] = "student";
a[2] = 'r';
```

但字符指针变量指向的字符串常量中的内容是不可以被取代的。例如，以下代码是不合法的。

```
char * a = "student";
a[2] = 'r';
```

5. 字符指针作为函数参数

使用字符指针作为函数参数与使用数组指针作为函数参数的方法相同。

7.3.2 实验部分

1. 实验目的

（1）理解字符指针变量与字符数组的区别和联系。
（2）掌握字符指针变量的定义与初始化方法。
（3）掌握用字符指针变量访问字符串的方法。
（4）掌握字符指针变量作为函数参数的使用方法。

2. 实验内容

（1）程序填空一
功能：将一个字符串中从下标 m 开始的所有字符复制成另一个字符串。
请在程序的下画线处填入正确的内容，并把下画线删除，使程序得出正确的结果。
注意：不得增行或删行，也不得更改程序的结构。

```
1   # include < stdio. h >
2   # include < string. h >
3   void strcopy(char * str1,char * str2,int m)
4   {
5       char * p1, * p2;
6       / *************** FILL *************** /
7       _____;
8       p2 = str2;
9       while( * p1)
10          / *************** FILL *************** /
11          _____;
12      / *************** FILL *************** /
13      _____;
14  }
15  int main()
16  {
17      int i,m;
18      char str1[80],str2[80];
19      gets(str1);
20      scanf(" % d",&m);
21      if(strlen(str1)< = m)
22          printf("error");
23      else
24      {
25          / *************** FILL *************** /
26          _____;
```

```
27    puts(str1);
28    puts(str2);
29    }
30    return 0;
31 }
```

【实验提示】

① 第 7 行令指针 p1 指向数组中第 m 个字符。

② 指针作为循环变量时,应注意需要改变循环变量的值以使循环倾向于结束。

③ 第 13 行令新字符串尾部存放字符串结束符。

（2）程序填空二

功能：删除字符串中所有的数字字符。

请在程序的下画线处填入正确的内容,并把下画线删除,使程序得出正确的结果。

注意：不要增行或删行,也不得更改程序结构。

```
1    # include < stdio. h >
2    # include < string. h >
3    void fun(char * s)
4    {
5        char * p;
6        /**************** FILL ***************** /
7        _____;
8        do
9        {
10           while( * p > = '0'&& * p < = '9')
11             /**************** FILL ***************** /
12               strcpy(_____);
13           p++;
14       }
15       /**************** FILL **************** /
16       while(_____);
17 }
18 int main()
19 {
20     char s[100], * p;
21     printf("Input string: ");
22     gets(s);
23     fun(s);
24     printf("After delete digital char : % s\n",s);
25     return 0;
26 }
```

【实验提示】

① strcpy 函数的参数是数组名或指针,表示字符串的首地址。

② 外层循环遍历字符串的每个字符。

③ 内层循环删除所有数字字符。如果是数字字符,则利用 strcpy 函数将数字字符以后的所有字符均前移一位,以达到覆盖数字字符的目的。

④ 为解决字符串中有连续多个数字字符的情况,用指针 p 指向数字字符,将 p+1 开始的字符前移,直到指针 p 所指字符为非数字字符为止,内循环结束。指针 p 后移,开始下一次外循环。

⑤ 思考:不用 strcpy 函数,该如何实现删除字符串中所有的数字字符?

(3) 程序改错一

功能:在 main 函数中输入 10 个字符串,用 sort 函数对它们按字典顺序排序,然后在 main 函数输出这 10 个已排好序的字符串。

请改正程序中的错误,使它能得出正确的结果。

注意:不要增行或删行,也不得更改程序的结构。

```
1    # include < stdio. h >
2    # include < string. h >
3    void sort(char ( * s)[10])
4    {
5        int i,j;
6        char * p,temp[10];
7        / * * * * * * * * * * * * * * * ERROR * * * * * * * * * * * * * * * * /
8        p = s;
9        for( i = 0;i < 9;i++)
10           for( j = 0;j < 9 − i;j++)
11               / * * * * * * * * * * * * * * * ERROR * * * * * * * * * * * * * * * * /
12               if(strcmp(s[ j],s[ j + 1])< 0)
13               {
14                   strcpy(p,s[ j]);
15                   strcpy(s[ j],s[ j + 1]);
16                   strcpy(s[ j + 1],p);
17               }
18   }
19   int main()
20   {
21       int i;
22       char str[10][10];
23       printf("Input 10 strings: \n");
24       for( i = 0;i < 10;i++)
25           scanf(" % s",str[ i]);
26       / * * * * * * * * * * * * * * * ERROR * * * * * * * * * * * * * * * * /
27       sort(str[0]);
28       printf("The sorted strings:\n ");
29       for( i = 0;i < 10;i++)
30           printf(" % s\n",str[ i]);
31       return 0;
32   }
```

【实验提示】

① 二维字符数组 str 可以看成是一个具有 10 个等长字符串的一维数组，每个元素都是字符数组类型。形参 s 指向二维字符数组 str 的行元素，s[j]表示二维字符数组 str 的第 j 行的字符串的首地址。

② 排序算法是起泡法。

③ 字符串的比较用 strcmp 函数；字符串值的交换用 strcpy 函数，交换过程需要中间变量。

④ 思考：为什么第 6 行需要定义数组 temp，并令指针 p 指向其元素？能否省略 temp？

⑤ 思考：如何实现不等长的字符串排序？

（4）程序改错二

功能：规定输入的字符串中只包含字母和 * 号。fun 函数的功能是将字符串中的前导 * 号全部删除，保留中间和尾部的 * 号。

例如，字符串中的内容为 ******* A * BC * DEF * G ****，删除后，字符串中的内容应当是 A * BC * DEF * G ****。

请改正程序中的错误，使它能得出正确的结果。

注意：不要增行或删行，也不得更改程序的结构。

```
1    # include < stdio. h >
2    void fun(char * a)
3    {
4        int i = 0;
5        char * p = a;
6        / **************** ERROR **************** /
7        while( * p&& * p!= ' * ')
8            p++;
9        while( * p)
10           / **************** ERROR **************** /
11           a[ i++] = ( * p)++;
12       a[ i] = '\0';
13   }
14   int main()
15   {
16       char s[81];
17       printf("Enter a string:\n");
18       gets(s);
19       / **************** ERROR **************** /
20       fun(&s);
21       printf("The string after deleted:\n");
22       puts(s);
23       return 0;
24   }
```

【实验提示】

① 数组名即地址。形参是指针，实参可以是数组名。

② 第 7 行 while 语句用指针 p 找到字符串中的第一个非 * 字符，然后将余下字符串重

新存放在数组中。

③ 第 11 行表达式(＊p)＋＋中,＋＋的运算对象是＊p,而不是 p。

④ 思考:如何实现删除前导＊号以外的所有＊号?

(5) 程序设计一

功能:用指针的方法求字符串的长度。

请勿改动 main 函数和其他函数中的任何内容,仅在 length 函数的指定部位填入编写的语句。

```
1   # include < stdio. h >
2   int length(char  * p)
3   {
4       int n;
5       / ****************** BEGIN ****************** /
6
7
8       / ****************** END ****************** /
9   }
10  int main()
11  {
12      int len;
13      char str[20];
14      scanf(" % s",str);
15      len = length(str);
16      printf("\nlen = % d\n",len);
17      return 0;
18  }
```

【实验提示】

① length 函数中的形参指针 p 用于遍历字符串中的每一个字符。

② 每访问一个字符令计数变量加 1 直到遇'\0'时结束。

③ 思考:字符串的长度值是否也是字符串中结束符'\0'的下标值?

(6) 程序设计二

功能:请编写 fun 函数,除了尾部的一串数字字符以外,将字符串中其他数字字符全部删除。假设字符串中只有字母和数字字符。形参 p 已指向字符串中最后的一个字母。在编写函数时,不得使用 C 语言提供的字符串函数。

例如,字符串中的内容为 12A3BC4DEF56G789,删除后字符串中的内容应当是 ABCDEFG789。

请勿改动 main 函数中的任何内容,仅在 fun 函数的圆括号中填入若干语句。

```
1   # include < stdio. h >
2   void fun(char  * a,char  * p)
3   {
4       / ***************** BEGIN ***************** /
5
```

```
6
7       /******************* END *******************/
8  }
9  int main()
10 {
11     char s[81], * t;
12     printf("Enter a string:\n");
13     gets(s);
14     t = s;
15     while( * t)
16         t++;
17     t -- ;
18     while(( * t > = '0')&&( * t < = '9'))
19         t -- ;
20     fun(s,t);
21     printf("The string after deleted:\n");
22     puts(s);
23     return 0;
24 }
```

【实验提示】

① 第 15 至 17 行 while 语句令 t 指向字符串的最后一个字符。

② 第 18 行 while 语句令 t 指向串尾部最后一个字母。

③ fun 函数将 t 之前的所有字母重新存放到数组中,再将 t 之后的所有数字字符继续存放到数组中。

7.3.3 练习与思考

1. 单选题

(1) 设有语句char s[ ] = "china";char * p;p = s;,则下面选项中叙述正确的是(   )。

    A. s 和 p 完全相同

    B. 数组 s 中的内容和指针变量 p 中的内容相等

    C. * p 与 s[0]相等

    D. s 数组的长度和指针变量 p 的长度相等

(2) 设有定义和语句char   s[ ][5] = {"OOP","AOP","SAP"},(* p)[5] = s, * q = * s;,则下面选项中均表示字符串"AOP"首字符地址的是(   )。

    A. p + 1,q + 1   B. p + 1,q + 5

    C. * (p + 1),q + 5   D. * (p + 1),q + 1

(3) 设有定义char * s = "I am a student";,则下面选项中的程序段正确的是(   )。

    A. char a[15], * p;strcpy(p = a + 1,&s[4]);

    B. char a[15];strcpy(++a,s);

    C. char a[15]; strcpy(s,a);

    D. char a[ ], * p;strcpy(p = a[1],s + 2);

（4）以下程序段运行后的输出结果是（　　）。

```
char  s[ ] = "159", * p = s;
printf(" % c", * p++);printf(" % c", * p++);
```

  A. 15   B. 16   C. 12   D. 59

（5）以下函数的功能是（　　）。

```
int  fun(char * a,char * b)
{
  while(( * a!= '\0')&&( * b!= '\0')&&( * a == * b))
  {    a++; b++;    }
  return( * a - * b);
}
```

  A. 计算 a 和 b 所指向的字符串的长度之差

  B. 将 b 所指字符串复制到 a 所指字符串中

  C. 将 b 所指字符串连接到 a 所指字符串后面

  D. 比较 a 和 b 所指字符串的大小

（6）以下语句或语句组中,能正确进行字符串赋值的是（　　）。

  A. char * sp ; * sp = "right!";   B. char s[10];s = "right!";

  C. char s[10]; * s = "right!";   D. char * sp = "right!";

（7）设有定义char t[3][4],(* p)[4] = t;,则对数组 t 元素错误的引用是（　　）。

  A. * (p + 1)[3] B. * (p[0 + 1]) C. t[0][3]   D. (* t)[3]

（8）下面判断正确的是（　　）。

  A. char * a = "china";等价于char * a; * a = "china";

  B. char str[10] = {"china"};等价于char str[10]; str[ ] = {"china"};

  C. char * s = "china";等价于char * s; s = "china";

  D. char c[4] = "abc",d[4] = "abc";等价于char c[4] = d[4] = "abc";

（9）若有定义和语句：char * p,str[50] = "xyz";p = "abcd";,下面合法的选项是（　　）。

  A. strcat(str,p + 1);   B. strcat(str,p);

  C. strcat(str, * (p + 1));   D. strcat(str, * p);

（10）下面 fun 函数的功能是（　　）。

```
int fun(char * s1,char * s2)
{
    int i = 0;
    while(s1[i] == s2[i]&&s2[i]!= '\0')
        i++;
    return(s1[i] == '\0'&&s2[i] == '\0');
}
```

  A. 将 s2 所指字符串赋给 s1

  B. 比较 s1 和 s2 所指字符串的大小,若 s1 比 s2 的大,则函数值为 1,否则值为 0

  C. 比较 s1 和 s2 所指字符串是否相等,若相等,则函数值为 1,否则函数值为 0

  D. 比较 s1 和 s2 所指字符串的长度,若 s1 比 s2 的长,则函数值为 1,否则值为 0

2．填空题

（1）下面 fun 函数的功能是比较两个字符串 s 和 t 的大小，下画线处填入的内容是_____。

```
int fun(char * s1,char * s2)
{
    for( ; _____ ;s1++,s2++)
        if( * s1 == '\0') return (0);
    return( * s1 - * s2);
}
```

（2）下面程序段运行后的输出结果是_____。

```
char st[ ][4] = {"abc","def"}, * p = st[0];
printf(" % s\n",p + 1);
```

（3）下面程序运行后的输出结果是_____。

```
void fun(char * s,int p,int k)
{
    int i;
    for(i = p;i < k - 1;i++)
        s[i] = s[i + 2];
}
int main()
{
    char s[ ] = "abcdefg";
    fun(s,3,strlen(s));
    puts(s);
    return  0;
}
```

（4）下面程序段运行后的输出结果是_____。

```
char ch[ ] = "abc",x[3][4];int i;
for(i = 0;i < 3;i++)
    strcpy(x[i],ch);
for(i = 0;i < 3;i++)
    printf(" % s",&x[i][i]);
```

（5）下面程序运行后的输出结果是_____。

```
void  point(char * p)
{   p += 3;   }
int main()
{
    char b[4] = {'a','b','c','d'}, * p = b;
    point(p);
    printf(" % c\n", * p);
    return  0;
}
```

（6）下面程序段运行后的输出结果是_____。

```
char * s = "wbckaaakcbw";
int a = 0,b = 0,c = 0,x = 0,k;
for ( ; * s;s++)
    switch( * s)
    {
        case 'c':c++;
        case 'b':b++;
        default :a++;
        case 'a':x++;
    }
printf("a = % d,b = % d,c = % d,x = % d\n",a,b,c,x);
```

（7）下面程序段运行后的输出结果是_____。

```
char s1[ ] = "chinabeijin",s2[20], * p = s1, * q = s2;
while( * p)
{
    if( * p > * (s1 + 2)) strcpy(q++,p);
    p++;
 }
* q = '\0';
printf(" % d\n",strlen(s2));
```

（8）下面程序运行后的输出结果是_____。

```
void change(char * p)
{
    char * q;
    for(q = p; * p!= '\0';p++)
        if( * p <'n')   * q++ = * p;
    * q = '\0';
}
int main()
{
    char str[ ] = "morning";
    change(str);
    puts(str);
    return  0;
}
```

（9）下面程序段运行后的输出结果是_____。

```
char * p1 = "abcd", * p2 = "efght",s[10] = "12345";
strcpy(s + 2,p1 + 2);
strcat(s,p2 + 3);
printf(" % s\n",s);
```

（10）下面程序段运行后的输出结果是_____。

```
char s[ ] = "abcdefgh", * p = s + 1;
p += 3;
```

```
strcpy(p,"ABCD");
printf(" % s\n",s);
```

7.3.4 综合应用

1. 程序填空一

功能：在指针 p 所指字符串中找出 ASCII 码值最大的字符，将其放在第一个位置上，并将该字符前的原字符向后按顺序移动。

例如，输入字符串 ABCDeFGH，调用后字符串中的内容为 eABCDFGH。

请在程序的下画线处填入正确的内容并把下画线删除，使程序得出正确的结果。

注意：不得增行或删行，也不得更改程序的结构。

```c
1    # include < stdio. h>
2    void fun(char  * p)
3    {
4        char max, * q;
5        int i = 0;
6    /**************** FILL ***************** /
7        max = _____;
8        while(p[ i]!= 0)
9        {
10           if(max < p[ i])
11           {
12               max = p[ i];
13           /**************** FILL ***************** /
14               _____;
15           }
16           i++;
17       }
18   /**************** FILL ***************** /
19       while(_____)
20       {
21           * q = * (q - 1);
22           q -- ;
23       }
24       p[ 0] = max;
25   }
26   int main()
27   {
28       char str[80];
29       printf("Enter a string: ");
30       gets(str);
31       printf("\nThe original string: ");
32       puts(str);
33       fun(str);
34       printf("\nThe string after moving: ");
```

```
35      puts(str);
36      printf("\n\n");
37      return  0;
38 }
```

【实验提示】

（1）第 8 行通过 while 语句找到最大值元素，用指针 q 指向此元素。

（2）第 19 行 while 语句将数组 p 中指针 q 之前的所有元素依次后移。

（3）注意移动元素时的覆盖问题，应以从右至左的方向将元素依次后移。

2. 程序填空二

功能：在字符串的最前端加入 n 个 * 号，形成新字符串，并且覆盖原字符串。

请改正 fun 函数中指定部位的错误，使它能得出正确的结果。

注意：不要改动 main 函数，不得增行或删行，也不得更改程序的结构。

```
1   # include < stdio. h >
2   # include < string. h >
3   void fun(char s[ ], int n)
4   {
5       char a[80], * p; int i;
6       for(i = 0; i < n; i++)
7           a[i] = ' * ';
8    / **************** FILL **************** /
9       _____;
10      do
11      {
12          a[i] = * p;
13          i++;
14      }
15   / *************** FILL *************** /
16      while(_____);
17      a[i] = 0;
18   / *************** FILL *************** /
19      strcpy(_____);
20 }
21 int main()
22 {
23      int n; char s[80];
24      printf("\nEnter a string : ");
25      gets(s);
26      printf("\nThe string \" % s\"\n", s);
27      printf("\nEnter n (number of * ) : ");
28      scanf(" % d", &n);
29      fun(s, n);
30      printf("\nThe string after insert : \" % s\" \n" , s);
```

```
31     return 0;
32 }
```

【实验提示】

（1）用指针 p 访问数组所有元素，则循环前指针 p 应有初值，循环中应改变指针 p 的值。

（2）表达式（*p）++和表达式*p++的区别：（*p）++是对*p 的值作加 1 操作。而*p++中 p 与++结合，相当于*（p++），即先对指针 p 原值作取值运算，然后令 p 加 1。

（3）strcpy 函数的参数为数组名或数组指针。

（4）思考：怎样直接在数组 s 中插入*号，而不用中间数组 a。

3. 程序改错一

功能：输入一行英文文本，将每个单词的第一个字母变成大写。

例如，输入"this is a c program."，输出为"This Is A C Program."。

请改正程序中的错误，使它能得出正确的结果。

注意：不可以增加或删除程序行，也不可以更改程序的结构。

```
1   # include < string. h >
2   # include < stdio. h >
3   # include < stdlib. h >
4   # include < conio. h >
5   /***************** ERROR ***************** /
6   void fun(char p)
7   {
8       int k = 0;
9       /*************** ERROR *************** /
10      while( * p == '\0')
11      {
12          if(k == 0&& * p!= ' ')
13          {
14              * p = toupper( * p);
15              /*************** ERROR *************** /
16              k = 0;
17          }
18          else if( * p!= ' ')    k = 1;
19              else            k = 0;
20          /*************** ERROR *************** /
21          * p++;
22      }
23  }
24  int main()
25  {
26      char str[81];
```

```
27        printf("please input a English text line:");
28        gets(str);
29        printf("The original text line is :");
30        puts(str);
31        fun(str);
32        printf("The new text line is :");
33        puts(str);
34        return 0;
35  }
```

【实验提示】

（1）将变量 k 作为标志，遇空格符置 k 值为 0，遇非空格符置 k 值为 1。

（2）第 12 行判断当 k 值为 0 并且字符为非空格符时，表示此位置前面一个字符是空格符，则该字符为单词首字符。

（3）第 10 行 while 语句用指针 p 作为循环变量，循环体中应有改变 p 值的语句，以使循环倾向于结束。

（4）toupper 函数将字符转换为大写。

4. 程序改错二

功能：将字符串 s 中最后一次出现的子字符串 t1 替换成 t2，所形成的新字符串放在指针 w 所指的数组中，在此处，要求 t1 和 t2 所指字符串的长度相同。

例如，当 s 所指字符串中的内容为"abcdabfabc"，t1 中的内容为"ab"，t2 中的内容为"99"时，结果 w 所指数组中的内容应为"abcdabf99c"。

请改正程序中的错误，使它能得出正确的结果。

注意：不要增行或删行，也不得更改程序的结构。

```
1   # include < stdio. h >
2   # include < string. h >
3   void fun(char * s,char * t1,char * t2,char * w)
4   {
5       int i;char * p, * r, * a;
6       strcpy(w,s);
7       /***************** ERROR ***************** /
8       while(w)
9       {
10          p = w; r = t1;
11          while( * r)
12          /**************** ERROR **************** /
13              if( * r = * p)
14              {
15                  r++; p++;
16              }
17              else
18                  break;
```

```
19          / ***************** ERROR ***************** /
20          if( * r == '/0') a = w;
21          w++;
22      }
23      r = t2;
24      while( * r)
25      {
26          / ***************** ERROR ***************** /
27          a = * r;
28          a++;
29          r++;
30      }
31 }
32 int main()
33 {
34      char s[100],t1[100],t2[100],w[100];
35      printf("\nPlease enter string S:");
36      scanf(" % s",s);
37      printf("\nPlease enter substring t1:");
38      scanf(" % s",t1);
39      printf("\nPlease enter substring t2:");
40      scanf(" % s",t2);
41      if (strlen(t1) == strlen(t2))
42      {
43          fun(s,t1,t2,w);
44          printf("\nThe result is :   % s\n",w);
45      }
46      else
47          printf("\nError : strlen(t1) != strlen(t2)\n");
48      return  0;
49 }
```

【实验提示】

（1）第 8 行外循环 while 语句是对数组 s 遍历,遍历用指针 w。

（2）第 11 行内循环 while 语句是查找 s 中是否存在子字符串 t1,分别用指针 p 和 r 操作数组 s 和子串 t1。

（3）内循环有两个出口,或者找到子字符串 t1 则遇结束符退出,或者与子字符串 t1 不相等则提前退出循环。

（4）若找到子字符串,即将字符串 s 中的指针存储在指针 a 中。

（5）遍历结束,a 的值即为最后一次出现的子字符串 t1 的首地址。

5. 程序设计一

编写 strcmp 函数,实现两个字符串的比较。设指针 p1 指向字符串 s1,指针 p2 指向字符串 s2。要求:当 s1＝s2 时,返回值为 0。当 s1≠s2 时,返回它们二者的第一个不同字符的 ASCII 码差值(如 BOY 与 BAD 第二个字母不同,"O"与"A"之差为 79－65＝14)。如果 s1＞s2,则输出正值;如果 s1＜s2,则输出负值。

请勿改动 main 函数和其他函数中的任何内容,仅在 strcmp 函数指定的部位填入若干语句。

```
1   # include < stdio. h >
2   int strcmp(char * p1,char * p2)
3   {
4       / **************** BEGIN ****************** /
5
6
7   ·   / **************** END ****************** /
8   }
9   int main()
10  {
11      char str1[20],str2[20], * p1, * p2;
12      int m;
13      printf("Input two strings: \n");
14      scanf(" % s",str1);
15      scanf(" % s",str2);
16      p1 = str1;
17      p2 = str2;
18      m = strcmp(p1,p2);
19      printf("result: % d, \n",m);
20      return 0;
21  }
```

【实验提示】

(1)字符型数据可以进行关系运算及算术运算,以其 ASCII 码值进行运算。

(2)p1,p2 作为循环变量,通过循环实现相应 2 个字符的逐个比较,遇不相等时或 '\0' 时结束循环。

(3)返回 p1,p2 所指字符的差值。

6. 程序设计二

请编写 fun 函数,将一个数字字符串转换成与其面值相同的长整型整数。可调用 strlen 函数求字符串的长度。例如:在键盘输入字符串 2345210,函数返回长整型数 2345210。

请勿改动 main 函数和其他函数中的任何内容,仅在 fun 函数指定的部位填入若干语句。

```
1   # include < stdio. h >
2   # include < string. h >
3   long fun(char * s)
4   {
5       / **************** BEGIN ****************** /
6
7
```

```
8        /＊＊＊＊＊＊＊＊＊＊＊＊＊＊＊＊＊＊＊ END ＊＊＊＊＊＊＊＊＊＊＊＊＊＊＊＊＊＊＊／
9   }
10  int main()
11  {
12       char   s[10];
13       long   r;
14       printf("请输入一个长度不超过 9 个字符的数字字符串：  ");
15       gets(s);
16       r = fun(s);
17       printf("r = ％ ld\n",r);
18       return 0;
19  }
```

【实验提示】

（1）将数字字符与字符'0'做相减运算，可以得到与数字字符相对应的整型值。

（2）利用循环遍历字符串，将字符串中每一位上的字符转换成对应的整型数值，在循环中对其做累加和乘 10 运算，循环结束后即得到一个相同面值的长整型数。

（3）思考：如何实现将奇数数字字符构成一个长整型数？

⑦.4　指向函数的指针与返回指针值的函数

在程序中已定义的函数在编译时，编译系统会为其分配一片存储区，这片存储区的首地址即是函数的入口地址，称为这个函数的指针，因此可以定义一个指向函数的指针，用于存放这个函数的首地址，然后通过指向函数的指针调用该函数。用函数名调用函数只能调用固定的一个函数，而通过指针变量调用函数可以调用不同的函数。

一个函数可以返回整型、浮点型、字符型的值，也可以返回指针类型的数据。返回值为指针类型的函数的定义、声明、调用方法与普通函数类似。

7.4.1　知识点介绍

1. 指向函数的指针变量

（1）定义形式

指向函数的指针变量的定义形式与说明如表 7-9 所示。

表 7-9　指向函数的指针变量的定义与说明

定义形式：数据类型（＊指针变量名）（形参表列）		示例：int（＊p）(int , int);
数据类型	函数的返回值的类型	变量 p 只能指向返回值为 int 型的函数
（＊指针变量名）	用于定义一个指针变量。圆括号不可缺少，表示变量名先与＊结合；＊表示定义的变量是指针类型	变量 p 是指向函数的指针
（形参表列）	圆括号表示指针变量指向的是函数，圆括号中定义函数的形参类型和个数	变量 p 只能指向有两个 int 型参数的函数

（2）用指向函数的指针调用函数

用指向函数的指针调用函数，必须先定义指向函数的指针并使之指向该函数，示例如表 7-10 所示。

表 7-10　用指向函数的指针调用函数示例

函 数 声 明	定义指向函数的指针	用指向函数的指针调用函数	

int　max(int ,int);	int　(＊p)(int ,int);
	p = max;
		c = max(a,b);
		c = p(a,b);
		c = (＊p)(a,b);
			3 种调用形式等价

注意：对指向函数的指针变量不能进行算术运算，如 p＋＋,p＋i 等。

2．返回值为指针值的函数

（1）定义形式

返回指针值的函数的定义形式与说明如表 7-11 所示。

表 7-11　返回指针值的函数的定义形式与说明

定义形式：数据类型　＊函数名（参数表）		示例：int　＊f(int , int);
数据类型＊	＊号与左边的数据类型结合，表示函数返回值是指针类型	f 函数的返回值是 int ＊ 型指针
函数名	遵循标识符命名规则	f 是函数名
（形参表列）	定义函数的形参的类型和参数的个数	f 函数有两个 int 型参数

（2）函数调用形式

返回指针值的函数的调用和一般函数的调用格式相同，但函数的返回值必须赋值给一个指针变量。例如：

```
int　＊f(int  a ,int  b) ,＊p;
p = f(x,y);                //将函数调用的结果赋值给 int ＊ 型指针变量 p
```

7.4.2　实验部分

1．实验目的

（1）理解函数指针的概念。
（2）掌握指向函数的指针变量的定义与使用方法。
（3）掌握函数指针作为函数参数的使用方法。
（4）掌握返回值为指针值的函数的定义与调用方法。

2．实验内容

（1）程序填空一

功能：利用指向函数的指针有条件地选择被调用函数。已知契比雪夫多项式的定义如下：

$$x \qquad\qquad (n=1)$$
$$2*x*x-1 \qquad\qquad (n=2)$$
$$4*x*x*x-3*x \qquad\qquad (n=3)$$
$$8*x*x*x*x-8*x*x+1 \quad (n=4)$$

从键盘输入整数 n 和浮点数 x,并计算多项式的值。

请在程序的下画线处填入正确的内容,并把下画线删除,使程序得出正确的结果。

注意: 不得增行或删行,也不得更改程序的结构。

```
1    # include < stdio. h>
2    int main()
3    {
4        float fn1(float); float fn2(float);
5        float fn3(float); float fn4(float);
6        /**************** FILL ****************/
7        float _____;
8        float  x;
9        int   n;
10       printf("input  x: ");
11       scanf(" % f", &x);
12       printf("\n input  n: ");
13       scanf(" % d", &n);
14       switch(n)
15       {
16           /**************** FILL ****************/
17           case  1:        _____ ; break;
18           case  2:  p = fn2;  break;
19           case  3:  p = fn3;  break;
20           case  4:  p = fn4;  break;
21           default:printf("\n data  error! "); break;
22       }
23       /************** FILL ****************/
24       printf("\n result = % f\n", _____ );
25       return 0;
26   }
27   float   fn1(float  x)
28   {    return (x);    }
29   float   fn2(float  x)
30   {    return (2 * x * x - 1);  }
31   float   fn3(float  x)
32   {    return (4 * x * x * x - 3 * x);    }
33   float   fn4(float  x)
34   {    return (8 * x * x * x * x - 8 * x * x + 1);    }
```

【实验提示】

① fn1 函数、fn2 函数、fn3 函数、fn4 函数具有共同的特点,即函数返回值相同,函数形参类型及个数相同,因此可以定义一个指向函数的指针并根据需要调用这 4 个函数。

② 根据 n 的值确定指针 p 的值,使其指向 4 个函数中的某一个函数。

③ 通过指向函数的指针调用它所指向的函数,以获得表达式的值并输出。

(2) 程序填空二

功能:在一个具有 n 个元素的整型数组 p 中查找一个整数 m,如果在数组中找到该数,则将该数置成 0,否则保持数据不变。

请在程序的下画线处填入正确的内容,并把下画线删除,使程序得出正确的结果。

注意:不要增行或删行,也不得更改程序结构。

```
1    # include < stdio. h >
2    # define N 10
3    int * fun(int * p, int n, int m);
4    int main()
5    {
6        int a[N] = {1,2,3,4,5,6,7,8,9,10},b,i;
7        /* ************** FILL ************** */
8        int _____;
9        p = a;
10       scanf(" % d",&b);
11       /* ************** FILL ************** */
12       p = _____ ;                    //调用子函数
13       if(p!= NULL)//找到了 m
14           * p = 0;
15       for(i = 0; i < N; i++)
16           printf(" % d\t",a[i]);
17       return 0;
18   }
19   int * fun(int * p, int n, int m)
20   {
21       int i;
22       for(i = 0; i < n&&p[i]!= m; i++);
23       if(i == n) return(NULL);          //未找到,返回空指针
24       /* ************** FILL ************** */
25       else _____ ;
26   }
```

【实验提示】

① 第 19 行 int * fun( )中 * 与 int 结合,表示函数的返回值为整型指针类型。

② 形参 p 是数组首地址,n 表示元素个数,m 表示要查找的数。

③ fun 函数用于实现在数组中查找整数 m,返回找到的元素的地址,没找到则返回空指针 NULL。

④ 函数调用的值应赋值给一个指针变量。

(3) 程序改错一

功能:用指针调用函数,求出数组中的最大值。

请改正程序中的错误,使它能得出正确的结果。

注意:不要增行或删行,也不得更改程序的结构。

```
1    # include < stdio. h >
2    # define N 10
3    int * max( int * a, int n)
4    {
5        int i,k;
6        k = 0;
7        for( i = 1; i < n; i++)
8            if( * (a + i)> * (a + k))   k = i;
9    / * * * * * * * * * * * * * * * ERROR * * * * * * * * * * * * * * * * * /
10       return(a + i);
11   }
12   int main()
13   {
14       int array[N] = {10,7,19,29,4,0,7,35, - 16,21}, * p1, * p2,a,b;
15   / * * * * * * * * * * * * * * * * ERROR * * * * * * * * * * * * * * * * * /
16       int * p( int * , int);
17       p = max;
18       int * q;
19   / * * * * * * * * * * * * * * * * ERROR * * * * * * * * * * * * * * * * * /
20       * q = ( * p) (array,N);
21       printf("max = % d", * q);
22       return 0;
23   }
```

【实验提示】

① max 函数返回最大值元素的地址。

② 第 16 行定义的 p 是指针变量名而不是函数名,第 17 行令其指向返回值为指针的 max 函数。p 前面的 * 应与 p 结合,因此需用圆括号。

③ 第 20 行函数调用的返回值应赋给指针型变量。

(4) 程序改错二

功能:有 3 个同类别零部件,每个零部件有长宽高 3 个参数值。要求用户输入零部件的长度值,输出对应的全部参数。用指针实现。

请改正程序中的错误,使它能得出正确的结果。

注意:不要增行或删行,也不得更改程序的结构。

```
1    # include < stdio. h >
2    # define NULL 0
3    int main()
4    {
5        int a[][3] = { {60,70,80},{56,89,67},{34,78,90} };
6        int * fun(int ( * b)[3],int n);
7        int * p;
8        int i ,l;
9        printf("enter lenth: ");
10       scanf(" % d",&l);
11   / * * * * * * * * * * * * * * * ERROR * * * * * * * * * * * * * * * * * /
```

```
12      p = * fun(a,1);
13      if(p == NULL)
14          printf("input error!\n");
15      else
16          for(i = 0;i < 3;i++)
17      /**************** ERROR **************** /
18              printf(" % d\t",p + i);
19      return 0;
20 }
21 int * fun(int( * b)[3],int n)
22 {
23      int * p;
24      int i;
25      for(i = 0;i < 3;i++)
26          if(b[i][0] == n)
27          {
28      /**************** ERROR **************** /
29              p = * b + i;
30              return(p);
31          }
32      return(NULL);
33 }
```

【实验提示】

① 注意,指向函数的指针与返回值为指针值的函数在定义上的区别。

② fun 函数的类型是指针类型,返回的是查找到的零件的第一个参数的地址。

③ 第 21 行的 int (* b)[3]中,定义了指针变量 b,指向含 3 个一维数组元素的二维数组。* (b+i)是 b 所指数组的第 i 行第一个元素的地址即 &a[i][0]。

④ 第 18 行 p+i 是零件第 i 个参数的地址而不是值。

(5) 程序设计一

功能:输入 3 个数,用指针调用 swap 函数,对它们按由小到大的顺序排序并输出。

请勿改动 main 函数和其他函数中的任何内容,仅在 main 函数指定的部位填入所编写的语句。

```
1  # include < stdio. h>
2  int main()
3  {
4      /**************** BEGIN **************** /
5
6
7      /**************** END **************** /
8  }
9  void  swap(int * x,int * y)
10 {
11     int  z;
12     if( * x > * y)
```

```
13      {
14          z = * x; * x = * y; * y = z;
15      }
16  }
```

【实验提示】

① 指向函数的指针的定义形式为 void (* p)()。

② swap 函数调用之前须声明。

③ 形参是指针,对应的实参也应是指针。

（6）程序设计二

功能：编写 fun 函数,将 tt 所存放的字符串中的小写字母全部改写为大写字母,而其他字符保持不变。例如：如果输入"Ab,cD",则输出"AB,CD"。

请勿改动 main 函数和其他函数中的任何内容,仅在 fun 函数指定的部位填入所编写的若干语句。

```
1   # include < string. h >
2   # include < stdio. h >
3   char * fun(char tt[])
4   {
5       / ***************** BEGIN ***************** /
6
7
8       / ***************** END ***************** /
9   }
10  int main()
11  {
12      char tt[50];
13      printf("Please input a string:");
14      gets(tt);
15      printf("The result string is :   % s",fun(tt));
16      return 0;
17  }
```

【实验提示】

① fun 函数为指针类型,返回数组 tt 首地址。

② 在 ASCII 表中大写字母在小写字母前面。

7.4.3   练习与思考

1. 单选题

（1）若有定义int (* p)();以下叙述正确的是(   )。

    A. p 是一个指向数组的指针变量

    B. p 是函数名

    C. p 是一个指向函数的指针

    D. p 是一个指向整型数据的指针变量

（2）若有定义int fun(),(∗ p)();为使指针变量 p 指向 fun 函数,以下赋值语句正确的是(　　)。

    A. p = fun;　　　　　B. ∗ p = fun;　　　　C. p = &fun;　　　　D. ∗ p = &fun;

（3）设有某函数的说明为int ∗ func(int a[10], int n);则下列叙述正确的是(　　)。

    A. 说明中的 a[10]写成 a[ ]或 ∗ a 效果完全一样

    B. 形参 a 对应的实参只能是数组名

    C. func 函数的函数体中不能对变量 a 进行移动指针(如 a++)的操作

    D. 只有指向 10 个整数内存单元的指针,才能作为实参传给 a

（4）下面程序运行后,其输出结果是(　　)。

```
int fun( int a, int b)
{    return a - b;        }
int   sub( int ( ∗ t)(int, int), int x, int y)
{    return(( ∗ t)(x, y));        }
int main()
{
    int x,( ∗ p)(int, int);
    p = fun;
    x = sub(p, 10, 1);
    printf(" % d\n", x);
    return    0;
}
```

    A. 8　　　　　　　　B. 9　　　　　　　　C. 10　　　　　　　　D. 11

（5）下面程序运行后,其输出结果是(　　)。

```
void f1( int ∗ p, int ∗ q, int ∗ k)
{    ∗ k = ∗ p + ∗ q;        }
void f2( int ∗ p, int ∗ q, int ∗ k)
{    ∗ k = ∗ p - ∗ q;        }
int main()
{
    int x = 3, y = 4, z;
    void ( ∗ b)(int ∗ , int ∗ , int ∗ );
    b = f1;
    b(&x, &y, &z);
    printf(" % d", z);
    b = f2;
    ( ∗ b)(&x, &y, &z);
    printf(" % d\n", z);
    return    0;
}
```

    A. 6 5　　　　　　　　B. 6 -1　　　　　　　C. 7 -1　　　　　　　D. 7 0

（6）下面程序语法错误的原因是(　　)。

```
int sum( int x, int y)
{    return(x + y);        }
int main()
```

```
{
    int a,b;
    int ( * pf)();
    pf = sum;
    scanf(" % d, % d",&a,&b);
    printf(" % d\n",( * pf)(a,b));
    return  0;
}
```

A. 变量 pf 定义错误　　　　　　　B. 变量 pf 赋值错误

C. 变量 pf 引用有错　　　　　　　D. 没有错误

（7）下面程序运行后,其输出结果是(　　　)。

```
int * fun(int x,int * a)
{
    int y;
    do
    {   y = x % 10;
        if(y % 2)    * a++ = y;
        x = x/10;
    } while(x!= 0);
    return  -- a;
}
int main()
{
    int x = 2345;int * p_end, * p,a[100];
    p_end = fun(x,a);
    for(p = p_end;p > = a;p -- )
    printf(" % d", * p);
    return  0;
}
```

A. 3　　　　　　　B. 30　　　　　　　C. 23　　　　　　　D. 35

（8）下面程序的功能是查找某个数字在数组 a 中的位置,下画线处应填入的正确选项是(　　　)。

```
int * fun(int a[ ],int n,int x)
{
    int i = 0;
    while(i < n&& * a!= x)
    {   a++; i++;      }
    if(i < n) return a;
    else      return  NULL;
}
int main()
{
    int a[ ] = {1,2,3,4,5,6,7,8,9,10};
    int    * p,x;
    scanf(" % d",&x);
    p = fun(a,10,x);
```

```
if(p!= NULL)      printf("%d at a[%d]",x,_____);
    return  0;
}
```

A. p-a   B. p   C. a   D. *p

(9) 对于下面的定义,下列选项中说法正确的是(   )。

① char (*ptr)[5];   ② int *fip();
③ int(*pfi)();   ④ int *pf;

A. ①不合法   B. 都合法   C. ③不合法   D. ④不合法

(10) 下面程序的运行结果是(   )。

```
int *f(int *s,int *t)
{
    if(*s<*t) s=t;
    return   s;
}
int main()
{
    int i=3,j=5,*p=&i,*q=&j,*r;
    r=f(p,q);
    printf("%d,%d,%d,%d,%d\n",i,j,*p,*q,*r);
    return  0;
}
```

A. 3,5,3,5,5   B. 5,3,3,3,5   C. 5,5,5,5,5   D. 3,5,5,5,5

7.4.4　综合应用

1. 程序填空一

功能:给定程序中,fun 函数的功能是用函数指针指向要调用的函数,并进行调用。规定先使 f 指向 f1 函数,后使 f 指向 f2 函数。当调用正确时,程序输出:

x1 = 5.00000,x2 = 3.000000,x1 * x1 + x1 * x2 = 40.000000

请在程序的下画线处填入正确的内容并把下画线删除,使程序得出正确的结果。

注意:不得增行或删行,也不得更改程序的结构。

```
1   #include <stdio.h>
2   double f1(double x,double y)
3   {    return x * y;    }
4   double f2(double x,double y)
5   {    return x + y;    }
6   double fun(double a,double b)
7   {
8       /****************** FILL ****************** /
9       _____ (*f)(double,double);
10      double r1,r2,r3;
11      /****************** FILL ****************** /
```

```
12      f = _____ ;
13      r1 = f(a,a);
14      r2 = f(a,b);
15      / * * * * * * * * * * * * * * * * FILL * * * * * * * * * * * * * * * * /
16      f = _____ ;
17      r3 = ( * f)(r1,r2);
18      return r3;
19  }
20  int main()
21  {
22      double x1 = 5,x2 = 3,r;
23      r = fun(x1,x2);
24      printf("\nx1 = % f,x2 = % f,x1 * x1 + x1 * x2 = % f\n",x1,x2,r);
25      return  0;
26  }
```

【实验提示】

(1) 第 9 行定义指针 f 指向返回值为 double 类型,形参为两个 double 类型的函数。

(2) 可以根据需要,用一个指针分别调用多个函数,要求函数的返回值类型、参数的个数、类型均一致。

(3) 通过将函数名赋值给指针,令指针指向该函数。

2．程序填空二

功能:用矩形法求定积分的通用函数,分别求

$$\int_0^1 \sin x\,\mathrm{d}x, \quad \int_0^1 \cos x\,\mathrm{d}x$$

请在程序的下画线处填入正确的内容,并把下画线删除,使程序得出正确的结果。

注意:不得增行或删行,也不得更改程序的结构。

```
1   # include < stdio. h >
2   # include < math. h >
3   double jiff(double a,double b,int n,double( * p)(double))
4   {
5       int i;
6       double x, h, area;
7       h = fabs(b - a)/n;                //矩形高
8       x = a;      area = 0;
9       for(i = 1;i < = n;i++)
10      {
11          x = x + h;
12          / * * * * * * * * * * * * * * * FILL * * * * * * * * * * * * * * * * /
13          area = _____;
14      }
15      return(area);
16  }
```

```
17  int main()
18  {
19      int n = 20;
20      double a1,b1,a2,b2,c,( * p)(double);
21      scanf(" % lf, % lf",&a1,&b1);
22      scanf(" % lf, % lf",&a2,&b2);
23      p = sin;
24      / *************** FILL *************** /
25      c = _____ ;
26      printf("sin = % lf\n",c);
27      p = cos;
28      / *************** FILL *************** /
29      c = _____ ;
30      printf("cos = % lf\n",c);
31      return 0;
32  }
```

【实验提示】

（1）函数指针 p 可以作为函数形参，实参应为函数名或函数指针。

（2）求定积分就是近似求曲面的面积。矩形法求定积分是将积分区域[a，b]分成若干个矩形，所有矩形的面积和就是定积分的值，其原理如图 7-2 所示。

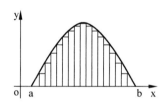

图 7-2 求定积分的原理示意图

（3）计算方法：先初始化积分区间[a，b]；如果把积分区间等距划分为 n 个矩形，则矩形高 h＝fabs(a－b)/n，矩形长为对应函数值 sin(x)或 cos(x)的值；使用循环语句求 n 个矩形面积的和。

（4）形参指针 p 调用 sin 函数、cos 函数的格式为(* p)(x)。

3. 程序改错一

fun 函数的功能：比较两个字符串，将长的字符串的首地址作为函数值返回。

请改正程序中的错误，使它能得出正确的结果。

注意：不可以增加或删除程序行，也不可以更改程序的结构。

```
1   # include < stdio. h >
2   / **************** ERROR **************** /
3   double fun(char * s,char * t)
4   {
5       int s1 = 0,t1 = 0;
```

```
6        char * ss, * tt;
7        ss = s;
8        tt = t;
9        while( * ss)
10       {
11           s1++;
12           / ***************** ERROR ***************** /
13           ( * ss)++;
14       }
15       while( * tt)
16       {
17           t1++;
18           / ***************** ERROR ***************** /
19           ( * tt)++;
20       }
21       if(t1 > s1)    return t;
22       else           return s;
23   }
24   int main()
25   {
26       char a[80],b[80];
27       printf("\nEnter a string :");
28       gets(a);
29       printf("\nEnter a string again:");
30       gets(b);
31       printf("\nThe longer is : % s\n\n",fun(a,b));
32       return 0;
33   }
```

【实验提示】

(1) fun 函数是指针类型,返回长的字符串首地址。

(2) 第9行和第15行 while 语句分别用于计算字符数组 s 和字符数组 t 的长度,循环变量为指针,应在循环体内改变循环变量的值以使循环倾向结束。

(3) 第31行的输出语句中,fun 函数的值是以％s 输出的,所以 fun 函数类型应为字符指针型。

4. 程序改错二

fun 函数的功能:从 N 个字符串中找出最长的那个串,并将其地址作为函数值返回。各字符串在 main 函数中输入,并放入一个字符串数组中。

请改正程序中的错误,使它能得出正确的结果。

注意:不要增行或删行,也不得更改程序的结构。

```
1    # include < stdio. h >
2    # include < string. h >
3    # define N 5
```

```
4    #define M 81
5    /****************ERROR****************/
6    fun(char (*sq)[M])
7    {
8        int i;
9        char *sp;
10       sp = sq[0];
11       for(i = 0;i < N;i++)
12           if(strlen(sp)< strlen(sq[i]))
13               sp = sq[i];
14       /****************ERROR****************/
15       return sq;
16   }
17   int main()
18   {
19       char str[N][M];
20       /****************ERROR****************/
21       char longest;
22       int i;
23       printf("Enter %d lines :\n",N);
24       for(i = 0; i < N; i++)
25           gets(str[i]);
26       printf("\nThe N string :\n",N);
27       for(i = 0; i < N; i++)
28           puts(str[i]);
29       longest = fun(str);
30       printf("\nThe longest string :\n");
31       puts(longest);
32       return 0;
33   }
```

【实验提示】

（1）fun 函数的类型为指针，返回的是最长的字符串的首地址。

（2）形参 sq 指向含有 M 个元素的一维数组，用于处理 N 个字符串，实参是二维数组。

（3）第 10 行 sq[0]表示第 i 个字符串的首地址。

（4）指针 sp 存放最长字符串的首地址。

5．程序设计

输入 10 个数据，编写 3 个函数分别求最大值、最小值和平均值。在 main 函数中通过函数指针调用 3 个函数。

给定的部分程序中，max 函数的功能是求最大值，min 函数的功能是求最小值，ave 函数的功能是求平均值。

请勿改动 main 函数和其他函数的任何内容，仅在指定的部位填入所编写的语句。

```
 1    # include < stdio. h >
 2    # define N 10
 3    double max(int num[])
 4    {
 5        / **************** BEGIN ******************* /
 6
 7
 8        / **************** END ******************* /
 9    }
10    double min(int num[])
11    {
12        / **************** BEGIN ******************* /
13
14
15        / **************** END ******************* /
16    }
17    double ave(int num[])
18    {
19        / **************** BEGIN ******************* /
20
21
22        / **************** END ******************* /
23    }
24    int main()
25    {
26        double number[N] = {45,20,35,50,11,19,28,23,66,45},i;
27        double ( * p)(int[]);
28        / **************** BEGIN ******************* /
29
30
31        / **************** END ******************* /
32        return 0;
33    }
```

【实验提示】

（1）max 函数、min 函数和 ave 函数的类型相同，参数类型也相同，可以使用同一指针 p 分别调用它们。

（2）main 函数中应先分别将 3 个子函数名即函数的入口地址赋值给指针 p，再通过指针 p 分别调用 3 个函数。

7.5 指针数组与指向指针的指针

一个数组，如果其元素的类型为指针类型，则该数组称为指针数组。指针数组中的每一个元素都存放一个地址，相当于一个指针变量。

指向指针类型数据的指针称为指向指针的指针。一般用指向指针的指针访问的是指针数组元素。

指针数组与指向指针的指针通常用于处理二维数组或多个字符串。

7.5.1 知识点介绍

1. 指针数组

（1）指针数组的定义

一般形式：数据类型 ＊数组名［数组长度］；

例如：int ＊p［10］；

定义了具有 10 个元素的指针数组 p。指针数组 p 具有数组的一切特性，数组中的每个元素都是 int＊型指针，都指向 int 型数据。

指针数组比较适合用来操作若干个字符串，使字符串的处理更加方便灵活。字符串也是一个字符数组，如果用二维字符数组存放多个字符串，则需要给定第二维的长度。而实际上各个字符串的长度是不同的，如按最长的字符串定义第二维长度，则会浪费很多存储空间，因此，可以用指针数组中的元素分别指向多个字符串。

（2）指针数组赋值

例如：

```
int   b[2][3], * pb[2];
pb[0] = b[0];
pb[1] = b[1];
```

上面语句分别将二维数组 b 的元素 b［0］［0］地址赋值给一维指针数组 pb 的元素 pb［0］，b［1］［0］地址赋值给 pb［1］。

（3）指针数组初始化

例如：

```
int   b[2][3], * pb[ ] = {b[0], b[1]};
```

以上将一维指针数组 pb 的两个元素初始化值为 &b［0］［0］和 &b［1］［0］。

下面用 4 个字符串常量首地址初始化一维指针数组 p 的 4 个元素。

```
char   * p[ ] = { "Basic" , "Fortran" , "Turbo C++" , "FoxPro" };
```

（4）指针数组与二维数组的区别

① 用指针数组处理二维数组时，指针数组的一个元素相当于是二维数组的一行的行名，但指针数组中元素是变量，可以改变元素的值。二维数组的行名是地址常量，其值不能改变。

② 用字符指针数组处理多个字符串，相当于可变列长的二维数组。而用二维数组存放多个字符串时，二维数组的行和列是固定长度，存储空间固定。因此，用二维数组处理多个字符串会浪费存储空间。

2. 指向指针的指针

（1）指向指针的指针的定义

一般形式：数据类型 ＊＊指针变量名；

例如：int　**p;　可以理解为：int *(*p);

p 为指针变量,其所指的对象为 int * 类型的数据,也就是 p 所指的对象是指向 int 型数据的指针,因此称 p 是指向指针的指针,是二级指针。*p 是 p 间接指向对象的地址,**p 是 p 间接指向对象的值。

(2) 用指向指针的指针指向指针数组的元素

例如：

```
int **p, int *q[10];
p = q;
```

上面语句令指向指针的变量 p 指向指针数组 q 的首元素,则 p+i 等价于 &q[i], *(p+i) 等价于 q[i]。

(3) 指针数组作形参

int *q[ ] 与 int **q 完全等价。

(4) 指向指针的指针与指针数组的区别

系统只给指向指针的指针 p 分配能保存一个指针值的内存区,而给指针数组 q 分配连续 10 个内存区,每个存储区可存储一个指针值。

指针数组名是二级指针常量,指向指针的指针是二级指针变量。

7.5.2　实验部分

1. 实验目的

(1) 理解指针数组与指向指针的指针的概念

(2) 掌握指针数组的定义与使用方法。

(3) 掌握指向指针的指针的定义与使用方法。

(4) 了解带参数的 main 函数的使用。

2. 实验内容

(1) 程序填空一

功能：用指针数组对多个字符串按从小到大的顺序进行排序并输出。

请在程序的下画线处填入正确的内容,并把下画线删除,使程序得出正确的结果。

注意：不得增行或删行,也不得更改程序的结构。

```
1   # include < stdio. h>
2   # include < string. h>
3   void sort(char * book[ ], int num)
4   {
5       int i, j;
6   /***************** FILL *****************/
7       char _____;
8       for(i = 0; i < num − 1; i++)
9           for(j = 0; j < num − 1; j++)
```

```
10              / * * * * * * * * * * * * * * * * * FILL * * * * * * * * * * * * * * * * * /
11              if(_____)
12              {
13                  temp = book[j];
14                  book[j] = book[j + 1];
15                  book[j + 1] = temp;
16              }
17 }
18 int main()
19 {
20     int i;
21     static char * book[ ] = {"FORTRAN","PASCAL","BASIC","COBOL","Smalltalk"};
22     / * * * * * * * * * * * * * * * * FILL * * * * * * * * * * * * * * * * /
23     sort(_____);
24     for (i = 0;i < 5;i++)
25         printf(" % s\n", book[i]);
26     return 0;
27 }
```

【实验提示】

① 子函数对字符串的排序采用的是冒泡法。

② 实参 book 和形参 book 均是指针数组,其元素为各字符串的首地址。形参 num 为数组元素的个数。

③ 数组元素 book[j]是第 j 串的首地址。用 strcmp(book[j],book[j+1])比较第 j 串和第 j+1 串的大小。

（2）程序填空二

功能:有以下 main 函数,经过编译、连接后得到的可执行文件名为 file.exe。在系统的命令状态下,输入命令行file　Beijing　shanghai<回车>后得到的输出是:

beijing
shanghai

请在程序的下画线处填入正确的内容,并把下画线删除,使程序得出正确的结果。

注意:不要增行或删行,也不得更改程序结构。

```
1   # include < stdio.h >
2   int main( int argc,char * argv[])
3   {
4       / * * * * * * * * * * * * * * * * * FILL * * * * * * * * * * * * * * * * * /
5       while(_____)
6       {
7           ++argv;
8           / * * * * * * * * * * * * * * * * * FILL * * * * * * * * * * * * * * * * * /
9           printf(" % s\n",_____);
10          -- argc;
11      }
12      return 0;
13 }
```

【实验提示】

① 命令行：在操作系统状态下，为执行某个程序而键入的一行字符。

② 命令行一般形式：命令名　参数 1　参数 2…参数 n

例如，本题的命令行如下：

file　Beijing　shanghai

其中第一个参数为 main 函数所在文件的可执行文件名。

③ 带参数的 main 函数形式：

```
void  main(int   argc,  char  * argv[])
{
    …
}
```

其中 argc 表示命令行中参数的个数，argv 字符指针数组各元素指向命令行参数中各字符串首地址。

④ 命令行参数传递：系统自调用 main 函数时将命令行实参传递给 main 函数中的形参。

（3）程序改错一

功能：利用指向指针的指针输出多个字符串。

请改正程序中的错误，使它能得出正确的结果。

注意：不要增行或删行，也不得更改程序的结构。

```
1   # include < string. h >
2   # include < stdio. h >
3   void fun(char * name[])
4   {
5       char ** pp;
6       / **************** ERROR **************** /
7       * pp = name;
8       / **************** ERROR **************** /
9       while ( * pp!= '\0')
10          / **************** ERROR **************** /
11          printf(" % s\n", * ++pp);
12  }
13  int main()
14  {
15      char * p[ ] = {"Zhang","Wang","Li",""};
16      fun(p);
17      return 0;
18  }
```

【实验提示】

① pp 是指向指针的指针，第 7 行令 pp 存放 name 数组对应元素的地址。

② 第 9 行 * pp 是数组 name 元素的值即字符串的首地址。 ** pp 是字符串中首字符的值。

③ 第 11 行 * ++pp 相当于 *(++pp)，对 pp 先加 1 后作取值运算。

（4）程序改错二

功能：用指向指针的指针对 n 个整数排序并输出。sort 函数实现数据的排序，n 个整数在 main 函数中输入，最后在 main 函数中输出。

请改正程序中的错误，使它能得出正确的结果。

注意：不要增行或删行，也不得更改程序的结构。

```
1   # include < stdio. h >
2   void sort(int ** p, int n)
3   {
4       int i, j, * temp;
5       for(i = 0; i < n; i++)
6       {
7           / **************** ERROR **************** /
8           for(j = i; j < n; j++)
9           {
10              / **************** ERROR **************** /
11              if( *(p + i) > *(p + j))
12              {
13                  temp = *(p + i);
14                  *(p + i) = *(p + j);
15                  *(p + j) = temp;    }
16          }
17      }
18  }
19  int main()
20  {
21      int i, n, a[20], ** p, * b[20];
22      printf("请输入个数：  ");
23      scanf(" % d", &n);
24      for(i = 0; i < n; i++)
25          b[i] = &a[i];
26      printf("请输入整数：  ");
27      for(i = 0; i < n; i++)
28          scanf(" % d", b[i]);
29      / **************** ERROR **************** /
30      p = * b;
31      sort(p, n);
32      for(i = 0; i < n; i++)
33          printf(" % d   ", * b[i]);
34      return 0;
35  }
```

【实验提示】

① 指针数组 b 存放一维数组 a 中各元素的地址。

② 指向指针的指针 p 存放指针数组 b 的首地址；*(p+i)是数组元素 b[i]，是第 i 个整型数的地址；**(p+i)是第 i 个整型数。

③ 程序采用冒泡排序法排序。

（5）程序设计二

编写程序，输入月份号，输出该月份的英文单词，要求用指针数组处理。

请勿改动 main 函数其他部分的任何内容，仅在指定的部位填入所编写的若干语句。

```
1   # include < stdio. h >
2   int main()
3   {
4       static char * mname[13] = {"Illegal","January","February","March","April","May",
5   "June", "July","August","September","October","November","December"};
6       int n;
7       / ***************** BEGIN ****************** /
8
9
10      / ***************** END ***************** /
11      return 0;
12  }
```

【实验提示】

① 需判断输入的数据是否合法。

② 以 %s 的形式输出时，须给出对应字符串的存放地址。

（6）程序设计二

功能：用指向指针的指针的方法对 5 个字符串排序并输出。

给定的部分程序中，sort 函数的功能是对字符串进行排序。

请勿改动 main 函数中的任何内容，仅在 sort 函数的指定部位填入编写的语句。

```
1   # define N 10
2   # include < stdio. h >
3   # include < string. h >
4   void sort(char ** p)
5   {
6       int i,j;
7       char * pchange;
8       / **************** BEGIN ****************** /
9
10
11      / **************** END ****************** /
12  }
13  int main()
14  {
15      int i;
16      char ** p, * pstr[5],str[5][10];
17      for(i = 0;i < 5;i++)
18          pstr[i] = str[i];
19      for(i = 0;i < 5;i++)
20          scanf(" % s",pstr[i]);
```

```
21      p = pstr;
22      sort(p);
23      for(i = 0;i < 5;i++)
24          printf("% s\n",pstr[i]);
25      return 0;
26  }
```

【实验提示】

① 第 19 行 for 语句令指针数组 pstr[i]存放字符数组 str 第 i 个字符串的首地址。

② 形参指向指针的指针 p 存放指针数组 pstr 的首地址。*(p+i)是数组元素 pstr[i]，是第 i 个字符串的首地址。

③ 可采用冒泡排序法或选择排序法排序,用 strcmp 函数比较字符串大小。

7.5.3 练习与思考

1. 单选题

(1) 已有定义int * p[6];,以下正确的是( )。
    A. p 是指向 int 型变量的指针   B. p 是指针数组
    C. p 是 int 型数组   D. p 是数组指针

(2) 下列选项中,与int * p[6]等价的是( )。
    A. int p[6]   B. int (* p[6])   C. int (* p)[6]   D. int * (p[6])

(3) 下面程序段运行后,其输出结果是( )。

```
int  a[12] = {1,2,3,4,5,6,7,8,9,10,11,12}, * p[4],i;
for(i = 0;i < 4;i++)
    p[i] = &a[i * 4];
printf("% d\n",p[2][2]);
```

    A. 11   B. 6   C. 8   D. 12

(4) 下面程序段是计算对角线元素之和,在下画线处应填入的内容是( )。

```
int a[3][3] = {1,2,3,4,5,6,7,8,9}, * p[3],i,j,s = 0;
for(i = 0;i < 3;i++)
    p[i] = _____ ;
for(i = 0;i < 3;i++)
    for(j = 0;j < 3;j++)
        if(i == j)  s = s + p[i][j];
printf("% d\n",s);
```

    A. a+i   B. &a[i]   C. *(a+i)   D. a[i]

(5) 下面程序段运行后,其输出结果是( )。

```
int a[4][3] = {1,2,3,4,5,6,7,8,9,10,11,12};
int * p[4],i;
for(i = 0;i < 4;i++)
    p[i] = a[i];
```

```
printf("%2d,%2d,%2d,%2d\n",*p[2],(*p)[1],p[3][1],*(p[1]+1));
```

  A. 4,4,9,8   B. 程序出错   C. 4,2,12,11   D. 7,2,11,5

（6）若有下面的定义和语句，则表达式 **c 的值是（   ）。

```
int a,*b,**c;
a=1;c=&b;b=&a;
```

  A. 变量 a 的地址   B. 变量 a 中的值
  C. 变量 b 中的值   D. 变量 b 的地址

（7）以下程序段运行后，其输出结果是（   ）。

```
int a[]={1,2,3,4,5};
int *p[3]={a,a+1,a+2};
int **q=p;
printf("%d\n",**(q+2));
```

  A. 1   B. 2   C. 3   D. 4

（8）有以下定义，则值为 2 的表达式是（   ）。

```
int a[]={1,2,3,4,5};
int *p[3]={a,a+1,a+2};
```

  A. *(p[0]+1)   B. p[0]+1   C. *(p[1]+0)   D. p[1]+0

（9）若有下面的定义和语句，则下列说法正确的是（   ）。

```
int a[]={1,2,3,4,5};
int *p[3]={a,a+1,a+2};
int **q=p;
```

  A. q 指向数组 a 的元素 a[0]   B. q 指向数组 p 的元素 p[0]
  C. q 和 p 等价   D. *q 是数组 a 元素的值

（10）有定义语句：char *aa[2]={"abcd","ABCD"};，则以下叙述正确的是（   ）。
  A. aa 是指针变量，它指向含有两个元素的字符型数组
  B. aa[0]存放了字符串"abcd"的首地址
  C. 数组 aa 的值分别是字符串"abcd"和"ABCD"
  D. 数组 aa 的两个元素只能存放含有 4 字符的一维数组的首地址

2. 填空题

（1）下面程序段运行后，其输出结果是_____。

```
int a[5]={2,4,6,8,10},*p,**k;
p=a;k=&p;
printf("%d",*(p++));
printf("%d\n",**k);
```

（2）下面程序运行后，其输出结果是_____。

```
void fun(int **p1,int *p2)
```

```
{     int t = * * p1;
      * * p1 = * p2;
      * p2 = t;
 }
int main( )
{     int i = 10, j = 20, * p1 = &i, * p2 = &j;
      fun(&p1,p2);
      printf(" % d, % d\n",i,j);
      return  0;
}
```

（3）下面程序运行后，其输出结果是_____。

```
void fun( int  * * p1,  int  * p2)
{     int  * t = p2;
      p2 = * p1;
      * p1 = t;
 }
int main( )
{     int i = 10, j = 20, * p1 = &i, * p2 = &j;
      fun(&p1,p2);
      printf(" % d, % d\n",i,j);
      return  0;
}
```

（4）下面程序运行后，其输出结果是_____。

```
void fun( int  * * p1, int  * p2)
{     int  * t = p2;
      p2 = * p1;        * p1 = t;
}
int main( )
{     int i = 10, j = 20, * p1 = &i, * p2 = &j;
      printf(" % d, % d,", * p1, * p2);
      fun(&p1,p2);
      printf(" % d, % d\n", * p1, * p2);
      return  0;
}
```

（5）下面程序段的输出结果是_____。

```
char  * course[4] = {"Pascal","C","Basic","Fortran"};
char  * * p = course; int i;
for(i = 0; i < 4; i++)
    printf(" % c",( * p)[i]);
```

（6）下面程序段的输出结果是_____。

```
int a[ ] = {2,6,10,14,18};
int * p[ ] = {&a[0],&a[1],&a[2],&a[3],&a[4]};
int * * q,i;
q = p;
printf(" % d, % d\n", * ( * (p + 3)), * ( * (++q)));
```

(7) 阅读下列程序段,当输入 60 时,程序的输出是_____。

```
int ** pp;
pp = (int ** )malloc(sizeof(int * ));
if(pp!= NULL)
{      * pp = (int * )malloc(sizeof(int));
    if( ** pp!= NULL)
    {     scanf(" % d", * pp);
        printf(" ** pp = % d\n", ** pp);
    }
}
free( * pp);
free(pp);
```

(8) 下面程序段运行后的输出结果是_____。

```
char * name[ ] = {"John","Mary","Lily","Bob"};
char ** p, ** q, * t;
for(p = name, q = name + 3; p < q; p++, q -- )
{     t = * p; * p = * q;      * q = t;      }
for(p = name; p < name + 4; p++)
    printf(" % s", * p);
```

(9) 下面程序段运行后的输出结果是_____。

```
char * alpha[6] = {"ABCD","EFGH","IJKL","MNOP","QRST","UVWX"};
char ** p; int i;
p = alpha;
for(i = 0; i < 4; i++)
    printf(" % c", * ( * (p + i)));
```

(10) 下面程序段运行后的输出结果是_____。

```
char * mm[4] = {"abcd","1234","mop","5678"};
char ** pm = mm; int i;
for(i = 0; i < 4; i++)
    printf(" % s", pm[ i] + i);
```

7.5.4 综合应用

1. 程序填空

功能:利用指针数组对形参 ss 所指字符串数组中的字符串按由长到短的顺序排序,并输出排序结果。形参 ss 所指字符串数组中共有 N 个字符串,且串长小于 M。

请在程序的下画线处填入正确的内容,并把下画线删除,使程序得出正确的结果。

注意:不得增行或删行,也不得更改程序的结构。

```
1   # include < stdio. h >
2   # include < string. h >
3   # define N 5
4   # define M 8
```

```
5   void fun(char ( * ss)[M])
6   {
7       char * ps[N], * tp;
8       int i,j,k;
9       for(i = 0;i < N;i++)
10          ps[i] = ss[i];
11      for(i = 0;i < N - 1;i++)
12      {
13          k = i;
14          for(j = i + 1;j < N;j++)
15              /****************** FILL ******************/
16              if (strlen (ps[k])< strlen(_____ ))
17                  k = j;
18          tp = ps[i];
19          ps[i] = ps[k];
20          /****************** FILL ******************/
21          ps[k] = _____;
22      }
23      printf("\nThe string after sorting by length:\n\n");
24      for(i = 0;i < N;i++)
25          puts (ps[i]);
26  }
27  int main()
28  {
29      char ch[N][M] = {"red","green","blue","yellow","black"};
30      int i;
31      printf("\nThe original string \n\n");
32      for(i = 0;i < N;i++)
33          /****************** FILL ******************/
34          puts(_____);
35      printf("\n");
36      fun(ch);
37      return 0;
38  }
```

【实验提示】

(1) 形参 ss 是数组指针,用于处理二维字符数组。

(2) fun 函数中的变量 ps 是指针数组,用于处理多个字符串,每个元素存放对应字符串的首地址。

(3) 排序采用选择法。

2.程序改错

功能:用指针数组的方法,输出杨辉三角形的前 6 行。

请改正程序中的错误,使它能得出正确的结果。

注意:不可以增加或删除程序行,也不可以更改程序的结构。

```
1    # include < stdio. h >
2    # define N  21              //杨辉三角形的前 6 行共有 21 个元素
3    # define M  6               //杨辉三角形的前 6 行
4    int main()
5    {
6        int a[N], * p[M], i, j, k;
7        for(i = 0; i < M; i++)
8        {
9            k = i * (i + 1)/2;
10           / ***************** ERROR ***************** /
11           p[i] = a[k];
12       }
13       for(i = 0; i < M; i++)
14       {
15           p[i][0] = 1;
16           / ***************** ERROR ***************** /
17           p[i] + i = 1;
18       }
19       for(i = 2; i < M; i++)
20           / ***************** ERROR ***************** /
21           for(j = 1; j <= i; j++)
22               p[i][j] = p[i - 1][j - 1] + p[i - 1][j];
23       for(i = 0; i < M; i++)
24       {
25           for(j = 0; j <= i; j++)
26               printf(" % 5d", p[i][j]);
27           printf("\n");
28       }
29       return 0;
30   }
```

【实验提示】

（1）将杨辉三角形的前 6 行的所有值依次存放在一维数组 a 中，则不需用二维数组存储，以达到节约存储空间的目的。

（2）第 7 行 for 循环语句，实现将杨辉三角形的第 1 行的元素 a[0]地址赋给 p[0]，将第 2 行的第 1 个元素 a[1]地址赋给 p[1]，将第 3 行的第 1 个元素 a[3]地址赋给 p[2]，将第 4 行的第 1 个元素 a[6]地址赋给 p[3]。以此类推，将第 6 行的第 1 个元素 a[10]地址赋给 p[5]。

（3）第 i 行中的元素可以通过指针 p[i]引用，形式为：* (p[i]+j)，也可以用 p[i][j]表示，代表第 i 行第 j 列上的元素。

（4）第 21 行 for 循环语句计算对角线以下的元素值，不包括对角线。

3. 程序设计

子函数功能：用已排好序的字符指针数组查找指定字符串。字符串按子典顺序排列，查找算法采用二分法,这种方法也称为折半查找。

```
1   # include < stdio.h >
2   # include < malloc.h >
3   # include < string.h >
4   char * binary(char * ptr[ ],char * str,int n)
5   {
6       int hig, low, mid;
7       / ***************** BEGIN ******************* /
8
9
10      / ***************** END ****************** /
11  }
12  int main()
13  {
14      char * ptr1[5], * temp;
15      int i,j;
16      for(i = 0;i < 5;i++)
17      {
18          ptr1[i] = (char * )malloc(20);
19          gets(ptr1[i]);
20      }
21      printf("\n");
22      printf("original string: \n");
23      for(i = 0;i < 5;i++)
24          printf(" % s\n", ptr1[i]);
25      printf("input search string: \n");
26      temp = (char * )malloc(20);
27      gets(temp);
28      temp = binary(ptr1,temp,i);
29      if(temp)
30          printf("succesful -- -- - % s\n", temp);
31      else
32          printf("nosuccesful!\n");
33      return 0;
34  }
```

【实验提示】

(1) 第18行用 malloc 函数动态地分配一块存储区,将存储区首地址赋值给指针数组 ptr1 各元素。

(2) 第19行将按字典顺序输入的 n 个字符串依次存到指针数组元素所指存储区中。

(3) 第28行用变量 temp 存放查找到的字符串首地址,未找到值为空指针 NULL。

(4) 思考:删去第18行会出现什么错误?

7.6　实践拓展

7.6.1　电影票售票情况

功能：要求用指针的方法显示电影票的售票情况，并求出剩余的电影票数。运行界面如图 7-3 所示。

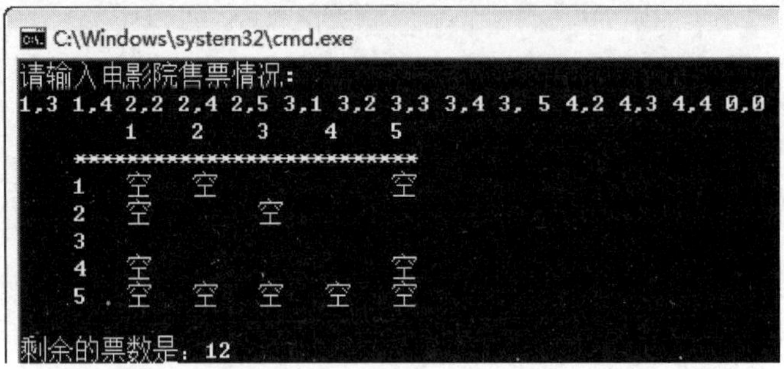

图 7-3　程序运行界面示例（1）

【实验提示】

（1）用二维数组 a 表示 5 行 5 列的座位，用指向 5 个一维数组的指针 p 访问二维数组元素。

（2）输入已售出座位的行号和列号，输入界面如图 7-4 所示，"1,3"表示第 1 行第 3 列座位已售出。"0,0"表示输入结束。

图 7-4　程序运行界面示例（2）

（3）主函数实现售票座位的输入，子函数实现售票信息的输出。

（4）初始化二维数组所有元素值为 0，输入"1,3"则赋值 a[1][3]值为 1，表示第 1 行第 3 列座位已售。

（5）若 a[i][j]值为 0 表示该座位未售出，输出显示为"空"，用 *（*（p+i）+j）表示元素 a[i][j]。

7.6.2　日期转换

功能：用指针方法实现如下的日期转换问题（要求考虑闰年的问题）。

（1）输入某年某月某日，输出它是这一年的第几天。

（2）输入某一年的第几天，输出它是这一年的第几月第几日。

（3）程序运行界面如图 7-5 所示。

【实验提示】

（1）设计 3 个子函数，分别实现菜单显示功能以及第 1 和第 2 个子问题的功能。

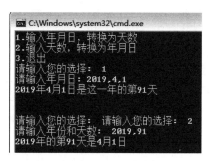

图 7-5 程序运行界面示例(3)

(2) 用 switch 语句判断采用的是何种操作并调用相应子函数。

(3) 由于根据年份和天数计算相应的月份和日期的函数设计中,需要返回两个计算结果,应利用指针作为函数参数实现。

第8章 编译预处理

编译预处理是对程序进行编译(词法扫描和语法分析等)之前所做的工作。预处理是 C 语言的一个重要功能,它由预处理程序完成。在对一个源文件进行编译前,预处理程序将根据源文件中的预处理命令修改程序,处理完毕后再编译源程序。合理地使用预处理命令能使编写的程序便于阅读、修改、移植和调试,以及模块化程序设计。

C 语言提供了多种预处理功能,主要有宏定义、文件包含和条件编译。书写源程序时,一般将预处理命令置于程序的开头,每一条预处理命令以"♯"开始以区别于 C 语言程序语句。

为方便读者了解、学习本章内容,绘制本章思维导图,如图 8-1 所示。

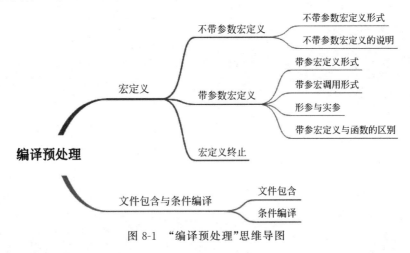

图 8-1 "编译预处理"思维导图

8.1 宏定义

宏定义是使用宏名代替一个字符串。在预编译时将程序中的宏名替换成字符串,这个过程称为宏展开。宏定义有不带参数和带参数宏定义两种。

8.1.1 知识点介绍

1. 不带参数的宏定义

(1) 不带参数宏定义的一般形式

♯define 标识符 字符串

标识符也称为宏名,预处理程序在执行了本命令后,程序中的所有宏名均用字符串来替换。为与变量名相区别,宏名一般用大写字母表示,如:

♯define PI 3.1415926

在编译预处理时,将程序中在该命令以后出现的所有的 PI 都用 3.1415926 代替。这种方法能使程序便于阅读理解。当程序中需要多次出现 3.1415926 时,如果用宏名代替,则可使代码简单、不易出错;当需要改变某一个常量时,如果用宏名代替,则只需改变宏定义。

（2）不带参数宏定义的有关说明

在编写程序时根据需要正确使用宏定义,关于不带参数宏定义的有关说明如表 8-1 所示。

表 8-1 不带参数宏定义的有关说明

不带参数宏定义示例	宏 展 开	说 明
♯define PI 3,1415926 area = PI * r * r;	area＝3,1415926 * r * r;	宏定义只作简单的宏替换,不作正确性检查
♯define PI 3.1415926; area ＝ PI * r * r;	area ＝ 3.1415926; * r * r;	宏定义不是语句,不必在行末加分号,否则将分号一起做替换,编译时会显示这一行有语法错误
♯define PI 3.1415926 printf("PI＝%f", PI);	printf("PI＝%f",3.1415926);	双引号引起来的字符,即使与宏名相同,也不作替换
♯define PI 3.1415926		宏名 PI 不是变量,在内存中不分配内存空间

2．带参数的宏定义

（1）带参数的宏定义的一般形式

♯define 宏名(形参) 字符串

（2）带参数的宏调用的一般形式

宏名(实参)

（3）带参宏定义的形参与实参

① 宏定义中的参数称为形式参数,简称为形参;宏调用中的参数称为实际参数,简称为实参。在替换时除了用宏名替换字符串外,同时还要用实参替换形参。例如:

#define S(r) PI*r*r
area = S(a);

宏展开时用实参 a 代替形参 r,宏展开后的形式为:area ＝ PI * a * a;。

② 宏定义时需要注意下面两个方面的问题。

第一,宏定义中的形参最好用圆括号括起来,以避免计算优先级别的改变。例如:

#define S(r) PI*r*r
area = S(a + b);

宏展开后的形式为：area＝PI＊a＋b＊a＋b;,实际想要得到的表达式是：

area＝PI＊(a＋b)＊(a＋b);

因此正确的宏定义应为：＃define S(r) PI＊(r)＊(r)

第二,对带参数的宏定义,在宏名与带参数的括号之间不加空格。例如：

＃define S　(r) PI＊r＊r

定义的是一个不带参数的宏 S,用字符串(r) PI＊r＊r 做替换。

（4）带参数的宏与函数的区别

① 函数调用时,是将实参表达式的值传给形参,而带参数的宏只是进行简单的字符替换,不进行表达式的计算,不做值的传递。

② 函数调用分配内存空间,而宏定义属于编译预处理命令,在编译时展开,不分配内存空间。

③ 函数的形参和实参有所属类型,而宏定义的参数无类型。

④ 函数调用占用运行时间,宏替换不占运行时间。

⑤ 调用函数只能得到一个返回值,而宏定义可以同时得到几个结果。

3. 宏定义终止

宏定义应写在函数之外,其作用域为从宏定义命令开始到源程序结束。如果要终止其作用域可以使用＃undef命令。例如：

```
＃define  PI   3.14
int main()
{
    …
}
＃undef   PI
f( )
{
    …
}
```

由于＃undef 的作用,使 PI 的作用范围在＃undef 行处终止,在 f 函数中,PI 不再表示 3.14。

8.1.2 实验部分

1. 实验目的

（1）掌握宏的定义方法。

（2）掌握宏定义的使用规则与技巧。

（3）理解宏定义的概念与用途。

（4）理解带参数和不带参数的宏定义及宏替换的效果。

（5）了解带参数宏定义和函数调用的区别。

2. 实验内容

(1) 程序填空一

功能：输入两个整数，求它们的余数，用带参数的宏实现。

请在程序的下画线处填入正确的内容，并把下画线删除，使程序得出正确的结果。

注意：不得增行或删行，也不得更改程序的结构。

```
1    # include < stdio. h >
2    / *************** FILL **************** /
3    # define MOD(x, y) _____
4    int main()
5    {
6        int a, b, t;
7        printf("Input two integers a, b: ");
8        scanf("% d, % d", &a, &b);
9    / **************** FILL **************** /
10       t = _____;
11       printf("Remainder is % d\n", t);
12       return 0;
13   }
```

【实验提示】

① %是求余数运算符，运算对象只能是整型数据。

② 宏调用可以单独出现，也可以出现在表达式中。

③ 思考：程序中如果去掉变量 t，该如何用宏定义实现？

(2) 程序填空二

功能：输入年份，判断该年份是否为闰年，用宏定义实现。

请在程序的下画线处填入正确的内容，并把下画线删除，使程序得出正确的结果。

注意：不得增行或删行，也不得更改程序的结构。

```
1    # include < stdio. h >
2    / *************** FILL **************** /
3    # define LEAP _____    (y % 4 == 0)&&(y % 100!= 0)||(y % 400 == 0)
4    int main()
5    {
6        int year;
7        printf("Input year:");
8        scanf("% d", &year);
9    / **************** FILL **************** /
10       if(_____)
11           printf("% d is leap year\n", year);
12       else
13           printf("% d is not leap year\n", year);
14       return 0;
15   }
```

【实验提示】

① 闰年的条件是能被 4 整除但不能被 100 整除或者能被 400 整除。

② 第 3 行 LEAP 是一个带参宏名。

（3）程序改错一

功能：输入两个数，将它们由小到大排序后输出。用带参宏定义实现。

请改正程序中的错误，使它能得出正确的结果。

注意：不要增行或删行，也不得更改程序的结构。

```
1   # include < stdio. h>
2   / ***************** ERROR ***************** /
3   # define CMP(x,y)   x > y?1:0;
4   # define SWAP(x,y) t = x, x = y, y = t
5   int main()
6   {
7       / **************** ERROR **************** /
8       int a,b;
9       printf("Input two integers a,b: ");
10      scanf("% d, % d ",&a,&b);
11      if(CMP(a,b))
12          SWAP(a,b);
13      printf("a = % d,b = % d\n ",a,b);
14      return 0;
15  }
```

【实验提示】

① 宏定义时，尾部的分号作为字符串的一部分一起参加替换。

② 宏展开时只进行简单的替换，而不进行表达式的运算。替换完成后，在检查语法时，表达式中的变量需要在函数中事先定义好。

（4）程序改错二

功能：程序实现了一行输出 1 个、2 个、3 个实数的控制，实数均以 ％6.2f 的形式输出。

请改正程序中的错误，使它能得出正确的结果。

注意：不要增行或删行，也不得更改程序的结构。

```
1   # include< stdio. h>
2   # define PR printf
3   # define NL "\n"
4   / ***************** ERROR ***************** /
5   # define Fs % f
6   # define F " % 6.2f"
7   # define F1 F NL
8   # define F2 F "\t" F NL
9   / ***************** ERROR ***************** /
10  # define F3 F2 "\t" NL
11  int main()
12  {
```

```
13      float a,b,c;
14      scanf(Fs,&a);
15      scanf(Fs,&b);
16      scanf(Fs,&c);
17      # undef Fs
18      PR(NL);
19      PR(F1,a);
20      PR(NL);
21      /****************** ERROR ****************** /
22      PR(F2,a);
23      PR(NL);
24      PR(F3,a,b,c);
25      return 0;
26  }
```

【实验提示】

① 程序中利用多个不带参数的宏定义,减少了程序中重复书写字符串的工作量,而且容易修改错误。

② 宏定义层次较多的时候,可以先将表达式中不使用宏的内容写出后,然后再将宏名用字符串直接替换。替换后的内容如果有宏名,则再继续进行宏的替换。

③ 思考: 第 8 行中宏名 F2 的定义中可以使用 F1 吗?

（5）程序设计

功能:编写程序,定义一个带 3 个参数的宏,要求:①求 x,y,z 中的最大值;②求 $x+y$, $x+z,y+z$ 中的最大值。

```
1    # include < stdio.h >
2    /****************** BEGIN ****************** /
3
4
5    /****************** END ****************** /
6    int main()
7    {
8        int x,y,z;
9        /****************** BEGIN ****************** /
10
11
12       /****************** END ****************** /
13       return 0;
14   }
```

【实验提示】

① 带参数的宏展开只是将语句中宏名后面括号内的实参字符串原样代替 # define 命令行中的形参,不进行语法检查。

② 为了保证正确的运算次序,宏定义时字符串中的形参最好加括号,以及字符串也应加括号。

③ 求 3 个数的最大值,应使用条件运算符对 3 个数进行两两比较。

8.1.3　练习与思考

1. 单选题

(1) 以下选项中叙述正确的是(　　)。

A. 在程序的一行上可以出现多个有效的预处理命令

B. 宏定义必须写在程序的开头

C. 宏替换占用运行时间

D. 宏名的命名规则同变量名

(2) 以下选项中叙述正确的是(　　)。

A. 宏名的有效范围从宏定义开始到本源程序结束,或直至遇到预处理命令 ♯undef 时止

B. 宏名必须用大写字母

C. 宏定义可以定义常量,但不能用来定义表达式

D. 使用带参数的宏时,参数的类型应与宏定义时的一致

(3) 以下选项中叙述不正确的是(　　)。

A. 宏名无类型

B. 宏替换只是指定字符串的简单替换,不进行任何语法检查

C. ♯define MAX_VALUE 是错误的宏定义

D. 在定义♯define　A　N　025 中,“A　N”是称为宏名的标识符

(4) 以下选项中叙述不正确的是(　　)。

A. 预处理命令行都必须以♯号开始

B. 在程序中凡是以♯号开始的语句行都是预处理命令行

C. 预处理指令可以不位于源程序文件的首部

D. C 语言的编译预处理就是对源程序进行初步的语法检查

(5) 在宏定义♯define　PI　3.14159 中,用宏名代替一个(　　)。

A. 字符串　　　　　　B. 单精度数　　　　　C. 双精度数　　　　D. 常量

(6) C 语言的编译系统对宏命令的处理是(　　)。

A. 在程序连接时进行的

B. 在程序运行时进行的

C. 在对源程序中其他内容正式编译之前进行

D. 与 C 语言中的其他语句同时进行编译的

(7) 以下利用宏替换能正确计算表达式 $x*x+3*x-4$ 的宏定义是(　　)。

A. ♯define f　$x*x+3*x-4$　　　　　B. ♯define　f(x)　$(x*x+3*x-4)$

C. ♯define　$x*x+3*x-4$　f(x)　　　　D. ♯define　f(x)　$x*x+3*x-4$

(8) 以下选项中,在任何情况下宏替换后都能正确计算平方根的宏定义是(　　)。

A. ♯define　SQRT(X)　$x*x$　　　　　B. ♯define　SQRT(X)　$((x)*(x))$

C. ♯define　SQRT(X)　$(x)(*)(x)$　　　D. ♯define　SQRT(X)　$(x*x)$

（9）若有以下定义和语句，下列选项中说法正确的是（　　　）。

```
#define   A   3
#define   B(a)   A + a
int   x;
x = 2 * B(7);
```

  A. 程序错误，宏定义不能嵌套   B. x＝20

  C. x＝13   D. x＝14

（10）若有#define S(r) PI * r * r;，则 S(a＋b)展开后的形式是（　　　）。

  A. PI * a * a＋PI * b * b   B. PI * a＋b * a＋b

  C. PI * (a＋b) * (a＋b)   D. PI * r * r * (a＋b)

2. 填空题

（1）下面程序运行后，其输出结果是_____。

```
#define   MOD(x,y) x % y
int main()
{   int a = 23,b = 7,c = 47,m;
    m = c/MOD(a,b);
    printf(" % d\n",m);
    return(0);
}
```

（2）下面程序运行后，其输出结果是_____。

```
#define   MAX(x,y)   x > y?x:y
int main()
{   int a = 10,b = 15,c;
    c = 4 * MAX(a,b);
    printf(" % d\n",c);
    return(0);
}
```

（3）下面程序运行后，其输出结果是_____。

```
#define   MAX(A,B) (A)>(B)?(A):(B)
int main()
{   int a = 1,b = 2,c = 3,d = 4,t;
    t = MAX(MAX(a,b),MAX(c,d));
    printf(" % d\n",t);
    return   0;
}
```

（4）下面程序运行后，其输出结果是_____。

```
#define MUL(x,y)   x * y
int main()
{   int a = 3,b = 4,c;
    c = MUL(a + b,a - b);
    printf(" % d\n",c);
```

```
    return  0;
}
```

（5）下面程序运行后,其输出结果是_____。

```
#define  M  5
#define  N   (M + 1)
#define  K   N + M/2
#define  PRINT  printf("K = % d\n",3 * K);
int main()
{   PRINT;
    return  0;
}
```

（6）下面程序运行后,其输出结果是_____。

```
#define  f(x) x * x
int main()
{   int a = 4,b = 3,c;
    c = f(a)/f(b);
    printf(" % d \n " , c);
    return  0;
}
```

（7）下面程序段运行后,其输出结果是_____。

```
int  b = 5;
#define b 2
#define  f(x)  b * (x)
int  y = 3;
printf(" % d ",f(y + 1));
#undef  b
printf(" % d ",f(y + 1));
#define  b  3
printf(" % d\n",f(y + 1));
```

（8）下面程序运行后,其输出结果是_____。

```
#define  MAX(a,b,c) ((a)>(b)?((a)>(c)?(a):(c)):((b)>(c)?(b):(c)))
int  main()
{   int  x,y,z;
    x = 1;y = 2;z = 3;
    printf(" % d,",MAX(x,y,z));
    printf(" % d\n",MAX(x + y,y,z + x));
    return  0;
}
```

（9）下面程序运行后,其输出结果是_____。

```
#define  PRI  printf
#define  D  " % d"
#define  D1    D
#define  D2    D    D
```

```
#define  D3    D  D  D
#define  S    "%s"
int  main()
{   int a,b,c,d;
    char string[ ] = "TABLE";
    a = 1;b = 2;c = 3;
    PRI(D,a);
    PRI(D2,a,b);
    PRI(D3,a,b,c);
    PRI(S,string);
    return  0;
}
```

(10) 下面程序运行后,其输出结果是_____。

```
#define  ADD(x) x + x
int main()
{   int a = 2,b = 3,c = 4;
    int sum;
    sum = ADD(a + b) * c;
    printf("sum = %d\n",sum);
    return  0;
}
```

8.1.4 综合应用

1. 程序填空

功能:程序定义了一个带参数的宏,利用此宏从 3 个数中找出最大数。
请在程序的下画线处填入正确的内容,并把下画线删除,使程序得出正确的结果。
注意:不得增行或删行,也不得更改程序的结构。

```
1   #include < stdio. h >
2   #define MAX(x,y) ((x > y)?x:y)
3   int main()
4   {
5       int   a, b, c;
6       printf("  请输入 3 个数: \n");
7       scanf("%d, %d, %d",&a,&b,&c);
8       /***************** FILL *****************/
9       printf("MAX = %d\n",_____);
10      return 0;
11  }
```

【实验提示】
(1) 定义的宏只能完成求两个数的最大值,要求 3 个数的最大值用两两比较的方法,调用两次宏实现。
(2) 思考:若求 4 个数的最大值,如何实现?

（3）思考：形参可以不加圆括号吗？加圆括号有什么好处？

2．程序改错

功能：利用海伦公式求解三角形的面积 s＝sqrt(p＊(p－a)＊(p－b)＊(p－c))，其中 a、b、c 为三角形的三边，且任意两边之和大于第三边，p＝(a＋b＋c)/2。定义两个带参数的宏，一个用来求 p，另一个宏用来求面积 area。

请改正程序中的错误，使它能得出正确的结果。

注意：不要增行或删行，也不得更改程序的结构。

```
1    # include < math. h >
2    # include < stdio. h >
3    / ***************** ERROR ***************** /
4    # define P(a,b,c) a + b + c
5    / ***************** ERROR ***************** /
6    # define AREA (a,b,c) (sqrt(P * (P - a) * (P - b) * (P - c)))
7    int main()
8    {
9        float a, b, c;
10       scanf("% f, % f, % f", &a, &b, &c);
11       / ***************** ERROR ***************** /
12       if(a + b > c || b + c > a || a + c > b)
13           printf("area = % 8.2f\n", AREA(a,b,c));
14       else
15           printf("input error");
16       return 0;
17   }
```

【实验提示】

（1）调用带参数的宏时须指明要替换的字符串，替换字符串的个数和宏定义时的参数个数相同。

（2）宏定义时可以引用前面已经定义过的宏名，展开时层层替换。

（3）宏替换只是用字符串做简单的替换，当宏名出现在表达式中时，需注意宏展开后的表达式的运算次序。

（4）思考：如何只用一个宏定义实现？

3．程序设计

功能：定义了一个带参数的宏 SWAP 实现两个整数之间的交换，利用它将一维整型数组 a 和 b 对应位置的数组元素进行交换并输出。

```
1    # include < stdio. h >
2    # define SWAP(x, y) t = x, x = y, y = t
3    int main()
4    {
```

```
5      int a[10] = {1,2,3,4,5,6,7,8,9,10};
6      int b[10] = { - 1, - 2, - 3, - 4, - 5, - 6, - 7, - 8, - 9, - 10};
7      / ****************** BEGIN ******************** /
8
9
10     / ****************** END ******************** /
11     return 0;
12 }
```

【实验提示】

(1) 数组 a 和数组 b 应为同类型且长度相等的一维数组。

(2) 宏调用中实参应为数组元素。

(3) 利用循环语句调用带参数的宏,以达到实现所有元素的交换的目的。

(4) 思考:如何用宏定义实现对字符数组的交换?

8.2 文件包含与条件编译

文件包含是指一个源文件可以将另外一个源文件的内容全部包含进来。在设计程序时,可以把一些宏定义或公用的程序按照功能分别存放在不同的文件中,当需要这些内容时,只要将其所在的文件用文件包含命令包含到本文件中就可以了。

条件编译是指通过条件控制源程序中某段代码是否参加编译。条件编译允许程序在预编译阶段对程序中一部分满足一定条件的代码进行编译,从而得到不同的应用程序,供不同的用户使用。条件编译使程序在预编译阶段更加自由。

8.2.1 知识点介绍

1. 文件包含

文件包含的一般形式有以下两种。

#include "文件名"   或   #include<文件名>

一个#include 文件包含命令只能指定一个被包含的文件。在预编译时,预处理程序将用指定文件中的内容替换文件包含命令。

用尖括号表示编译系统将在 C 语言库函数头文件所在的目录中寻找要包含的文件,这种方式称为标准方式。用双引号表示系统优先在当前目录中寻找要包含的文件。若找不到,再按标准方式查找(即再按尖括号的方式查找)。

C 语言源程序都是由一个 main 函数、若干自定义函数和标准库函数构成的。如果程序中调用了库函数,则需要用#include 语句包含相应的头文件。如果所要包含的文件不是系统库函数而是自己编写的文件时,文件包含中应当指出被包含文件的完全路径。

2. 条件编译

条件编译可以减少被编译的语句,使生成的目标程序较短,减少运行时间。条件编译有

3 种形式,如表 8-2 所示。

表 8-2　条件编译的 3 种形式

条件编译形式		说　　明
形式一	#ifdef　标识符 　　程序段 1 [#else 　　程序段 2] #endif	标识符如果已经被 #define 命令定义过,则只编译程序段 1;否则编译程序段 2。其中,#else 部分可以没有,表示如果标识符没有被 #define 命令定义,则不编译
形式二	#ifndef　标识符 　　程序段 1 #else 　　程序段 2 #endif	这种形式与第一种形式的作用相反。如果标识符末被 #define 命令定义过,则编译程序段 1;否则编译程序 2。其中,#else 部分可以省略
形式三	#if 表达式 　　程序段 1 #else 　　程序段 2 #endif	其作用是如果常量表达式的值为真,则对程序段 1 作编译,否则对程序段 2 作编译。其中,#else 部分可以省略

8.2.2　实验部分

1. 实验目的

(1)掌握文件包含的作用和使用方法。
(2)掌握条件编译的作用和使用方法。
(3)了解常用函数的头文件。
(4)能使用条件编译编写程序,掌握条件编译和选择结构的异同。

2. 实验内容

(1) 程序填空一

功能:已经用宏定义设计好了多种输出格式并放在文件 format.h 中,下面程序中使用 format.h 中的格式输出数据。format.h 文件内容如下:

```
#define  INTEGER(d)  printf("%d\n",d);      //输出整数
#define  FLOAT(f)     printf("%8.2f\n",f);    //输出实数
#define  STRING(s)    printf("%s\n",s);       //输出字符串
```

请在程序的下画线处填入正确的内容,并把下画线删除,使程序得出正确的结果。
注意:不得增行或删行,也不得更改程序的结构。

```
1   #include <stdio.h>
2   /***************** FILL *****************/
3   _____
```

```
4   int main()
5   {
6       int d,num;
7       float f;
8       char s[80];
9       printf("Choice data format: 1 - integer, 2 - float, 3 - string");
10      scanf("%d",&num);
11      switch(num)
12      {
13        case 1: printf("Input integer:");
14                scanf("%d",&d);
15                /**************** FILL ***************** /
16                _____;
17                break;
18        case 2: printf("Input float:");
19                scanf("%f",&f);
20                /**************** FILL ***************** /
21                _____;
22                break;
23        case 3: printf("Input string:");
24                scanf("%s",&s)
25                /**************** FILL ***************** /
26                _____;
27                break;
28        default: printf("input error!");
29      }
30      return 0;
31  }
```

【实验提示】

① 第 16、21、26 行分别输出整型数、实数、字符串数据。

② 文件包含命令中的尖括号是在 C 语言库函数头文件所在的目录中寻找要包含的文件，双引号是系统优先在当前目录中寻找要包含的文件，若找不到，再按标准方式查找。

（2）程序填空二

功能：用条件编译方法实现输入一行电报文字，可以任选两种输出方式：一是原文输出，二是将字母变成其下一个字母后输出（如'a'变成'b'，'z'变成'a'。其他字符不变）。用 #define 命令控制是否要译成密码。

请在程序的下画线处填入正确的内容，并把下画线删除，使程序得出正确的结果。

注意：不得增行或删行，也不得更改程序的结构。

```
1   #include < stdio.h >
2   #define MAX 80
3   #define CHANGE 1
4   int main()
5   {
6       char str[MAX];
```

```
7        int i;
8        printf("Input text: \n");
9        gets(str);
10       /****************** FILL ****************** /
11       _____;
12       {
13           for (i = 0; i < MAX; i++)
14               if(str[i]!= '\0')
15                   if (str[i]> = 'a'&&str[i]<'z'||str[i]> = 'A'&&str[i]<'Z')
16                       str[i] += 1;
17                   else if (str[i] == 'z'||str[i] == 'Z')
18                       /****************** FILL ****************** /
19                           _____;
20       }
21       # endif
22       printf("Output: \n% s\n",str);
23       return 0;
24  }
```

【实验提示】

① 若 CHANGE 为 1,则输出密码;若 CHANGE 为 0,则按原码输出。

② 大小写字母 z 与大小写字母 a 的 ASCII 码值相差 25。

8.2.3　练习与思考

1. 单选题

(1) 在文件包含预处理语句的使用形式中,当后面的文件名用<> 括起时,寻找被包含文件的方式是(　　)。

    A. 仅仅搜索源程序所在目录

    B. 仅仅搜索当前目录

    C. 直接按系统设定的标准方式搜索目录

    D. 先在源程序所在目录搜索,再按系统设定的标准方式搜索

(2) 在文件包含预处理语句的使用形式当中,当后面的文件名用""(双引号)括起时,寻找被包含文件的方式是(　　)。

    A. 直接按系统设定的标准方式搜索目录

    B. 先在源程序所在目录搜索,再按系统设定的标准方式搜索

    C. 仅仅搜索源程序所在目录

    D. 仅仅搜索当前目录

(3) 下列叙述中正确的是(　　)。

    A. 头文件名可以由用户指定,其后缀不一定用.h

    B. 在包含文件中不可以包含其他文件

    C. 一个 #include 命令可以指定多个被包含文件

    D. 以上说法都对

（4）下面是条件编译的基本形式，则其中的 XXX 可以是（　　　）。

```
#XXX 标识符
    程序段 1
#else
    程序段 2
#endif
```

A. define 或 include
B. ifdef 或 include
C. ifdef 或 ifndef 或 define
D. ifdef 或 ifndef 或 if

（5）设下面的程序文件名分别为 a.c 和 file.txt，则下面选项中关于 a.c 程序的说法正确的是（　　　）。

```
//文件 file.txt
#define    HDY(A,B) A/B
#define    PRINT(Y) printf("y = %d\n",Y)
//文件 a.c
#include "file.txt"
int  main()
{    int    a=1,b=2,c=3,d=4,k;
    k=HDY(a+c,b+d);
    PRINT(k);
    return  0;
}
```

A. 编译出错
B. 运行出错
C. 运行结果为 y=0
D. 运行结果为 y=6

2. 填空题

（1）设有下面的程序，为保证能够正确运行，在下画线处应填入的正确内容是＿＿＿＿。

```
_____
int  main()
{    int  x=2,y=3;
    printf("%d\n",pow(x,y));
    return  0;
}
```

（2）下面程序段运行后，其输出结果是＿＿＿＿。

```
int a=10,b=20,c;
c=a/b;
#ifdef  DEBUG
printf("a=%d,b=%d",a,b);
#endif
printf("c=%d\n",c);
```

（3）下面程序运行后，其输出结果是_____。

```
#define   DEBUG
int main()
{    int a = 14,b = 15,c;
     c = a/b;
     #ifdef   DEBUG
     printf("a = %o,b = %o,",a,b);
     #endif
     printf("c = %d\n",c);
     return  0;
}
```

（4）设有程序文件名为 file.c 和 myfile.txt 的两个文件。其中在 D：\myfile.txt 文件中定义了 try_me 函数。若要使 file.c 正确运行，请填入应包含的命令行是_____。

```
//file1.c
#include < stdio.h >

_____
int main()
{    printf("\n");
     try_me();
     printf("\n");
     return  0;
}
//D: \myfile.txt
try_me()
{    char c ;
     if((getchar()!= '\n'))
     putchar(c);
}
```

第9章

结构体、共用体与链表

C 语言中的数据类型包含空类型、基本类型(如 int、float、char 等)和构造类型(如数组、指针等),但是数组和指针无法用于表示复杂的数据对象。例如,要存储一个学生的信息,包括学号、姓名、年龄、家庭住址和成绩等信息。学号、姓名和家庭住址可以使用字符型数据存储,年龄需要使用整型数据存储,而成绩则需要使用实型数据存储。如果要把这些不同类型的信息组合成一个整体,就需要使用一种新的构造类型——结构体类型。如果还想把老师的信息和学生的信息用同一个数据类型存储,以方便查询,那么还可以使用另一种新的构造类型——共用体类型。结构体类型和共用体类型都是将不同的数据类型集合成一个新的数据类型。

链表是使用结构体定义的一种数据结构。它利用动态内存分配和结构体指针将数据存放在不连续的存储单元中,从而提高空间利用率。

为方便读者了解、学习本章内容,绘制本章思维导图,如图 9-1 所示。

9.1　结构体的概念和结构体变量

结构体类型是一种根据用户需要并由用户自己构造的数据类型,它由若干个成员组成,每一个成员的数据类型可以相同或不同,也可以是另一个结构体类型。结构体类型必须要"先定义,后使用"。定义结构体类型后可以定义该类型的结构体变量、结构体数组和结构体指针。结构体基础知识思维导图如图 9-2 所示。

9.1.1　知识点介绍

1. 结构体类型定义的一般形式

```
struct 结构体类型名
{
    类型标识符    成员名;
    类型标识符    成员名;
    …
};
```

关键字 struct 和结构体类型名组合成类型标识符,其地位如同常用的 int、char 等类型标识符,它的用途就像 int 标识整型变量一样,可以用来定义该结构体类型的结构体变量。

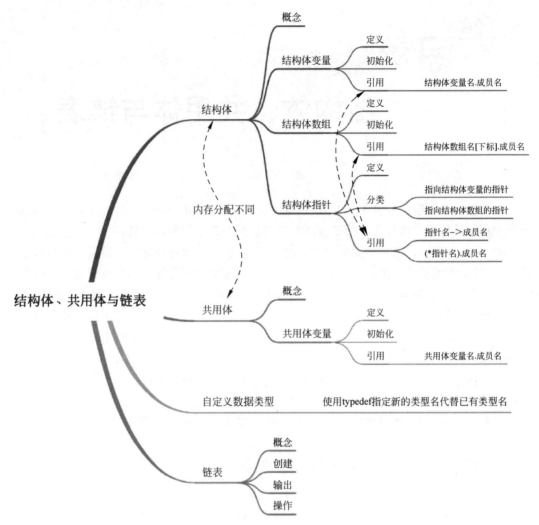

图 9-1 "结构体、共用体与链表"思维导图

定义结构体变量之后，它就可以像其他变量一样使用了。结构体类型名的命名规则遵从标识符的命名规则。

成员列表中的成员又称为成员变量，若干个成员变量必须用一对花括号括起来，并且以分号结束。每个成员应标明具体的数据类型，且不可互相重名。成员变量可以是任意数据类型的变量。在结构体的定义中，结构体的成员变量又是一个结构体变量，称为结构体类型的嵌套。

2. 结构体变量的定义

结构体类型和结构体变量是两个不同的概念，使用时要注意区别。变量可以赋值、存取和运算，而不能对类型进行赋值、存取和运算操作。定义结构体类型之后，就可以定义具有该结构体类型的结构体变量，有 3 种方法定义变量，如表 9-1 所示。

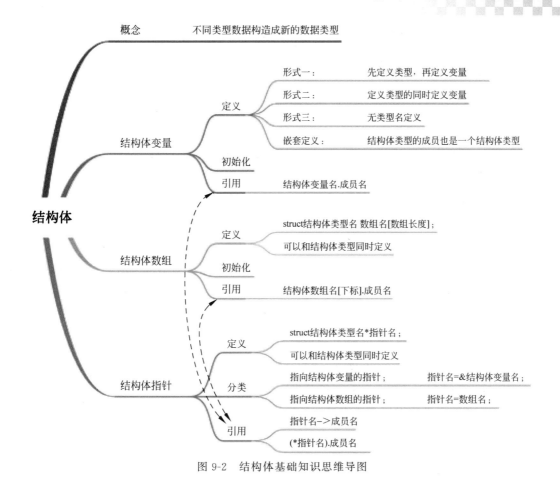

图 9-2 结构体基础知识思维导图

表 9-1 结构体变量的定义

结构体变量的定义格式	示 例	说 明

struct 结构体类型名
{
    类型标识符 成员名;
    类型标识符 成员名;
    …
};
struct   结构体类型名 结构体变量名;
	struct STUDENT
	{
	    char name[20];
	    char sex;
	    int num;
	};
	struct STUDENT st1,st2;
		先定义结构体类型,然后定义该类型的结构体变量,其优点是使用灵活

struct 结构体类型名
{
    类型标识符 成员名;
    类型标识符 成员名;
    …
} 结构体变量名;
	struct STUDENT
	{
	    char name[20];
	    char sex;
	    int num;
	}st1,st2;
		结构体类型和变量一起定义,其优点是比较直观

struct
{
    类型标识符 成员名;
    类型标识符 成员名;
    …
} 结构体变量名;
	struct
	{
	    char name[20];
	    char sex;
	    int num;
	}st1,st2;
		直接定义结构体变量,省略类型名。在后续程序中不能再定义该类型的其他结构体变量

结构体变量在内存中所占的字节数为各成员所占字节数之和。结构体变量的成员类型可以是已经定义过的结构体类型。例如：

```
struct date
{ int year, month, day;};
struct person
{
    char name[20];
    struct date birthday;
    char address[50];
};
struct person p;
```

3. 结构体变量的初始化

定义结构体变量时可以对其初始化,其初值是由一对花括号括起来的常量表达式组成的初值表列。结构体变量中的各个成员在内存中的存储是按照定义的顺序存储的,因此初值表列也应按照定义的顺序依次排列。例如：

```
struct STUDENT st3 = {"Tiger",'M',2018};
```

其中,字符串 Tiger 赋值给 name 成员,字符 M 赋值给 sex 成员,2018 赋值给 num 成员。

当结构体变量的成员类型是已经定义过的结构体类型时,变量的初始化应一级一级地赋值。例如,struct person 类型的结构体变量 p1 的初始化应使用下面的语句实现。

```
struct person p1 = {"Tiger",{2018,1,20},"Wuhan"};
```

4. 结构体变量的引用

结构体变量中成员的引用方法为

结构体变量名.成员变量

例如,引用变量 p1 的 name 成员的格式为 p1.name。引用时不能将一个结构体变量作为一个整体进行输入和输出,只能对结构体的成员变量按照对应类型分别进行输入和输出。结构体类型相同的结构体变量可以相互赋值。

当结构体变量的成员类型也是结构体类型时,需要逐级引用。例如,引用变量 p1 的 birthday 成员中的 year 成员的格式为 p1.birthday.year。

9.1.2　实验部分

1. 实验目的

(1) 熟练掌握结构体类型的定义。
(2) 熟练掌握结构体变量的定义和使用。

2. 实验内容

(1) 程序填空一

功能：输出某品牌平板电脑的基本信息,如图 9-3 所示。

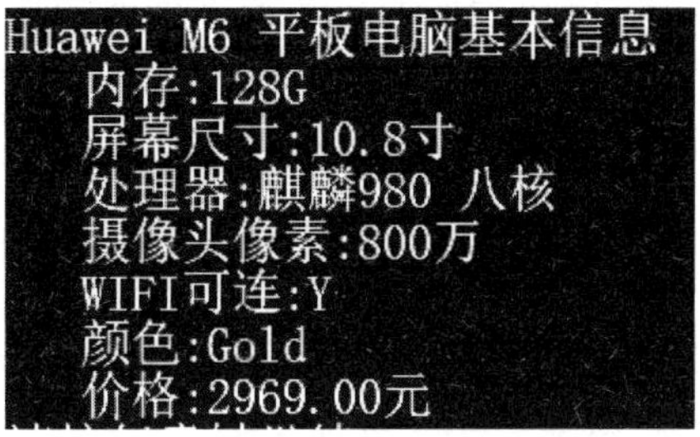

图 9-3 平板电脑基本信息

请在程序的下画线处填入正确的内容,并把下画线删除,使程序得出正确的结果。

注意:不能增行或删行,也不能更改程序的结构。

```
1    # include < stdio. h >
2    struct Tablets                                        //结构体类型定义
3    {
4        char brand[20];                                  //品牌
5        int memory;                                      //内存
6        float screensize;                                //屏幕尺寸
7        char processor[20];                              //处理器
8        int camera;                                      //摄像头像素
9        char wifi;                                       //是否可连 Wi-Fi
10       char color[10];                                  //颜色
11       float price;                                     //价格
12   }pad = {"Huawei M6",128,10.8,"麒麟 980 八核",800,'Y',"Gold",2969.00};    //初始化变量
13   int main()
14   {
15       printf(" % s 平板电脑基本信息\n", pad. brand);       //输出品牌成员
16       printf("   内存:% dG\n", pad. memory);
17       / **************** FILL **************** /
18       printf("   屏幕尺寸:% .1f 寸\n", _____);         //输出屏幕尺寸成员
19       / **************** FILL **************** /
20       printf("   处理器:_____\n", pad. processor);     //输出处理器成员
21       printf("   摄像头像素:% d 万\n", pad. camera);
22       / **************** FILL **************** /
23       printf("   WIFI 可连:_____\n", pad. wifi);       //输出 Wi-Fi 成员
24       printf("   颜色:% s\n", pad. color);
25       / **************** FILL **************** /
26       printf("   价格:% .2f 元\n", _____);             //输出价格成员
27       return 0;
28   }
```

【实验提示】

① 程序中第 2~12 行定义了一个全局结构体类型 Tablets。

② 程序中第 12 行在定义结构体类型 Tablets 的同时,还定义了全局结构体变量 pad,并初始化成员信息。初始化时,数据按照结构体类型中的成员定义顺序依次进行赋值,通常将成员的值依次放在一对花括号中,元素之间用逗号分隔。

③ 结构体变量成员的输入、输出应按照成员的类型使用相应的输入、输出函数。当调用 scanf 函数和 printf 函数实现输入、输出时应使用和成员类型相匹配的格式控制符。

（2）程序填空二

功能：利用结构体变量存储学生信息。请输入一个正整数 n，再输入 n 个学生的信息，最后输出每个学生的姓名和 3 门功课的平均成绩。

请在程序的下画线处填入正确的内容，并把下画线删除，使程序得出正确的结果。

注意：不得增行或删行，也不得更改程序的结构。

```
1   #include<stdio.h>
2   struct Student              //定义结构体类型
3   {
4       char name[20];
5       float score[3],aver;
6   };
7   int main(void)
8   {
9       struct Student stu;        //定义结构体变量
10      int n,i;
11      printf("请输入 n:");        //输入学生个数
12      scanf("%d",&n);
13      printf("请按下面的格式输入%d学生的信息\n",n);
14      printf("name    score[0]    score[1]    score[2]\n");
15      for(i=0;i<n;i++)            //使用循环语句依次输入学生的信息,同时计算平均分
16      {
17          printf("请输入第%d个学生的信息\n",i+1);
18          /****************FILL****************/
19          _____;
20          /*请计算平均分*/
21          /****************FILL****************/
22          _____;
23          printf("第%d个学生的信息:姓名%s\t平均分%.2f\n",i+1,stu.name,stu.aver);
24      }
25      return 0;
26  }
```

【实验提示】

① 程序中第 2~6 行定义了一个全局结构体类型 Student。

② 程序中第 9 行定义了一个局部结构体变量 stu，其 name 成员和 score 数组成员通过输入语句赋值，aver 成员通过计算得到。

③ 结构体变量的成员根据其类型可以进行各种运算（如算术运算、关系运算等），结构体变量成员参与运算的规则和同类型普通变量参与运算的规则相同。

④ 结构体变量只能保存最近一次操作的结果，当输入下一个学生信息时前一个学生的信息被覆盖。单个的结构体变量不能保存所有学生的信息。请思考：如何解决这个问题？

（3）程序改错

功能：程序定义一个学生结构体变量，存储学生的学号、姓名和 3 门课的成绩。函数

fun 的功能是将形参结构体变量 a 中的数据赋给函数中的结构体变量 b,并修改结构体变量 b 中的学号和姓名,最后输出修改后的数据。

例如:变量 a 中的学号、姓名和 3 门课的成绩依次是 10001,"ZhangSan",95、80、88,则修改后输出 b 中的数据应为:10002,"LiSi",95、80、88。

请改正程序中的错误,使它能得出正确的结果。

注意:不要增行或删行,也不得更改程序的结构。

```c
1    # include < stdio. h >
2    # include < string. h >
3    struct student                        //定义结构体类型
4    {
5        long sno;
6        char name[10];
7        float score[3];
8    };
9    void fun(struct student a)            //修改学生信息
10   {
11   / **************** ERROR **************** /
12       student b;
13       int i;
14       b = a;                            //将变量 a 赋值给同类型结构体变量 b
15       b. sno = 10002;
16   / **************** ERROR **************** /
17       b. name = "LiSi";
18       printf("\nThe data after modified:\n");
19   / **************** ERROR **************** /
20       printf("\nNo: % ld Name: % c\nScores:",b.sno,b.name);
21       for(i = 0;i < 3;i++)
22   / **************** ERROR **************** /
23           printf(" % 6.2f",score[i]);
24       printf("\n");
25   }
26   int main()
27   {
28       struct student s = {10001,"Zhangsan",95,80,88};
29       int i;
30       printf("\n\nThe original data : \n");
31       printf("\nNo: % ld Name: % s \nScores:",s.sno,s.name);
32       for(i = 0;i < 3;i++)
33           printf(" % 6.2f",s. score[i]);
34       printf("\n");
35       fun(s);
36       return 0;
37   }
```

【实验提示】

① 程序由 main 函数和 fun 函数组成,fun 函数实现结构体变量成员的修改。main 函数中调用 fun 函数,结构体变量 s 作为实参将各个成员的值依次传递给形参结构体变量 a,

实现单向值传递。

② 同类型的结构体变量 a、b 可以进行赋值运算,各成员依次得到相应的值。

③ 结构体变量的成员是字符串时,可以使用字符串处理函数。

④ 结构体成员 score 为 float 型数组,数组元素引用方式为 s. score[i],其中 $0 \leqslant i \leqslant 2$。

(4) 程序设计

功能:定义一个结构体变量(包括年、月、日),写一个函数 days,使之可以计算某日期在本年中是第几天? 由 main 函数将年、月、日传递给 days 函数,计算后将日期传回给 main 函数输出。注意闰年的问题。

请勿改动 main 函数中的任何内容,仅在 days 函数的花括号中填入若干语句。

```
1    # include < stdio. h >
2    struct date                                    //定义结构体类型
3    {
4        int year;
5        int month;
6        int day;
7    };
8    int days(struct date tt)                        //计算输入的日期是本年中的第几天
9    {
10       / ***************** BEGIN ******************* /
11
12
13       / ***************** END ****************** /
14   }
15   int main()
16   {
17       struct date dd;                             //定义结构体变量
18       int d;
19       scanf(" % d, % d, % d",&dd. year,&dd. month,&dd. day);   //输入日期
20       d = days(dd);
21       printf(" % d年 % d月 % d日是本年的第 % d天",dd. year,dd. month,dd. day,d);   //输出结果
22       return 0;
23   }
```

【实验提示】

① 程序中第 2～7 行定义了全局结构体类型 date,它有 3 个成员:year、month、day,均为整型数据。

② main 函数中定义一个结构体变量 dd,输入该变量的 3 个成员值,并以结构体变量 dd 为实参调用 days 子函数,此时对应的 days 函数的形参 tt 也为相同类型的结构体变量。

③ days 函数的功能是计算从键盘上输入的年、月、日是本年中的第几天,并将值返回至main 函数中的调用之处。

④ 在判断某日是本年中第几天时,要考虑大月、小月。如果包含 2 月还应考虑本年是否是闰年。

9.1.3　练习与思考

1. 单选题

(1) 下面结构体的定义语句中,错误的选项是(　　)。

　　A. struct ord { int x; int y; int z;}; struct ord a;

　　B. struct ord { int x; int y; int z;} struct ord a;

　　C. struct ord { int x; int y; int z;} a;

　　D. struct { int x; int y; int z;} a;

(2) 设有定义,则赋值语句中错误的选项是(　　)。

```
struct complex
{   int real;
    int unreal;
}data1 = {1,8},data2;
```

　　A. data2＝data1;　　　　　　　　　B. data2＝(2,6);

　　C. data2.real＝data1.real;　　　　D. data2.real＝data1.unreal;

(3) 若以下变量均已正确定义并赋初值,则以下语句中错误的选项是(　　)。

```
struct
{   char mark[12];
    int num1;
    double num2;
} t1,t2;
```

　　A. t1＝t2;　　　　　　　　　　　　B. t2.num1＝t1.num1;

　　C. t2.mark＝t1.mark;　　　　　　D. t2.num2＝t1.num2;

(4) 设有以下说明语句,则不正确的叙述是(　　)。

```
struct ex
{   int x;
    float y;
    char z;
}example;
```

　　A. struct 是结构体类型的关键字　　B. example 是结构体类型名

　　C. x,y,z 都是结构体成员名　　　　　D. struct ex 是结构体类型

(5) 若有以下结构体定义,则下列选项中正确的引用或定义是(　　)。

```
struct example
{   int x;
    int y;
}v1;
```

　　A. example.x＝10;　　　　　　　　B. example v2; v2.x＝10;

　　C. struct v2; v2.x＝10;　　　　　　D. struct example v2＝{10};

（6）以下程序运行后,其输出结果是(　　　)。

```c
#include<stdio.h>
#include<string.h>
struct A
{
    int a;
    char b[10];
    double c;
};
struct A f(struct A t);
int main()
{
    struct A a={1001,"ZhangDa",1098.0};
    a=f(a);
    printf("%d,%s,%6.1f\n",a.a,a.b,a.c);
    return 0;
}
struct A f(struct A t)
{
    t.a=1002;
    strcpy(t.b,"ChangRong");
    t.c=1202.0;
    return t;
}
```

  A. 1001,ZhangDa,1098.0   B. 1002,ZhangDa,1202.0

  C. 1001,ChangRong,1098.0   D. 1002,ChangRong,1202.0

（7）以下程序运行后,其输出结果是(　　　)。

```c
#include<stdio.h>
int main()
{
    struct STU
    {
        char name[9];
        char sex;
        double score[2];
    };
    struct STU a={"Zhao",'m',85.0,90.0},b={"Qian",'f',95.0,92.0};
    b=a;
    printf("%s,%c,%2.0f,%2.0f\n",b.name,b.sex,b.score[0],b.score[1]);
    return 0;
}
```

  A. Qian,f,95,92   B. Qian,m,85,90

  C. Zhao,f,95,92   D. Zhao,m,85,90

（8）以下程序运行后,其输出结果是(　　　)。

```c
#include<stdio.h>
int main()
```

```
{
    struct date
    {
        int year,month,day;
    }today;
    printf(" % d\n",sizeof(struct date));
    return 0;
}
```

    A. 6   B. 8   C. 10   D. 12

（9）设有以下说明语句，能正确输出生日年份的一项是（　　）。

```
struct date
{   int year,month,day; };
struct PHONE
{   char name[20];
    struct date birthday;
    char tele[12];
}a = {"Ella",2000,12,20,"13907161032"};
```

    A. printf("%d\n",a. birthday);   B. printf("%d\n",a. birthday. year);

    C. printf("%d\n",birthday. year);   D. printf("%s\n",a. birthday. year);

（10）在 16 位的计算机上使用 C 语言，若有以下定义：

```
struct data
{
    int i;
    char ch;
    double f;
}b;
```

则结构体变量 b 占用内存的字节数是（　　）。

    A. 1   B. 2   C. 8   D. 11

2. 填空题

（1）结构体是由具有＿＿＿＿＿＿＿数据类型的＿＿＿＿＿＿＿＿变量组合而成的数据存储形式。定义一个结构体类型的一般形式为

＿＿＿＿＿＿＿ 结构体类型名
{　成员列表　　};

（2）C 语言中结构体类型变量的＿＿＿＿＿＿＿都会分配存储空间。

（3）结构体变量可以在＿＿＿＿＿＿＿定义，也可以＿＿＿＿＿＿＿定义。

（4）结构体可以由若干个成员组成，其成员的数据类型＿＿＿＿＿＿＿为结构体类型。

（5）设有定义：struct student{int a; float b;}stu;，则结构体类型的关键字是＿＿＿＿＿＿＿，用户定义的结构体类型名是＿＿＿＿＿＿＿，用户定义的结构体变量是＿＿＿＿＿＿＿。

（6）设有下面的定义，则系统为 stu 分配的内存字节数为＿＿＿＿＿＿＿。

```
struct student
```

```
    {
        short int num;
        char name[10];
        char sex;
        short int age;
        float score;
        char address[50];
    }stu;
```

（7）设有定义struct DATE{int year; int month; int day;};,，请写一条语句_____，该语句定义变量 d 为 struct DATE 类型的变量，并同时为其成员 year、month、day 依次赋初值 2013、10、9。

9.1.4　综合应用

1. 程序设计

功能：利用结构体输出表 9-2 中某品牌计算机的基本信息。

表 9-2　某品牌计算机硬件基本信息

型　　号	T490	
	类型	大小
处理器	i5-8625	6MB
内存	DDR4	16GB
硬盘	SSD	256GB
显卡	独立	2GB

【实验提示】

（1）表 9-2 中计算机的处理器、内存、硬盘和显卡功能部件均包含类型和大小两个参数。可以使用结构体嵌套定义实现。先声明一个 struct detail 类型，它的两个成员分别表示类型和大小。再声明一个 struct computer 类型，它的一个成员表示计算机的型号，另外 4 个成员均是 struct detail 类型，分别表示计算机硬件的各个功能部件。

（2）输出计算机基本信息时，须逐级引用结构体成员。

2. 程序改错

功能：利用结构体变量存储了一名学生的学号、姓名和计算机课程的等级。fun 函数的功能是将该学生计算机课程的等级转换成相应的百分制成绩段并输出。

请改正程序中的错误，使它能得出正确的结果。

注意：不要增行或删行，也不能更改程序的结构。

```
1   #include<stdio.h>
2   #include<string.h>
3   struct student              //定义结构体类型
4   {
```

```
5       long sno;
6       char name[10];
7       char grade;
8   };
9   /***************** ERROR ***************** /
10  void fun(struct a)          //实现成绩转换
11  {
12      char * score;           //使用字符指针指向不同字符串
13      /***************** ERROR ***************** /
14      switch(grade)
15      {
16          case 'A': case 'a': score = "90 - 100";break;
17          case 'B': case 'b': score = "80 - 90";break;
18          case 'C': case 'c': score = "70 - 80";break;
19          case 'D': case 'd': score = "60 - 70";break;
20          default: score = "Not pass";
21      }
22      printf("\nThe data after modified:");
23      /***************** ERROR ***************** /
24       printf("\nNo: % ld Name: % s   Score: % s",a.sno,a.name,a.score);
25      printf("\n");
26  }
27  int main()
28  {
29      struct student s = {10001,"Zhangsan"};
30      printf("Please input the grade(A - E or a - e):\n");
31      /***************** ERROR ***************** /
32      scanf(" % c",s.grade);
33      printf("\n\nThe original data:");
34      printf("\nNo: % ld Name: % s   Grade: % c",s.sno,s.name,s.grade);
35      printf("\n");
36      fun(s);
37      return 0;
38  }
```

【实验提示】

（1）程序定义了一个全局结构体类型 student，main 函数中定义了结构体变量 s，fun 函数中定义了结构体变量 a。

（2）main 函数中调用 fun 函数，结构体变量 s 作为实参，将值传递给 fun 函数中的形参 a，实现单向值传递。

（3）在条件语句和循环语句中，结构体变量的用法和普通变量的用法相同。

3．程序填空

功能：利用结构体表示时间（时间以时 h，分 m，秒 s 显示）。输入一个起始时间和一个秒数 n，以 h：m：s 的格式输出经过 n 秒后的终止时间（超过 24 时从 0 点开始重新计时）。

请在程序的下画线处填入正确的内容，并把下画线删除，使程序得出正确的结果。

注意：不要增行或删行,也不得更改程序结构。

```
1   # include < stdio. h>
2   struct time                                          //定义结构体类型
3   {
4       int hour, min, sec;
5   };
6   int main()
7   {
8   / **************** FILL **************** /
9       _____;
10      int n;
11      printf("请输入起始时间 h:m:s  \n");
12  / **************** FILL **************** /
13      scanf(" % d: % d: % d", _____);
14      printf("请输入秒数 :\n");
15      scanf(" % d", &n);
16  / **************** FILL **************** /
17      _____;
18      t2. sec = t1. sec + n;
19      if( t2. sec > = 60){ t2. min++; t2. sec -= 60; }       //秒向分钟的进位
20      if( t2. min > = 60){ t2. hour++; t2. min -= 60; }      //分钟向小时的进位
21  / **************** FILL **************** /
22      if( _____){ t2. hour -= 24; }                   //超过 24h,从 0 开始计时
23      printf("\n终止时间为 h:m:s  \n");
24      printf(" % d: % d: % d", t2. hour, t2. min, t2. sec);
25      return 0;
26  }
```

【实验提示】

（1）程序定义了一个全局结构体类型 time, main 函数定义了两个结构体变量分别表示起始时间和终止时间。

（2）当终止时间的秒数超过 60s 时,应增加 1min,同时秒数减少 60s。同理,当终止时间的分钟数超过 60min 时,应增加 1h,同时分钟数减少 60min。

（3）当终止时间的小时数超过 24h,小时数减少 24h,从 0 开始重新计时。

9.2 结构体数组和结构体指针

结构体变量只能存放一组信息,为了方便存放若干组信息,要用到结构体数组。结构体数组中的每一个元素都是结构体类型的数据,结构体数组在内存中占用一段连续的存储单元,其数组名代表这个连续存储空间的首地址。结构体数组在构造树、表、队列等数据结构时特别方便。

9.2.1 知识点介绍

1. 结构体数组

定义结构体类型之后,即可以定义该类型的结构体数组。

(1) 结构体数组的定义

结构体数组可以单独定义,也可以和结构体类型一起定义。单独定义的格式如下:

struct 结构体类型名 结构体数组名[数组长度];

其中,数组长度为整型常量或表达式,表示结构体数组所含元素的个数。定义结构体数组有3种方法,请参考表 9-1 中结构体变量的定义格式。

(2) 结构体数组的初始化

定义结构体数组时可以依次对每个数组元素初始化,数据之间用花括号分隔。例如:

```
struct score
{
    char name[20];
    float average;
};
struct score stu[3] = {{"Tiger",98.5},{"Ella",100.0},{"Tom",86.3}};
```

也可以按照数组元素的成员在内存中存放的顺序进行初始化,例如:

```
struct score stu[3] = { "Tiger",98.5, "Ella",100.0, "Tom",86.3};
```

(3) 结构体数组元素成员的引用

结构体数组元素的成员引用,须先指出数组元素的下标,格式如下:

结构体数组名[元素下标].成员名

例如,上例中字符串 Tiger 赋值给 stu[0].name 成员,常量 98.5 赋值给 stu[0].average 成员。

结构体数组的输入和输出一般使用循环语句,依次输入和输出数组元素的各个成员。

2. 结构体指针

(1) 结构体指针定义的一般形式

struct 结构体类型名 *指针名;

例如,struct score * p;,与其他指针变量一样,结构体指针在使用前必须先定义,并且需要指向一个确定的地址值后才能使用,否则为野指针。定义结构体类型的指针也有 3 种方法,可参考表 9-1 中结构体变量的定义格式。

(2) 指向结构体变量的指针

当把结构体变量的地址赋值给结构体指针时,这个指针就是指向结构体变量的指针。

例如,语句 struct score st, * p=&st;中定义了 struct score 类型的变量 st 和指针 p,并把 st 的地址赋值给指针 p,则指针 p 为一个指向结构体变量的指针。

（3）指向结构体数组的指针

当把结构体数组的首地址赋值给结构体指针时,这个指针就是指向结构体数组的指针。

例如,语句 struct score s[20], * q＝s;中定义了 struct score 类型的数组 s 和指针 q,并把数组名 s 赋值给指针 q,即指针 q 中存放结构体数组 s 的首地址,则指针 q 为一个指向结构体数组的指针。

如果将指向结构体数组的结构体指针变量加 1,则该指针变量指向结构体数组的下一个元素,即结构体指针变量地址值的增量为 sizeof(结构体类型)个字节数。

（4）使用结构体指针引用成员

定义并初始化结构体类型的指针变量后,通过指针变量可以访问它所指向的数据的成员。通过指针访问成员有两种形式:

结构体指针变量－>成员变量
（＊结构体指针变量）.成员变量

具体示例如表 9-3 所示。

表 9-3　结构体成员的引用形式

程　序　段	成　员　引　用

struct score
{
　　char name[20];
　　float average;
};
struct score st, * p = &st;
	方法 1：使用结构体变量引用 st. name 和 st. average
	方法 2：使用结构体指针引用 p—> name 和 p—> average
	方法 3：使用结构体指针引用（ * p). name 和(* p). average

struct score
{
　　char name[20];
　　float average;
};
struct score s[20], * q = s;
	方法 1：使用结构体变量引用 s[i]. name 和 s[i]. average　　（i 表示元素下标）
	方法 2：使用结构体指针引用 q—> name 和 q—> average
	方法 3：使用结构体指针引用（ * q). name 和(* q). average

9.2.2　实验部分

1. 实验目的

（1）理解结构体数组的含义。
（2）熟练掌握一维结构体数组的定义和使用方法。
（3）熟练掌握指向结构体变量的指针的定义和使用方法。
（4）熟练掌握指向一维结构体数组的指针的定义和使用方法。

2. 实验内容

（1）程序填空一

功能：利用结构体数组输出图书的基本信息。

请在程序的下画线处填入正确的内容,并把下画线删除,使程序得出正确的结果。

注意:不要增行或删行,也不能更改程序结构。

```
1   # include < stdio.h >
2   struct book
3   {
4       char bName[20];                           //书名
5       float   price;                            //零售价
6       int kc;                                   //库存
7   };
8   int main()
9   {
10      struct book b[5] = {{ "Scratch从入门到精通",75.8,10},   //定义数组并初始化
11                         { "计算机基础教程",22.0,3},
12                         { "哈利波特",103.5,25},
13                         { "小桔灯",23.0,2},
14                         { "离散数学",54.9,18}};
15      int i;
16      / * * * * * * * * * * * * * * * * FILL * * * * * * * * * * * * * * * * * /
17      for (_____)                    //使用for循环语句输出结构体数组中的元素
18      {
19          printf("第 % d 种产品:\n", i + 1);
20          / * * * * * * * * * * * * * * * * FILL * * * * * * * * * * * * * * * * * /
21          printf("书名是: % s,单价是: % .2f 元,库存: % d\n",_____);
22          printf("\n");
23      }
24      return 0;
25  }
```

【实验提示】

① 程序中定义了一个全局结构体类型 book 和一个局部结构体数组 b,程序中第 10~14 行实现了结构体数组的定义和初始化。初始化时,按照数组元素在内存中存放的顺序依次对数组元素的各个成员赋值。

② 程序中第 17 行使用 for 循环语句依次输出结构体数组 b 的各个元素。

③ 程序中第 21 行依次输出每个数组元素的 3 个成员。

④ 请思考:如果在 main 函数中声明一个指向结构体数组 b 的指针 p,即 struct book * p＝b;,应如何使用指针填空?

(2)程序改错

功能:用结构体数组初始化建立学生信息,输入编号,查询学生的基本信息和成绩。

请改正程序中的错误,使它能得出正确的结果。

注意:不要增行或删行,也不能更改程序的结构。

```
1   # include < string.h >
2   # include < stdio.h >
3   struct student                        //定义结构体类型
```

```
4    {
5        int num;
6        char name[10];
7        char sex;
8        int age;
9        int score[3];
10   }studs[ ] = {{001,"David",'M',25,{80,78,90}},          //初始化结构体数组
11              {002,"Lily",'W',23,{90,98,78}},
12              {003,"Alice",'M',22,{89,96,78}}};
13   / ***************** ERROR ***************** /
14   void fun(student stu[ ],int no)                        //查询
15   {
16       int i,j;
17       for(i = 0;i < 3;i++)
18       {
19           / **************** ERROR **************** /
20           if(no == stu[i].num)   continue;               //通过编号查询
21       printf("name = % s\nsex = % c\nage = % d\n",stu[i].name,stu[i].sex,stu[i].age);
22           for(j = 0;j < 3;j++)
23           / **************** ERROR **************** /
24               printf(" % 5d",stu.score[j]);
25       }
26       printf("\n");
27   }
28   void main()
29   {
30       int number;
31       printf("Input student's number:\n");
32       scanf(" % d",&number);
33       fun(studs,number);
34   }
```

【实验提示】

① 程序定义一个全局结构体数组 studs,它有 3 个元素,每一个元素包含 5 个成员。在定义数组时使之初始化。

② fun 函数的功能是根据输入的编号查找学生信息,fun 函数有两个形参,一个是结构体数组,一个是普通变量。当形参为结构体数组时,对应的实参也为同样类型的结构体数组,传递时采用地址传递的方式,即把实参数组 studs 的首地址传递给形参数组 stu。实参变量 number 表示待查询的学生编号,与形参变量 no 之间实现单向值传递。

③ 若输入编号,未找到学生信息,应如何给出提示? 请将程序补充完整。

(3) 程序填空二

功能:程序通过定义学生结构体变量,存储学生的学号、姓名和 3 门课的成绩。函数 fun 的功能是将形参 a 所指结构件变量 s 中的数据进行修改,并把形参 a 的地址作为函数值返回 main 函数,从 main 函数中输出修改的数据。

例如,形参 a 所指变量 s 中的学号、姓名和 3 门课的成绩依次是 10001,"ZhangSan",95、80、88。修改后输出指针 t 中的数据应为:10002,"Lisi",96、81、89。

请在程序的下画线处填入正确的内容,并把下画线删除,使程序得出正确的结果。

注意:不要增行或删行,也不能更改程序结构。

```
1   # include < stdio. h >
2   # include < string. h >
3   struct student                              //定义结构体类型
4   {
5       long sno;
6       char name[10];
7       float score[3];
8   };
9   struct student * fun(struct student * a)      //通过结构体指针返回修改后的数据
10  {
11      int i;
12      a - > sno = 10002;
13      / * * * * * * * * * * * * * * * FILL * * * * * * * * * * * * * * * * /
14      _____;
15      for(i = 0; i < 3; i++)
16          a - > score[i] += 1;
17      / * * * * * * * * * * * * * * * FILL * * * * * * * * * * * * * * * * /
18      _____;
19  }
20  int main()
21  {
22      struct student s = {10001,"ZhangSan",95,80,88}, * t;
23      int i;
24      printf("The original data:");
25      printf ( "\nNo :    % ld Name :    % s\nScores:", s. sno, s. name);
26      for(i = 0; i < 3; i++)
27          printf(" % 6.2f", s. score[i]);
28      printf("\n");
29      / * * * * * * * * * * * * * * * FILL * * * * * * * * * * * * * * * * /
30      t = fun(_____);
31       printf("\nThe data after modified:");
32      printf("\nNo: % ld Name: % s \nScores:", t - > sno, t - > name);
33      for(i = 0; i < 3; i++)
34          / * * * * * * * * * * * * * * * FILL * * * * * * * * * * * * * * * * /
35          printf(" % 6.2f", _____);
36      printf("\n");
37  }
```

【实验提示】

① 程序定义一个全局结构体类型 student,在 fun 函数中定义了结构体指针 a。

② fun 函数的功能是修改学生信息,其形参和返回值都是结构体指针 a。main 函数中调用 fun 函数时,将结构体变量 s 的地址作为实参传递给形参 a,使得指针 a 指向结构体变量 s,最终将修改后的结果返回给 main 函数中的结构体指针 t。形参和实参实现单向值传递,传递的值是地址。

③ fun 函数返回值为结构体指针 a,所以 fun 函数的函数类型也应为结构体指针类型。

（4）程序设计

功能：有 *n* 个学生，每个学生的数据包括学号、姓名和 3 门课程的成绩，从键盘输入 *n* 个学生数据，要求输出 3 门课程平均成绩，以及最高分的学生的数据（包括学号、姓名、3 门课程成绩、平均成绩）。

```
1   # include < stdio. h>
2   # define N 10
3   struct student                        //定义结构体类型
4   {
5      int num;
6      char name[15];
7      int score[3];
8      float ave;
9   };
10  /********* 输入 n 名学生信息并求每位学生平均成绩 *******/
11  void fun1(struct student stu[], int n)
12  {
13     /***************** BEGIN ******************/
14
15
16     /***************** END ******************/
17  }
18     /********* 找出平均成绩最高的学生 *********/
19  int fun2(struct student stu[], int n)
20  {
21     int k;                             //k 表示平均成绩最高的学生所在位置
22     /***************** BEGIN ******************/
23
24
25     /***************** END ******************/
26     return k;
27  }
28  int main()
29  {
30     struct student stud[N];
31     int n, i, j, p;                    //p 为存放最高分学生在数组中的下标值
32     printf("Input students num:\n");
33     scanf("%d", &n);
34     fun1(stud, n);
35     /*********** 输出 n 名学生信息 **********/
36     for(j = 0; j < n; j++)
37     {
38        printf("num: % - 4dname: % - 15s", stud[j].num, stud[j].name);
39        for(i = 0; i < 3; i++)
40           printf("score % d: % - 4d", i + 1, stud[j].score[i]);
41        printf("average: % .2f\n", stud[j].ave);
42     }
43     //调用 fun2 函数,找出最高平均成绩学生位置
```

```
44      p = fun2(stud,n);
45      /**********输出最高平均成绩学生信息**********/
46      printf("The max average is:\n");
47      printf("num:% - 4dname:% - 15s",stud[p].num,stud[p].name);
48      for(i = 0;i < 3;i++)
49          printf("score % d:% - 4d",i + 1,stud[p].score[i]);
50      printf("average:% .2f\n",stud[p].ave);
51  }
```

【实验提示】

① 程序定义一个全局结构体类型 student,它有 4 个成员:num(学号)、name(姓名)、score(3 门课程成绩)、ave(平均成绩)。在 main 函数、fun1 函数、fun2 函数中定义了该结构体类型的结构体数组。

② fun1 函数的功能是输入 n 名学生信息并求每位学生平均成绩,fun2 函数的功能是找出平均成绩最高的学生,并将其下标返回 main 函数调用之处;学生信息的输出在 main 函数中实现。

③ main 函数中将结构体数组 stud 作为实参,传递给 fun1 函数和 fun2 函数中的形参结构体数组 stu,实现地址传递。main 函数中输入学生的个数 n,并将其传递给 fun1 函数和 fun2 函数中的形参 n,实现单向值传递。

④ 试将 fun1 函数和 fun2 函数中的形参改成指向结构体数组的结构体指针,编写程序完成上述功能。

⑤ 试分析本题程序和 9.1 节实验部分的第二题的程序,比较异同。

9.2.3 练习与思考

1. 单选题

(1) 以下程序运行后,其输出结果是( )。

```
1   # include < stdio. h>
2   struct S
3   {
4     int a,b;
5   }data[2] = {10,100,20,200};
6   int main()
7   {
8     struct S p = data[1];
9     printf(" % d\n",++(p.a));
10    return 0;
11  }
```

A. 10   B. 11   C. 20   D. 21

(2) 若有以下的说明,则对初值中字符 'a' 的引用方式为( )。

```
static struct
```

```
{
    char ch;
    double x;
    char a[];
}c[4] = {{{'a',3.5,"bc"},{'c',4.5,"de"},{'m',8.6,"abc"}}};
```

　　A. c. ch　　　　　　B. c[0]. ch　　　　C. c[1]. ch　　　　D. a[0]

（3）根据下面的定义,能打印出字母 M 的语句是(　　)。

```
struct person
{
    char name[9];
    int age;
};
struct person class[10] = {"John",17,"Paul",19,"Mary",18,"Adam",16};
```

　　A. printf("%c\n",class[3]. name);

　　B. printf("%c\n",class[2]. name[0]);

　　C. printf("%c\n",class[3]. name[1]);

　　D. printf("%c\n",class[2]. name[1]);

（4）以下程序运行后,其输出结果为(　　)。

```
# include < stdio. h >
int main()
{
  struct cmplx
  {
      int x;
      int y;
  }cnum[2] = {1,3,2,7};
  printf(" %d\n",cnum[0]. y/cnum[0]. x * cnum[1]. x);
}
```

　　A. 0　　　　　　　B. 1　　　　　　　C. 3　　　　　　D. 6

（5）以下程序运行后,其输出结果是(　　)。

```
# include < stdio. h >
struct person
{
  char name[6];
  int age;
};
int main()
{
  struct person room[4] = {{"Zhang",21},{"Li",19},{"Wang",18},{"Zhao",22}};
  printf(" %s: %d",(room + 1) -> name,room -> age);
}
```

　　A. Wang:18　　　　B. Li:21　　　　C. Li:20　　　　D. Zhang:22

（6）设有定义struct S{int a, b; char c; double d;};,则定义有 20 个元素的数组 stu,

数组 stu 的每个元素均为该结构体类型的语句是（   ）。

      A. struct stu[20]；   B. S stu[20]；

      C. struct S stu[20]   D. struct S stu[20]；

（7）有结构体数组定义：

```
struct
{
    int num;
    char name[10];
}x[3] = {1,"china",2,"Russia",3,"England"};
```

则语句 printf("\n%d,%s",x[2].num,x[1].name);的输出结果是（   ）。

      A. 2,Russia   B. 3,Russia   C. 1,china   D. 3,England

（8）有以下程序段,若要引用结构体变量 std 中的 color 成员,下列写法错误的是（   ）。

```
struct MP3
{
    char name[20];
    char color;
    float price;
}std, * ptr;
ptr = &std;
```

      A. std.color   B. ptr—>color   C. std—>color   D. (* ptr).color

（9）以下程序运行后,其输出结果是（   ）。

```
# include < stdio. h>
struct ord
{ int x,y;
} dt[2] = {1,2,3,4};
int main()
{
  struct ord  * p = dt;
  printf(" % d,",++(p-> x));
  printf(" % d\n",++(p-> y));
  return 0;
}
```

      A. 1,2   B. 4,1   C. 3,4   D. 2,3

（10）以下程序运行后,其输出结果是（   ）。

```
# include < stdio. h>
struct stu
{
  int num;
  char name[10];
  int age;
};
void fun(struct stu * p)
{
```

```
    printf("%s\n",p->name);
}
int main()
{
    struct stu x[3]={{01,"Zhang",20},{02,"Wang",19},{03,"Zhao",18}};
    fun(x+2);
    return 0;
}
```

　　A. Zhang　　　　　B. Zhao　　　　　C. Wang　　　　D. 19

(11) 以下程序段,能给 w 中 num 成员赋值 1980 的语句是(　　)。

```
struct workers
{
    int num;
    char name[20];
    char c;
}
struct workers w,*pw;
pw=&w;
```

　　A. *(pw.num)=1980;　　　　　　B. w.name=1980;

　　C. pw->w.num=1980;　　　　　　D. w.num=1980;

(12) 以下程序运行后,其输出结果是(　　)。

```
#include<stdio.h>
struct STU
{
    char num[10];
    float score[3];
};
int main()
{
    struct STU s[3]={{"20021",90,95,85},{"20022",95,80,75},
                    {"20023",100,95,90}},*p=s;
    int i;
    float sum=0;
    for(i=0;i<3;i++)
        sum=sum+p->score[i];
    printf("%6.2f\n",sum);
    return 0;
}
```

　　A. 260.00　　　　B. 270.00　　　　C. 280.00　　　　D. 285.00

(13) 设有如下定义,下面各输入语句中错误的一项是(　　)。

```
struct ss
{
    char name[10];
    int age;
    char sex;
}std[3],*p=std;
```

A. scanf("%d",&(*p).age); B. scanf("%s",&std.name);
C. scanf("%c",&std[0].sex) D. scanf("%c",&(p->sex));

（14）以下对结构体变量 mix 中成员 x 的引用正确的是（   ）。

```
struct
{
    int i;
    int x;
}mix, * p;
p = &mix;
```

    A. (*p).mix.x   B. (*p).x   C. p->mix.x   D. p.mix.x;

（15）设有如下定义,若要使指针 p 指向 data 中的 a 域,下列选项中正确的赋值语句
是（   ）。

```
struct sk
{
    int a;
    float b;
}data;
int * p;
```

    A. p=&a;   B. p=data.a;   C. p=&data.a;   D. *p=data.a;

（16）以下程序运行后,其输出结果是（   ）。

```
#include<stdio.h>
int main()
{
    struct s1
    {
        int x;
        int y;
    };
    struct s1 a = {1,3};
    struct s1 * b = &a;
    b->x = 10;
    printf("%d %d\n",a.x,a.y);
    return 0;
}
```

    A. 1 3   B. 10 3   C. 3 10   D. 3 1

（17）以下程序段,若要输出结构体变量 rec 的 nm 成员,选项中写法错误的一项是（   ）。

```
struct student
{
    float w;
    char g;
    char nm[10];
}rec, * ptr;
ptr = &rec;
```

A. printf("%s",rec-> nm);　　　　B. printf("%s",ptr-> nm);
C. printf("%s",rec. nm);　　　　　D. printf("%s",(* ptr). nm);

2. 填空题

(1) 设有下面的定义,则将指针 p 指向 num 域的语句是_____。

```
struct student
{    int num;
     char name[10];
}stu;
int * p;
```

(2) 下面程序运行后,其输出结果是_____。

```
#include< stdio. h>
struct   student
{
  int   num;
  char name[8];
  int   age;
};
void f(struct student * p)
{    printf(" % d, % s, % d\n",( * p).num,( * p).name,( * p).age);}
int main(void)
{
  struct student stu[3] = {{101,"Liu",19},{102,"Guo",18},{103,"Zhang",20}};
  f(stu + 2);
  return 0;
}
```

(3) 下面程序运行后,其输出结果是_____。

```
#include< stdio. h>
struct st
{
  int n;
 struct st * next;
};
static   struct st a[3] = {5,&a[1],7,&a[2],9,'\0'}, * p;
int main()
{
    p = &a[0];
    printf(" % d,",p++ -> n);
    printf(" % d,",p-> n++);
    printf(" % d,",( * p).n++);
    printf(" % d\n",++p-> n);
    return 0;
}
```

（4）设有结构体定义和语句：

struct num {int a; int b; float f;}n = {1,3,5.0};
struct num * p = &n;

则表达式 p—> b/n. a * p++—> b 的值是_____，表达式(* p). a+p—> f 的值是_____。

9.2.4 综合应用

1. 程序填空一

功能：fun 函数的功能是将结构体数组中的 3 个元素按 num 成员值升序排列后输出。请在程序的下画线处填入正确的内容，并把下画线删除，使程序得出正确的结果。

注意：不要增行或删行，也不能更改程序结构。

```
1   # include < stdio. h>
2   struct person
3   {
4       int num;
5       char name[10];
6   };
7   /***************** FILL ***************** /
8   void fun (_____)
9   {
10      struct person temp;
11      if(std[0].num > std[1].num)//比较 std[0]和 std[1]成员的值,满足条件则交换
12      { temp = std[0]; std[0] = std[1]; std[1] = temp; }
13      /***************** FILL ***************** /
14      if(_____)
15      { temp = std[0]; std[0] = std[2]; std[2] = temp; }
16      if(std[1].num > std[2].num)
17      { temp = std[1]; std[1] = std[2]; std[2] = temp; }
18  }
19  int main()
20  {
21      struct person std[] = {5,"Zhanghu",2,"WangLi",6,"LinMin"};
22      int i;
23      /*************** FILL ***************** /
24      _____;
25      printf("The result is:\n");
26      for(i = 0;i < 3;i++)
27          printf(" % d, % s\n",std[i].num,std[i].name);
28      return 0;
29  }
```

【实验提示】

（1）fun 函数实现结构体数组 std 元素的升序排列,函数参数为 struct student 类型的数组。

（2）main 函数中调用 fun 函数,将实参结构体数组 std[]的地址传递给形参结构体数组

std,实现地址传递。

（3）main 函数中的数组 std 和 fun 函数中的数组 std 同名,但是并不是同一个数组。

2. 程序改错

功能：对候选人得票的统计程序。设有 3 个候选人,每次输入一个得票的候选人的名字,要求最后输出每个人的得票结果及废票数,若输入的候选人的名字不是指定的 3 个候选人,则认为是废票。

fun 函数的功能是统计候选人得票数和废票数,将废票数返回调用之处。

请改正程序中的错误,使它能得出正确的结果。

注意：不要增行或删行,也不得更改程序的结构。

```c
1    # include < string. h >
2    # include < stdio. h >
3    struct person
4    {
5        char name[20];
6        int count;
7    }leader[ ] = {"Li",0,"Zhang",0,"Wang",0};
8    /********* 统计候选人得票数及废票数,将废票数返回调用之处 *********/
9    int fun(struct person sp[ ])
10   {
11       int i, j, f = 0, temp;
12       char leader_name[20];
13       printf("请输入候选人姓名(Li,Zhang,Wang): \n");
14       for(i = 1; i <= 10; i++)
15       {
16           temp = 0;
17           printf("第 % d 次投票: ", i);
18           /*************** ERROR ***************/
19           scanf(" % s", &leader_name);
20           for(j = 0; j < 3; j++)
21           /*************** ERROR ***************/
22               if(leader_name == sp[ j]. name)
23               {
24                   sp[ j]. count++;
25                   temp = 1;
26               }
27           /*************** ERROR ***************/
28           if(temp == 1)f++;
29       }
30       return f;
31   }
32   int main()
33   {
34       int i, n;
35       n = fun(leader);            //n 表示废票数
36       printf("\n");
```

```
37      for(i = 0;i < 3;i++)
38          printf(" %5s: %d\n",leader[i].name,leader[i].count);
39      if(n!= 0) printf("\n Useless votes : %d\n",n);
40      return 0;
41 }
```

【实验提示】

（1）程序定义一个全局结构体数组 leader，每一个元素包含两个成员 name（姓名）和 count（票数）。在定义数组时使之初始化，使 3 位候选人的票数都先置为 0。

（2）fun 函数中定义字符数组 leader_name，它代表被选人的姓名，在 10 次循环中每次输入一个被选人的人名，然后把它与 3 个候选人姓名相比，看它和哪一个候选人的名字相同。若相同，则 sp[j].count++；若与 3 个都不相同，则表示是废票，最后将废票数返回给 main 函数。

（3）main 函数调用 fun 函数统计候选人票数，并输出。

3．程序填空二

功能：程序的功能是输出所有在上午出生的婴儿的信息（出生时间采用 24 小时制）。

请在程序的下画线处填入正确的内容，并把下画线删除，使程序得出正确的结果。

注意：不要增行或删行，也不得更改程序结构。

```
1  # include < stdio. h>
2  # define N 5
3  struct date
4  {
5      int year,month,day;
6  };
7  struct time
8  {
9      int hour,minute;
10 };
11 struct baby
12 {
13     char name[20];
14     struct date dt;          //dt 为 struct date 结构体类型
15     struct time tt;          //tt 为 struct time 结构体类型
16 };
17 int main()
18 {
19     //初始化数组元素
20      struct baby recd[N] = {{"Tom",{2016,3,5},{12,25}},{"Ella",{2009,12,20},
21     {9,46}},{"Alice",{2017,5,8},{8,45}},{"Jack",{2015,6,8},{22,15}},
22     {"Tiger",{2018,7,15},{10,10}}};
23     int i;
24     printf("\n 在上午出生的婴儿有:\n");
25         //查找满足条件的婴儿信息并输出
```

```
26    for(i = 0;i < N;i++)
27    /ﾞ******************FILL******************/
28      if(_____)
29      {
30      /ﾞ******************FILL******************/
31          printf("在%d年%d月%d日出生的%s",_____);
32      /ﾞ******************FILL******************/
33          printf("\n\t%s的出生时间为：%d:%d\n",_____);
34      }
35    return 0;
36 }
```

【实验提示】

（1）程序定义了3个全局结构体类型,其中 struct baby 结构体类型的成员 dt 和成员 tt 成员分别是 struct date 和 struct time 类型。引用嵌套定义的结构体类型的成员时,需要逐级引用。

（2）出生的时间在0~12点的婴儿是上午出生的,即 tt 的 hour 成员在0~12。

4. 程序设计

功能：学生的记录由学号、成绩组成,N名学生的数据已存入 main 函数中结构体数组 s 中。请编写 fun 函数,把指定分数范围内的学生数据放在指针 b 所指的结构体数组中,分数范围内的学生人数由函数值返回。

例如：输入的分数是60和69,则应当把分数在60~69的学生数据输出,包含60分和69分的学生数据。main 函数中60作为变量 low,69作为变量 heigh。

请编写 fun 函数,完成相应功能。

```
1   #include< stdio.h>
2   #define N 16
3   struct student
4   {
5       char num[10];
6       int s;
7   };
8   int fun(struct student * a,struct student * b,int l,int h)
9   {
10  /ﾞ******************BEGIN******************/
11
12
13  /ﾞ******************END******************/
14  }
15  int main()
16  {
17      struct student s[N] = {{"GA005",85},{"GA003",76},{"GA002",69},
18                  {"GA004",85},{"GA001",96},{"GA007",72},
19                  {"GA008",64},{"GA006",87},{"GA015",85},
```

```
20                   {"GA013",94},{"GA012",64},{"GA014",91},
21                   {"GA011",90},{"GA017",64},{"GA016",72},{"GA018",64}};
22      struct student h[N];
23      int i,n,low,heigh,t;
24          //输入两个整数,确定数据查找的范围
25      printf("Enter 2 integer number low&heigh: ");
26      scanf("%d%d",&low,&heigh);
27          //变量 low 存放较小的数据,变量 heigh 存放较大的数据
28      if (heigh<low) { t = heigh; heigh = low; low = t; }
29          //调用 fun 函数统计范围内数据的个数
30      n = fun(s,h,low,heigh);
31          //输出结果
32      printf("The student's data between %d- %d:\n",low,heigh);
33      for(i = 0;i < n;i++)
34          printf("%s %4d\n",h[i].num,h[i].s);
35      printf("\n");
36      return 0;
37  }
```

【实验提示】

（1）main 函数中输入数据范围,调用 fun 函数在结构体数组 s 中查找满足条件的学生的个数,并将满足条件的学生的信息存放到结构体数组 h 中。

（2）main 函数中的实参数组 s 和 h 将地址传递给 fun 函数中的结构体指针 a 和 b,实现地址传递。main 函数中的实参变量 low 和 high 将值传递给 fun 函数中的变量 l 和 h,实现单向值传递。

（3）在 fun 函数中,将结构体成员 s 与变量 l 和 h 进行比较,如果在数据范围内,则返回学生的个数加 1,同时将该学生信息存放到指针 b 所指向结构体数组中。

9.3 共用体类型和自定义数据类型

共用体是将不同类型的数据组织在一起,共同占有同一段内存空间的一种构造数据类型。共用体基础知识思维导图如图 9-4 所示。

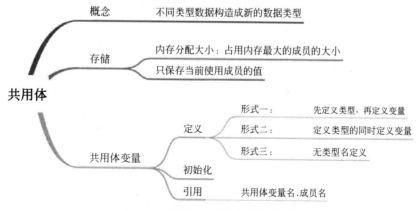

图 9-4 共用体基础知识思维导图

关键字 typedef 可以自定义数据类型,该数据类型不是一个新的数据类型,而是原数据类型的一个别名。

9.3.1 知识点介绍

在程序设计中,有时为了节省内存单元,要把几种不同类型的变量存放到同一段内存中,这时可以用共用体实现。

1. 共用体的概念和定义的一般形式

共用体变量具有如下特点:

(1) 一个共用体变量在内存中所占的字节数为所占字节数最长的成员的长度。

(2) 各成员共用一段内存,存储的是最近一次被操作的成员的值。

(3) 共用体变量的地址和它的各个成员变量的地址相同。

共用体与结构体声明的方法类似,只是定义时将关键词 struct 换成 union,其一般形式如下:

```
union 共用体类型名
{
    成员列表
} 共用体变量名;
```

定义共用体变量也有 3 种方法,可参考表 9-1 中结构体变量的定义格式。

2. 共用体变量的初始化和引用

因为所有成员共用同一段内存空间,所以不能同时为共用体的所有成员进行初始化。

共用体变量的引用方式同结构体变量的引用方式相同,格式为

```
共用体变量名. 成员变量
```

3. 用 typedef 自定义类型

在 C 语言中,除了可以直接使用 C 语言提供的标准的类型名和自己声明的结构体、共用体、指针和枚举类型以外,还可以用关键字 typedef 声明新的类型名来代替 C 语言中已经存在的类型名。

用关键字 typedef 自定义类型并不是重新定义新的数据类型,而是对原来存在的数据类型起一个新的名字,以方便后续程序的使用,其一般形式为

```
typedef  原数据类型  新的类型名;
```

例如,语句 typedef int INTEGER;声明了一个新的数据类型 INTEGER 用于代替 int,则 int 类型变量 a 的声明可以使用下面的语句实现。

```
INTEGER a;
```

在使用 typedef 定义新的类型名时,习惯性地把 typedef 定义的类型名用大写字母表示,以使之区别于系统提供的标准类型。

9.3.2 实验部分

1. 实验目的

(1) 掌握共用体类型变量的定义和使用。
(2) 掌握自定义类型的定义和使用。

2. 实验内容

（1）程序填空
功能：某学生的记录由学号、8门课程成绩和平均分组成，学号和8门课程的成绩已在 main 函数中给出。fun 函数的功能是求出该学生的平均分，并放入记录的 ave 成员中。
例如，学生的成绩是 85.5、76、69.5、85、91、72、64.5、87.5，则他的平均分应为 78.875。
请在程序的下画线处填入正确的内容，并把下画线删除，使程序得出正确的结果。
注意：不要增行或删行，也不能更改程序结构。

```c
1   #include<stdio.h>
2   #define N 8
3   typedef struct                          //自定义数据类型
4   {
5       char num[10];
6       double s[N];
7       double ave;
8   }STREC;
9       //计算平均成绩
10  /***************** FILL ***************** /
11  void fun(_____)
12  {
13      int i;
14  /***************** FILL ***************** /
15      _____;
16      for(i=0;i<N;i++)
17          a->ave += a->s[i];
18  /***************** FILL ***************** /
19      _____;
20  }
21  int main()
22  {
23      STREC s={"GA005",85.5,76,69.5,85,91,72,64.5,87.5};
24      int i;
25      fun(&s);                            //调用 fun 函数
26      printf("The %s's student  data:\n",s.num);
27      for(i=0;i<N;i++)
28          printf("%4.1f\n",s.s[i]);
29      printf("\nave=%7.3f\n",s.ave);      //输出平均分
30      return 0;
31  }
```

【实验提示】

① 程序使用关键字 typedef 定义新类型 STREC，fun 函数中定义了 STREC 类型的指针变量 a，main 函数中定义了 STREC 类型的变量 s。

② fun 函数实现成绩的累加求和及平均分的计算。

③ main 函数中将变量 s 的地址作为实参传递给 fun 函数的形参 a，实现单向值传递。

④ 函数调用时，参数传递的值是变量 s 的地址，所以在 fun 函数中对指针变量 a 的成员的操作结果由变量 s 保留。

（2）程序改错

人员记录由编号和出生年、月、日组成，N 名人员的数据已在 main 函数中存入结构体数组 std 中，且编号唯一。fun 函数的功能是找出指定编号人员的数据，作为函数值返回，由 main 函数输出。若指定编号不存在，则返回数据中的编号为空串。

请改正程序中的错误，使它能得出正确的结果。

注意：不要增行或删行，也不能更改程序的结构。

```
1    # include < stdio. h >
2    # include < string. h >
3    # define N 8
4    typedef struct                         //自定义类型
5    {
6        char num[10];
7        int year, month, day;
8    }STU;
9    / * * * * * * * * * * * * * * * * ERROR * * * * * * * * * * * * * * * * * /
10   struct STU fun( struct STU * std, char * num)     //fun 函数查询编号
11   {
12       int i;
13       STU a = {" ", 9999, 99, 99};           //定义空串, 当没有查询到数据时返回空串
14       for( i = 0; i < N; i++)
15           if( strcmp( std[ i]. num, num) == 0)
16/ * * * * * * * * * * * * * * * * ERROR * * * * * * * * * * * * * * * * * /
17               return( std);
18       return a;
19   }
20   int main()
21   {
22       STU std[ N] = {{"111111", 1984, 2, 15}, {"222222", 1983, 9, 21},
23       {"333333", 1984, 9, 1}, {"444444", 1983, 7, 15}, {"555555", 1984, 9, 28},
24       {"666666", 1983, 11, 15},   {"777777", 1983, 6, 22}, {"888888", 1984, 8, 19}};
25       STU p;                                 //存放返回值
26       char n[10];
27       printf("请输入要查询的编号: ");
28       scanf(" % s", n);
29       p = fun( std, n);
30       / * * * * * * * * * * * * * * * * ERROR * * * * * * * * * * * * * * * * * /
31       if( p. num == " ")
32           printf("\nNot found !\n");
```

```
33    else
34    {
35        printf("\nSucceed!\n");
36        printf("%s  %d - %d - %d\n",p.num,p.year,p.month,p.day);
37    }
38    return 0;
39 }
```

【实验提示】

① 程序使用关键字 typedef 定义新类型 STU，fun 函数中定义了 STU 类型的指针变量 std，main 函数中定义了 STU 类型的数组 std 和变量 p。

② fun 函数实现编号的查询，当编号存在时返回该编号所属的数组元素，当编号不存在时，返回 num 成员为空串的变量 a。

③ main 函数将 STU 类型的数组 std 作为第一个实参传递给 fun 函数中的 STU 类型的指针变量 std，实现地址传递；将用户输入的编号字符串 n 作为第二个实参传递给 fun 函数中的指针变量 num，也是实现地址传递。

④ main 函数中根据变量 p 的 num 成员的值，判断是否能查询到用户输入的编号。

（3）程序设计

功能：学生的记录由学号和成绩组成，N 名学生的数据已放入 main 函数中的结构体数组 s 中，请编写 fun 函数，其功能是把分数最高的学生数据放在指针 b 所指的数组中。注意，分数最高的学生可能不只有一个，函数返回分数最高的学生人数。

请编写 fun 函数，完成相应功能。

```
1   # include < stdio. h >
2   # define N 16
3   typedef struct                        //自定义类型
4   {
5      char num[10];
6      int s;
7   }STREC;
8   int fun(STREC * a, STREC * b)          //找到最高分学生
9   {
10     / ***************** BEGIN ******************* /
11
12
13     / ***************** END ******************* /
14  }
15  int main()
16  {
17     STREC s[N] = {{"GA005 ",85},{"GA003",76},{"GA002",69},{"GA004",85},
18     {"GA001",91},{"GA007",72},{"GA008",64},{"GA006",87},{"GA015",85},
19     {"GA013",91},{"GA012",64},{"GA014",91},{"GA011",66},{"GA017",64},
20     {"GA018",64},{"GA016",72}};
21     STREC h[N];                        //存放最高分学生的信息
```

```
22      int i, n;
23      n = fun(s,h);                          //调用 fun 函数,并返回最高分学生的人数
24      printf("The % d highest score:\n",n);
25      for(i = 0;i < n;i++)
26          printf(" % s % 4d\n",h[i].num,h[i].s);   //输出最高分学生的学号和成绩
27      printf("\n");
28      return 0;
29  }
```

【实验提示】

① 程序使用关键字 typedef 定义新类型 STREC,fun 函数中定义了 STREC 类型的指针变量 a 和 b,main 函数中定义了 STREC 类型的数组 s 和 h。

② main 函数将 STREC 类型的数组 s 和 h 作为实参分别传递给 fun 函数中的 STREC 类型的指针变量 a 和 b,实现地址传递。

③ fun 函数采用"打擂台"的方法,依次比较指针 a 所指向数组 s 中每个元素的 s 成员,找到最高分,并将最高分学生信息依次存入指针 b 所指向数组 h 中,并返回最高分学生的个数。

9.3.3　练习与思考

1. 单选题

(1) 在 16 位 IBM 计算机上使用 C 语言,如定义下列共用体类型变量:

```
union data
{
    int i;
    char ch;
    float f;
}a,b,c;
```

则共用体变量 a、b、c 占用内存的字节数为(　　　)。

　　　A. 1　　　　　　　　　　B. 2　　　　　　　　　　C. 4　　　　　　　　　　D. 7

(2) 设有如下说明,则以下选项中,能正确定义结构体数组并赋初值的语句是(　　　)。

```
typedef struct
{
    int n;
    char c;
    double x;
} STD;
```

　　　A. STD tt[2]={{1,'A',62},{2,'B',75}};

　　　B. STD tt[2]={{1,"A",62},{2,"B",75}};

　　　C. struct tt[2]={{1,'A'},{2,'B'}};

　　　D. struct tt[2]={{1,"A",62.5},{2,"B",75.0}};

（3）若有以下说明和定义，则以下叙述中正确的一项是（　　）。

```
typdef int * INTEGER;
INTEGER p, * q;
```

  A. p 是 int 型变量

  B. p 是基类型为 int 的指针变量

  C. q 是基类型为 int 的指针变量

  D. 程序中可用 INTEGER 代替 int 类型名

（4）若要说明一个类型名 STP，使得定义语句 STP s；等价于 char * s，则以下选项中正确的是（　　）。

  A. typedef STP char * s；   B. typedef * char STP；

  C. typedef STP * char；   D. typedef char * STP；

（5）以下程序运行后，其输出结果是（　　）。

```
# include < stdio. h >
union myun
{
  struct
  {
      int x,y,z;
  }u;
  int k;
};
int main()
{
  union myun a = {4,5,6};
  printf(" % d\n",a.k);
  return 0;
}
```

  A. 4   B. 5   C. 6   D. 0

（6）变量 a 所占内存字节数是（　　）。

```
union U                      struct A
{                            {
    char st[4];                  int c;
    int i;                       union U u;
    long l;                  }a;
};
```

  A. 4   B. 5   C. 6   D. 8

（7）以下程序运行后，其输出结果是（　　）。

```
# include < stdio. h >
int main()
{
  union
```

```
    {
        unsigned int n;
        unsigned char c;
    }u1;
    u1.c = 'A';
    printf(" % c\n",u1.n);
    return 0;
}
```

  A. 产生语法错   B. 随机值   C. A   D. 65

(8) 以下选项中,能定义 s 为合法的结构体变量的是( )。

  A. typedef struct abc
```
        {
            double a;
            char b[10];
        }s;
```
  B. struct
```
        {
            double a;
            char b[10];
        }s;
```
  C. struct abc
```
        {
            double a;
            char b[10];
        }s;
        abc s;
```
  D. typedef struct abc
```
        {
            double a;
            char b[10];
        }
        abc s;
```

(9) 设有以下定义union{int i; char c; float f;}a;,则选项中错误的叙述是( )。

  A. 共用体变量 a 所占的内存长度等于成员 f 的长度

  B. 共用体变量 a 的地址和它的各成员地址都是同一地址

  C. 共用体变量 a 可以作为函数参数

  D. 不能对共用体变量 a 赋值

(10) 下面选项中,关于 C 语言中共用体类型数据的正确叙述是( )。

  A. 一旦定义了一个共用体变量,即可引用该变量或该变量中的任意成员

  B. 一个共用体变量中可以同时存放它的所有成员

  C. 一个共用体变量中不能同时存放它的所有成员

  D. 共用体类型数据可以出现在结构体类型定义中,但结构体类型数据不能出现
   在共用体类型定义中

2. 填空题

(1) 设 union{short int i;char c;float a}test;,则 sizeof(test)的值是_____。

(2) 下面程序运行后的输出结果是_____。

```
# include < stdio. h>
typedef union student
{
  char name[10];
  long sno;
  char sex;
```

```
      float score[4];
}STU;
int main()
{
  STU a[5];
  printf("%d\n",sizeof(a));
}
```

（3）下面程序段的输出结果是_____。

```
union
{
    char c;
    int i;
}t;
t.c = 'A'; t.i = 1;
printf("%d,%d",t.c,t.i);
```

（4）下面程序段的输出结果是_____。

```
union                          s->i[0] = 0x39;
{   short int i[2];            s->i[1] = 0x38;
    long k;                    printf("%x\n",s->k);}
    char c[4];
}t, * s = &t;
```

（5）设有定义如下：

```
typedef union                  struct st
{                              {
    int a;                         int i;
    char c;                        UN u;
    float f;                       double d;
}UN;                           }st1;
```

则语句printf("%d",sizeof(struct st) + sizeof(UN));的输出结果是_____。

9.3.4　综合应用

1. 程序填空

功能：输入 5 位用户的姓名和电话号码，按姓名拼音顺序（升序）排列后，输出排序后的用户的姓名和电话号码。

请在程序的下画线处填入正确的内容，并把下画线删除，使程序得出正确的结果。

注意：不要增行或删行，也不能更改程序结构。

```
1    # include < stdio.h >
2    # include < string.h >
3    # define N 5
```

```
4    /********* 自定义结构体类型 USER **********/
5    typedef struct
6    {
7        char name[20];
8        char num[10];
9    }USER;
10   /********* 输入 5 位用户的姓名和电话号码 **********/
11   void getdata(USER * sp)
12   {
13       int i;
14       printf("Enter name & phone number:\n");
15       for(i = 0;i < N;i++)
16       {
17   /**************** FILL ****************/
18           gets(_____);
19           gets(sp[i].num);
20       }
21   }
22   /********* 按姓名拼音顺序(升序)排序 **********/
23   void getsort(USER * sp)
24   {
25       int i,j,k;
26       USER temp;
27       for(i = 0;i < N - 1;i++)
28       {
29           k = i;
30           for(j = i | 1;j < N;j++)
31   /**************** FILL ****************/
32               if(_____)
33   /**************** FILL ****************/
34                   _____;
35           temp =  sp[k];
36           sp[k] =  sp[i];
37           sp[i] =  temp;
38       }
39   }
40   /********* 输出排序后的用户的姓名和电话号码 **********/
41   void outdata(USER * sp)
42   {
43       int i;
44       printf("After sorted:\n");
45       for(i = 0;i < N;i++)
46           printf(" %s, % -10s\n",sp[i].name,sp[i].num);
47   }
48   int main()
49   {
50       USER sp[N];
51       getdata(sp);
52       getsort(sp);
```

```
53      outdata(sp);
54      return 0;
55  }
```

【实验提示】

（1）程序使用关键字 typedef 自定义了一个名为 USER 的结构体类型，该结构体包含了两个字符型数组，用于存放姓名和电话号码。

（2）getdata 函数用于输入 5 位用户的姓名和电话号码，放入形参 sp 所指结构体数组中。

（3）getsort 函数把结构体数组元素中的数据按姓名拼音顺序排序（升序），程序中采用的是选择法排序。

（4）outdata 函数输出最后的结果。

（5）结构体变量可以相互赋值，如temp = sp[k];

（6）思考：如果使用冒泡排序法，该如何修改程序？

2. 输入并运行程序

功能：程序利用共用体变量的成员共用内存空间的特点，分别采用不同格式输出共用体变量的成员的值。请分析下面程序的运行结果。

```
1   # include < stdio. h >
2   # include < stdlib. h >
3   union U_value   / * 创建共用体类型 * /
4   {
5       int iv;
6       char cv;
7       float fv;
8   };
9   int main(void)
10  {
11      union U_value ul,u2,u3;
12      ul. iv = 100;
13      u2. cv = 'A';
14      u3. fv = 3.14;
15      printf("The size of int is % d. \n", sizeof(int));
16      printf("The size of char is % d. \n", sizeof(char));
17      printf("The size of float is % d. \n", sizeof(float));
18      printf("The size of union U_value is % d. \n",sizeof(union U_value));
19      printf("The size of ul is % d. \n", sizeof(ul));
20      printf("The value of ul.iv is % d\n", ul. iv);
21      printf("The value of ul.cv is % c\n", ul. cv);
22      printf("The value of ul.fv is % f\n", ul. fv);
23      printf("The size of u2 is % d. \n", sizeof(u2));
24      printf("The value of u2_iv is % d\n", u2. iv);
25      printf("The value of u2.cv is % c\n", u2. cv);
```

```
26        printf("The value of u2_fv is % f\n", u2.fv);
27        printf("The size of u3 is %d.\n",  sizeof (u3));
28        printf("The value of u3.iv is %d\n", u3.iv);
29        printf("The value of u3.cv is %c\n", u3.cv);
30        printf("The value of u3.fv is % f\n", u3.fv);
31        return 0;
32     }
```

【实验提示】

（1）共用体中的所有成员共用一段存储空间,存储空间的大小取决于所需存储单元最大的成员的数据类型。

（2）对于共用体变量 u1,声明 u1.iv＝100;所以共用体变量 u1 存储空间的 4B 中存放的值是 100,即二进制 0000 0000 0000 0000 0000 0000 0110 0100。因此,执行 printf("The value of ul. iv is %d\n", ul. iv);语句输出 100;执行 printf("The value of ul. cv is %c\n", ul. cv);语句时,取出 4B 中的低 8 位数据作为 ASCII 值按单个字符格式输出,所以输出 d;执行 printf("The value of ul. fv is %f\n", ul. fv);语句时,将 4B 按%f 的格式输出,数值趋近于 0(可以参照 float 型数据在内存中的存放的相关资料),所以输出 0.000000。

（3）请参照上述分析中共用体变量 u2 和共用体变量 u3 各个成员的输出结果。

3．程序设计

功能：请参考 9.2 节实验部分的第一题,自定义一个 BOOK 类型存放图书的基本信息,并将当前图书库存不足 10 本的图书存放到 BOOK 类型的数组中,并提示管理员购买图书。

【实验提示】

（1）分析题意,用户使用 typedef 自定义两个 BOOK 类型的数组 a 和 b,数组 a 用于存放所有图书的基本信息,数组 b 用于存放筛选出来的库存不足 10 本的图书的信息。

（2）数组 a 中所有图书的基本信息可以通过键盘输入得到,也可以在程序中直接初始化。

（3）编写 find 函数查找库存不足 10 本的图书,并将对应图书的数组元素复制到数组 b 中。

（4）main 函数调用 find 函数,并输出数组 b 中所有元素。

（5）思考：如何用指向结构体数组的指针实现程序功能?

9.4　链表

链表是一种常见的重要的数据结构,是一种动态地进行存储分配的结构,可以根据需要开辟内存单元。链表中的各元素在内存中不一定是连续存放的。本节只讨论单向链表。链表的基础知识思维导图如图 9-5 所示。

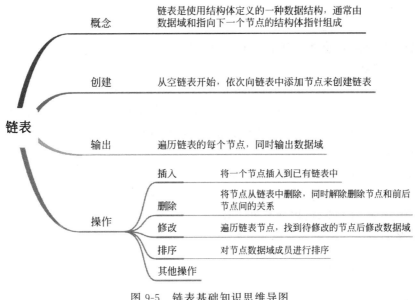

图 9-5　链表基础知识思维导图

9.4.1　知识点介绍

1.链表概述

链表有一个"头指针"变量,通常以 head 表示,用于存放链表的首地址,并且该地址指向一个元素。链表中的每一个元素称为一个"节点",每个节点包括两个部分：一个是用户实际需要的数据,即数据域;另一个是指向下一个节点的指针,即指针域。头节点通常没有数据域。可以用 head 指向第一个元素,第一个元素又指向第二个元素,……,直到最后一个元素,最后一个元素不再指向其他元素,它称为"表尾",它的指针域存放一个 NULL(表示"空地址"),链表到此结束。链表结构示意图如图 9-6 所示。

图 9-6　链表结构示意图

2.动态存储分配的函数

动态分配内存就是根据需要开辟内存单元。在程序执行时,需要多少内存就会分配多少内存,不会造成内存空间的浪费。为了实现内存的动态分配,C 语言提供了一些程序,在程序执行后才开辟和释放某些内存的函数。

(1) malloc 函数

函数原型为：void * malloc(unsigned size);

其功能是在内存的动态存储区中分配长度为 size 个字节的连续空间。如果分配成功,则返回所分配的空间的起始地址;如果分配失败,则返回空指针 NULL。

（2）free 函数

函数原型为：void free(void * p);

其功能是释放由 p 指向的内存区，由系统回收并可以分配给其他的变量。

（3）calloc 函数

函数原型为：void calloc(unsigned n, unsigned size);

其功能是分配 n 个数据项的内存连续空间，每个数据项的大小为 size。如果分配成功，则返回所分配的空间的起始地址；如果分配失败，则返回空指针 NULL。

（4）realloc 函数

函数原型为：void realloc(void * p,　unsigned size);

其功能是将 p 所指向的已分配的内存空间重新分配成大小为 size 字节的空间。它用于改变已分配的空间的大小，可以增减单元数。

注意：使用以上动态内存分配函数时，要在程序的最开始加上如下包含命令：

```
# include < stdlib.h >
```

3．链表的建立

建立链表的思想很简单，就是逐个输入各个节点的数据，同时建立各个节点之间的关系。主要步骤如下：

（1）读取数据；

（2）生成新节点；

（3）将数据存入节点的成员变量中；

（4）将新节点插入链表中合适位置，并建立节点间链接关系；

（5）重复上述操作直到输入结束。

4．链表的插入操作

对链表的插入操作是将一个节点 p 插入到一个已有的链表中。链表的插入操作首先应判断 head 是否为空。如果为空，则直接把 head 节点指向要插入的节点 p，并把 p 节点指针域置为 NULL，如图 9-7 所示。

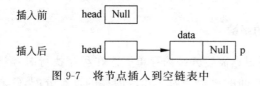

图 9-7　将节点插入到空链表中

如果 head 不为空，则寻找要插入的位置。如果节点 p 要插入在节点 p1 和 p2 之间，则应先修改节点 p1 的指针域，使之指向节点 p，然后将节点 p 指针域指向节点 p2，如图 9-8 所示。

如果节点 p 要插入到原链表的最后，则将原链表最后一个节点的指针域指向节点 p，并将节点 p 指针域置为 NULL，如图 9-9 所示。

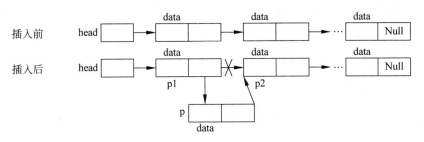

图 9-8 将节点插入到已有节点的链表中

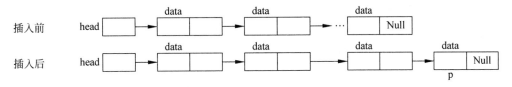

图 9-9 将节点插入到链表尾

5．链表的删除操作

链表的删除操作就是将一个节点从链表中摘除，即将待删除的节点与前后的节点解除关系，如图 9-10 所示。在节点被删除后，顺着链表就访问不到该节点了。

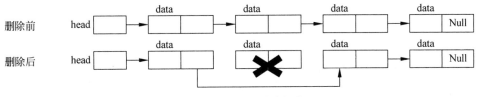

图 9-10 链表的删除操作

6．链表的访问

链表的访问包含对链表节点数据域中的数据的输出、运算、查找、修改、排序等一系列操作。

9.4.2 实验部分

1．实验目的

（1）掌握单向链表的概念和建立方法。

（2）掌握单向链表的插入、删除、输出、查找等基本操作。

2．实验内容

（1）程序填空一

功能：输入若干学生的信息（学号、姓名、成绩），输入学号为 0 时结束，用单向链表组织这些学生的信息，并按顺序输出。

请在程序的下画线处填入正确的内容,并把下画线删除,使程序得出正确的结果。

注意:不要增行或删行,也不能更改程序结构。

```
1    # include < stdio. h>
2    # include < stdlib. h>
3    # include < string. h>
4    struct stud_node                              //定义结构体类型
5    {
6        int num;
7        char name[20];
8        int score;
9        struct stud_node * next;
10   };
11   / ********** 建立单向链表 ********** /
12   struct stud_node  * creat()
13   {
14       struct stud_node * head, * tail, * p;      //head 为头节点,tail 为当前最后一个节点
15       int num, score;
16       char name[20];
17       int size = sizeof(struct stud_node);
18       head = tail = NULL;                        //初始状态下,head 和 tail 均为空
19       printf("Input num, name and score(When input 0 it ends):\n");
20       scanf(" % d", &num);
21       while(num!= 0)
22       {
23           / *************** FILL *************** /
24           p = (_____)malloc(size);            //动态分配内存,建立新节点
25           scanf(" % s % d", name, &score);
26           p -> num = num;
27           strcpy(p -> name, name);
28           p -> score = score;
29           p -> next = NULL;
30           if(head == NULL)                       //当链表为空时,head 指向链表的第一个节点
31           / *************** FILL *************** /
32               _____;
33           else
34               tail -> next = p;                  //新创建的节点链接到链表尾
35           tail = p;
36           scanf(" % d", &num);
37       }
38       return head;                               //返回头节点
39   }
40   / ********** 输出单向链表 ********** /
41   void print(struct stud_node * head)
42   {
43       struct stud_node * p;
44       printf("Output num, name and score:\n");
45       / *************** FILL *************** /
46       for(p = head; _____ ;p = p -> next)      //从头节点开始遍历各个节点
```

```
47          printf(" % - 6d % - 20s % - 6d\n",p - > num,p - > name,p - > score);
48   }
49   int main()
50   {
51      struct stud_node * head;
52      head = creat();              //创建链表
53      print(head);                 //输出链表
54      return 0;
55   }
```

【实验提示】

① 程序中定义结构体类型 stud_node 表示链表的节点信息。

② creat 函数中声明 3 个指针变量：head，tail 和 p。head 表示头指针，指向链表的首节点；p 指向新创建的节点，tail 指向链表当前的尾节点。函数中采用"尾插法"，通过 tail - > next = p;，将新创建的节点链接到链表的末尾，使之成为新的尾节点。当输入的 num 值为 0时，链表创建结束。

③ 以建立两个节点为例，绘制建立链表的过程如图 9-11 所示。

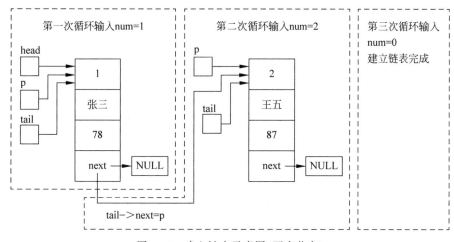

图 9-11　建立链表示意图（两个节点）

④ creat 函数为指向结构体 stud_node 类型的指针函数，返回链表头指针 head。

⑤ 程序中 malloc(size) 的作用是开辟一个长度为 size 的内存区，size = sizeof(struct stud_node)，即结构体的长度，malloc 返回的是不指向任何类型的指针，而指针 p 是指向 struct stud_node 类型的指针。因此，必须用强制类型转换把返回的类型转换为 stud_node 的指针。

⑥ print 函数从头节点开始，依次访问各个节点的数据域，并输出学生信息，直到最后一个节点的指针域为 NULL 为止。

（2）程序改错一

功能：在带头节点的单向链表中，查找数据值为 ch 的节点。找到后通过 fun 函数返回该节点在链表中所处的顺序号；如果不存在值为 ch 的节点，则函数返回 0。

请改正程序中的错误，使它能得出正确的结果。

注意：不要增行或删行，也不得更改程序的结构。

```c
1    # include < stdio. h >
2    # include < stdlib. h >
3    # define N 8
4    typedef struct list
5    {
6        int data;
7        struct list * next;
8    }SLIST;
9    SLIST * creatlist(char * );                    //函数声明
10   void outlist(SLIST * );
11   int fun(SLIST * h, char c)                     //函数实现从头节点开始查找数据
12   {
13       SLIST * p;
14       int n = 0;
15       p = h - > next;
16       while(p!= NULL)
17       {
18           n++;
19   / **************** ERROR **************** /
20           if(p - > data!= c)   return n;
21           else p = p - > next;
22       }
23       return 0;
24   }
25   int main()
26   {
27       SLIST * head;
28       int k;
29       char letter;
30       char a[N] = { 'y', 'f', 'c', 'a', 'k', 'z', 'x', 'g'};
31       head = creatlist(a);                        //创建链表
32       outlist(head);                              //输出链表
33       printf("Enter a letter:");
34       scanf(" % c",&letter);
35       k = fun(head, letter);                      //查找数据
36       if (k == 0)printf("\nNot found!\n");
37       else printf("The sequence number is : % d\n",k);
38       return 0;
39   }
40   SLIST * creatlist(char * a)
41   {
42       SLIST * h, * p, * q;
43       int i;
44   / **************** ERROR **************** /
45       h = p = (SLIST)malloc(sizeof(SLIST));       //初始头节点
46       for(i = 0; i < N; i++)
47       {
```

```
48            q = (SLIST * )malloc(sizeof(SLIST));      //为新节点分配内存
49            q -> data = a[i];p -> next = q;p = q;      //插入新节点
50        }
51        p -> next = 0;                                  //最后一个节点指针域为 0
52        return h;
53  }
54  void outlist(SLIST * h)
55  {
56      SLIST * p;
57      p = h -> next;
58      if(p == NULL) printf("\nThe list is NULL!\n");    //空链表
59      else
60      {
61          printf("\nHead");                             //从头节点开始依次访问各节点,并输出字符
62          do
63          {
64              printf(" -> % c",p -> data);
65  / **************** ERROR **************** /
66              p -> next = p;
67          } while(p!= NULL);
68          printf(" -> End\n");
69      }
70  }
```

【实验提示】

① fun 函数从头节点后的第一个节点开始,依次比较每个节点的数据域和要查找的数据。如果相同则返回该节点的顺序号;如果不相同则继续往下查找,直到到达链表尾,链表尾节点指针域为 NULL。

② main 函数中首先根据给定的数组 a 中的字符调用 creatlist 函数创建链表,再调用 outlist 函数输出链表,然后输入待查找的数据,最后调用 fun 函数实现数据的查找,并输出结果。

③ creatlist 函数中使用"尾插法"创建链表,其中 h 为头节点,p 为指向当前链表的尾节点,q 为新创建的节点。

(3) 程序填空二

功能:请向一个带有头节点的单向链表中插入一个整数,使得插入后的链表仍然有序。

请在程序的下画线处填入正确的内容,并把下画线删除,使程序得出正确的结果。

注意:不要增行或删行,也不能更改程序结构。

```
1  # include < stdio. h >
2  # include < stdlib. h >
3  # define N 8
4  typedef struct list
5  {
6      int data;
```

```
7        struct list * next;
8    } SLIST;
9    void fun(SLIST * p, int m)                    //插入数据到链表
10   {
11       SLIST * t, * s;                           //s 为新插入的节点
12       s = (SLIST * )malloc(sizeof(SLIST));
13       / **************** FILL **************** /
14       s -> data = _____;
15       t = p -> next;
16   //确定插入位置,当循环结束时 p 为插入位置的前一个节点,t 为插入位置的后一个节点
17       while(t!= NULL&&t -> data < m)
18       / **************** FILL **************** /
19       { p = t;t = _____; }
20       s -> next = t;                            //新插入节点的指针域指向 t 节点
21       / **************** FILL **************** /
22       p -> next = _____;
23   }
24    SLIST * creatlist(int * a)
25   {
26       SLIST * h, * p, * q;
27       int i;
28       h = p = (SLIST * )malloc(sizeof(SLIST));
29       for(i = 0;i < N;i++)
30       {
31           q = (SLIST * )malloc(sizeof(SLIST));
32           q -> data = a[i];
33           p -> next = q;
34           p = q;
35       }
36       p -> next = 0;
37       return h;
38   }
39   void outlist(SLIST * h)
40   {
41       SLIST * p;
42       p = h -> next;
43       if (p == NULL) printf("\nThe list is NULL!\n");
44       else
45       {
46           printf("\nHead");
47           do
48           {
49               printf(" -> % d",p -> data);
50               p = p -> next;
51           } while(p!= NULL);
52           printf(" -> End\n");
53       }
54   }
55   int main()
```

```
56  {
57      SLIST * head;
58      int a[N] = {11,12,15,18,19,22,25,29},n;
59      head = creatlist(a);              //创建链表
60      printf("\nThe list before inserting:\n");
61      outlist(head);                    //输出原始链表
62      printf ("Intput a integer:");
63      scanf(" % d",&n);                 //输入要插入的数据值
64      printf("\n The list after inserting:\n");
65      fun(head,n);                      //插入新节点
66      outlist(head);                    //输出新链表
67      return 0;
68  }
```

【实验提示】

① fun 函数中 s 为待插入的新节点,其数据域为待插入的数据 m。指针 p 从头节点开始,指针 t 从第一个节点开始,依次将指针 p、指针 t 指向节点的数据域和 m 进行比较。当指针 p 指向节点的数据域小于 m,同时指针 t 指向节点的数据域大于 m 且链表没有结束时,指针 s 指向的新节点应插入指针 p 和指针 t 之间,如图 9-12 所示。

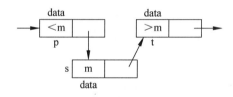

图 9-12　将节点插入到有序链表中

② main 函数中首先根据给定的 a 数组中已排好序的数据,调用 creatlist 函数创建链表,再调用 outlist 函数输出链表,然后输入待插入的数据,调用 fun 函数实现数据的插入,最后再次调用 outlist 函数输出新链表。

③ creatlist 函数中使用"尾插法"创建链表,其中 h 为头节点,p 为指向当前链表的尾节点,q 为新创建的节点。

(4) 程序改错二

功能:程序中已建立了一个带头节点的单向链表,在 main 函数中将多次调用 fun 函数,每调用一次,输出链表尾部节点中的数据,并释放该节点,使链表缩短。

请改正程序中的错误,使它能得出正确的结果。

注意:不要增行或删行,也不得更改程序的结构。

```
1   # include < stdio. h >
2   # include < stdlib. h >
3   # define N 8
4   typedef struct list
5   {
6       int data;
```

```
7       struct list * next;
8   } SLIST;
9   / **************** ERROR **************** /
10  void fun(SLIST p)              //删除最后一个节点
11  {
12      SLIST * t, * s;            //t为当前要删除的最后一个节点,s为t前面一个节点
13      t = p -> next;             //初始时,s从头节点开始,t为头节点后的一个节点
14      s = p;
15      / **************** ERROR **************** /
16      while(t -> next == NULL)   //当t不为最后一个节点时,s和t顺序后移
17      {
18          s = t;
19          t = t -> next;
20      }
21      printf(" % d",t -> data);  //输出当前最后一个节点的数据域
22      s -> next = NULL;          //指针s域为空
23     / **************** ERROR **************** /
24      free(s);                   //释放空间
25  }
26  SLIST * creatlist(int * a)     //创建链表
27  {
28      SLIST * h, * p, * q;
29      int i;
30      h = p = (SLIST * )malloc(sizeof(SLIST));
31      for(i = 0;i < N;i++)
32      {
33          q = (SLIST * )malloc(sizeof(SLIST));
34          q -> data = a[i];
35          p -> next = q;
36          p = q;
37      }
38      p -> next = 0;
39      return h;
40  }
41  void outlist(SLIST * h)        //输出链表
42  {
43      SLIST * p;
44      p = h -> next;
45      if(p == NULL)
46          printf("\nThe list is NULL !\n");
47      else
48      {
49          printf("\nHead");
50          do
51          {
52              printf(" -> % d",p -> data);
53              p = p -> next;
54          }while(p!= NULL);
```

```
55          printf(" - > End\n");
56      }
57 }
58 int main()
59 {
60      SLIST * head;
61      int a[N] = {11,12, 15,18, 19,22,25,29};    //数组 a 中存放原始数据
62      head = creatlist(a);                        //创建链表
63      printf("\nOutput from head:\n");
64      outlist(head);                              //输出原始链表
65      printf("\nOutput from tail: \n");
66      while(head - > next!= NULL)
67      {
68          fun(head);                              //删除最后一个节点
69          printf("\n\n");
70          printf("\nOutput from head again:\n");
71          outlist(head);                          //输出新链表
72      }
73      return 0;
74 }
```

【实验提示】

① main 函数中首先根据给定的数组 a 中的数据调用 creatlist 函数创建链表,再调用 outlist 函数输出链表,然后调用 fun 函数依次输出最后一个节点数据域中的数值,并删除最后一个节点,再次调用 outlist 函数输出新链表,直到链表只剩下头节点为止。

② main 函数中调用 fun 函数,头节点作为实参将链表的首地址传递给形参 p,实现单向值传递,传递的值是地址。

③ fun 函数中指针 t 为待删除的最后一个节点,指针 s 为指针 t 前一个节点,即删除指针 t 后新链表中的最后一个节点。初始时,指针 p 指向链表头节点,指针 s 从头节点开始,指针 t 从头节点后的第一个节点开始,遍历各个节点,直到指针 t 指向节点的指针域为空。此时,指针 t 指向最后一个节点,指针 s 指向倒数第二个节点。输出指针 t 指向节点数据域中的数值,然后将指针 s 指向的节点的指针域置为空,即 s 成为新的链表中的最后一个节点,并释放 t 指向节点存储空间。删除过程如图 9-13 所示。

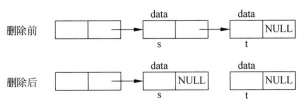

图 9-13 删除尾节点

④ creatlist 函数中使用"尾插法"创建链表,其中 h 为头节点,p 为指向当前链表的尾节点,q 为新创建的节点。

（5）程序设计

N 名学生的成绩已在 main 函数中放入一个带头节点的链表中，h 指向链表的头节点。请编写 fun 函数，其功能是求出平均分，并由函数值返回。

例如，8 名学生的成绩是 85、76、69、85、91、72、64、87，则该 8 名学生的成绩的平均分是 78.625。

```
1   # include < stdlib. h >
2   # include < stdio. h >
3   # define N 8
4   struct slist
5   {
6       double s;
7       struct slist * next;
8   };
9   typedef struct slist STREC;                    //自定义类型
10  double fun(STREC * h)                          //求平均分
11  {
12      / * * * * * * * * * * * * * * * * * BEGIN * * * * * * * * * * * * * * * * * * * * /
13
14
15      / * * * * * * * * * * * * * * * * * * END * * * * * * * * * * * * * * * * * * * * /
16  }
17  STREC * creat(double * s)                      //创建链表
18  {
19      STREC * h, * p, * q;
20      int i = 0;
21      h = p = (STREC * )malloc(sizeof(STREC));
22      p - > s = 0;
23      while(i < N)
24      {
25          q = (STREC * )malloc(sizeof(STREC));
26          q - > s = s[ i ]; i++;
27          p - > next = q; q = p;
28      }
29      p - > next = 0;
30      return h;
31  }
32  void outlist(STREC * h)                        //输出成绩
33  {
34      STREC * p;
35      p = h - > next;
36      printf("head");
37      do
38      {
39          printf(" - > % 4.1f", p - > s);
40          p = p - > next;
41      }while(p!= NULL);
```

```
42     printf("\n\n");
43  }
44  int main()
45  {
46      double s[N] = {85,76,69,85,91,72,64,87},ave;
47      STREC * h;
48      h = creat(s);                    //创建链表
49      outlist(h);                      //输出链表
50      ave = fun(h);                    //求平均分
51      printf("ave = % 6.3f\n",ave);
52      return 0;
53  }
```

【实验提示】

① main 函数中首先根据给定的数组 s 中的数据调用 creat 函数创建链表,再调用 outlist 函数输出链表,然后调用 fun 函数求出平均分,并输出。

② main 函数中指针 h 指向头节点,调用 fun 函数时 h 作为实参将链表的首地址传递给形参指针 h,实现单向值传递,传递的值是地址。

③ fun 函数中从头节点后的第一个节点开始到最后一个节点,遍历每个节点,并计算每个节点数据域中数值的累加和,从而得到平均分。平均分作为函数的返回值返回给 main 函数中变量 ave,其类型应该与函数类型相对应。

9.4.3 练习与思考

1. 单选题

(1) 假定已建立链表 A,且指针 p 和指针 q 已指向如图 9-14 所示的节点,则下列选项中可将指针 q 所指的节点从链表中删除并释放该节点的语句组是(   )。

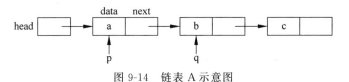

图 9-14 链表 A 示意图

A. (* p). next = (* q). next; free(p);   B. p = q - > next; free(q);

C. p = q; free(q);   D. p - > next = q - > next; free(q);

(2) 假定已建立链表 B 如图 9-15 所示,则下面选项中不能将指针 q 所指的节点插入链表末尾的语句组是(   )。

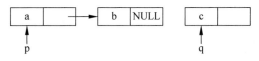

图 9-15 链表 B 示意图

A. q - > next = NULL; p = p - > next; p - > next = q;

B. p = p - > next; q - > next = p - > next; p - > next = q;

C.　p＝p->next; q->next＝p; p->next＝q;

D.　p＝(*p).next; (*q).next＝(*p).next; (*p)next＝q;

(3) 设有定义: struct node {int data; struct node *next;} *p, *q, *r; , 指针 p、q、r 分别指向链表 C 中的 3 个连续节点, 如图 9-16 所示。若要将指针 q 和指针 r 所指节点的先后位置交换, 并仍保持链表的连续, 下面选项中错误的语句是(　　　)。

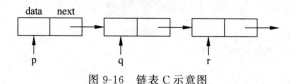

图 9-16　链表 C 示意图

A.　r->next＝q; q->next＝r->next; p->next＝r;

B.　q->next＝r->next; p->next＝r; r->next＝q;

C.　p->next＝r; q->next＝r->next; r->next＝q;

D.　q->next＝r->next; r->next＝q; p->next＝r;

(4) 设有定义: struct node {char data; struct node *next;} a, b, *p＝&a, *q＝&b; , 指针 p 指向变量 a, 指针 q 指向变量 b, 链表 D 如图 9-17 所示。则下面选项中, 不能把节点 b 连接到节点 a 之后的语句是(　　　)。

图 9-17　链表 D 示意图

A.　a.next＝q;　　　　　　　　　　B.　p.next＝&b;

C.　p->next＝&b;　　　　　　　　　D.　(*p).next＝q;

(5) 设有如图 9-18 所示的不带头节点的单向链表, 指针变量 s、p、q 已正确定义, 并用于指向链表 E 节点, 指针 s 总是作为头指针指向链表的第一个节点。有下面的程序段, 该程序段完成的功能是(　　　)。

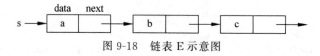

图 9-18　链表 E 示意图

```
q = s; s = s->next; p = s;
while (p->next) p = p->next;
p->next = q; q->next = NULL;
```

A.　首节点成为尾节点　　　　　　　B.　尾节点成为首节点

C.　删除首节点　　　　　　　　　　D.　删除尾节点

(6) 以下程序运行后, 其输出结果是(　　　)。

```
# include < stdlib. h>
# include < stdio. h>
struct NODE
{
```

```
    int num;
    struct NODE * next;
};
int main()
{
    struct NODE * p, * q, * r;
    p = (struct NODE * )malloc(sizeof(struct NODE));
    q = (struct NODE * )malloc(sizeof(struct NODE));
    r = (struct NODE * )malloc(sizeof(struct NODE));
    p - > num = 10; q - > num = 20; r - > num = 30;
    p - > next = q; q - > next = r;r - > next = NULL;
    printf(" % d\n",p - > num + q - > num);
    return 0;
}
```

      A. 10   B. 20   C. 30   D. 40

2. 填空题

(1) 下面程序段定义一个结构体有两个域：数据域 data 和指针域 next，其中数据域 data 用于存放整型数据，next 用于指向下一个节点的指针，请填空。

```
struct A
{   int data;
    _____;
}node;
```

(2) 设有一个链表的节点定义：struct link {int data; struct link * next;};,则在节点 p 后插入节点 q 的操作是 _____, _____。删除节点 p 后的一个节点的操作是_____。

(3) 设有一个链表的节点定义：struct link {int data; struct link * next, * prior;};,链表为双向链表，其中成员 next 指向后继，成员 prior 指向前驱。删除节点 p 的操作是_____,_____。在节点 p 前插入一个节点 q 的操作是_____,_____,_____,_____; 。

(4) 下面程序段功能是统计出链表中节点的个数，并存入变量 c 中。链表不带头节点，其中 first 为指向第一个节点的指针，请填空完成程序段。

```
struct link
{   int data;
    struct link * next;
};
struct link * p, * first;
int c = 0; p = first;
while(p!= NULL)
{   _____;
    p = _____; }
```

(5) 设有一个单向链表：struct link {int data; struct link * next;};,head 指向头节点,有 struct link * head;。每个节点包含数据域 data 和指针域 next。sum 函数的功能是

求出所有节点数据域的和并作为函数值返回。请填空完成 sum 函数。

```
int sum(struct link * head)
{    struct link * p;
     int s = 0;
     p = head -> next;
     while(p)
     {  s += _____;     p = _____; }
     return(s);
}
```

（6）设有一个单向链表，head 指向头节点，每个节点包含数据域 data 和指针域 next。链表按数据域递增有序排列，请填空完成下面的 delete 函数，删除链表中数据域值相同的节点。

```
typedef int datatype;
typedef struct node {datatype data;struct node * next;}linklist;
delete(linklist * head)
{
    linklist * p, * q;
    q = head -> next;
    if (q == NULL)   return;
    p = q -> next;
    while (p!= NULL)
        if (p -> data == q -> data) { _____; free(p);p = q -> next;}
        else   {q = q -> next;_____;}
}
```

9.4.4　综合应用

1. 程序填空一

给定程序中，fun 函数的功能是将带 head 的单向链表节点数据域中的数据从小到大排序。即若原链表节点数据域从头至尾的数据为 10、4、2、8、6，排序后链表节点数据域从头至尾的数据为 2、4、6、8、10。

请在程序的下画线处填入正确的内容，并把下画线删除，使程序得出正确的结果。

注意：不要增行或删行，也不得更改程序结构。

```
1   # include < stdio. h >
2   # include < stdlib. h >
3   # define N 6
4   typedef struct node
5   {
6       int data;
7       struct node * next;
8   }NODE;
```

```
 9   void fun(NODE * h)                        //用冒泡排序法排序
10   {
11      NODE * p, * q;
12      int t;
13   / * * * * * * * * * * * * * * * FILL * * * * * * * * * * * * * * * * /
14      p = _____;
15      while(p)
16      {
17   / * * * * * * * * * * * * * * * FILL * * * * * * * * * * * * * * * * /
18          q = _____;
19          while(q)
20          {
21   / * * * * * * * * * * * * * * * FILL * * * * * * * * * * * * * * * * /
22              if(p -> data _____ q -> data)
23              {
24                  t = p -> data;
25                  p -> data = q -> data;
26                  q -> data = t;
27              }
28              q = q -> next;
29          }
30          p = p -> next;
31      }
32   }
33   NODE   * creatlist(int a[ ])                //创建链表
34   {
35      NODE * h, * p, * q;
36      int i;
37      h = (NODE * )malloc(sizeof(NODE));
38      h -> next = NULL;
39      for(i = 0; i < N; i++)
40      {
41          q = (NODE * )malloc(sizeof(NODE));
42          q -> data = a[ i];
43          q -> next = NULL;
44          if(h -> next == NULL)
45              h -> next = p = q;
46          else { p -> next = q; p = q; }
47      }
48      return h;                              //返回值为链表头节点
49   }
50   void outlist(NODE * h)                      //输出链表
51   {
52      NODE * p;
53      p = h -> next;
54      if(p == NULL) printf("The list is NULL ! \n");
55      else
56      {
57          printf("\nHead");
```

```
58          do
59          {
60              printf(" -> % d",p -> data);
61              p = p -> next;
62          } while(p!= NULL);
63          printf(" -> End\n");
64      }
65  }
66  int main()
67  {
68      NODE  * head;
69      int a[N] = {0,10,4,2,8,6};
70      head = creatlist(a);              //创建链表
71      printf("\nThe original list:\n");
72      outlist(head);                    //输出链表
73      fun(head);                        //排序
74      printf("\nThe list after sorting:\n");
75      outlist(head);                    //输出链表
76      return 0;
77  }
```

【实验提示】

（1）main 函数中首先根据给定的数组 a 中的数据，调用 creatlist 函数创建链表，再调用 outlist 函数输出链表，然后调用 fun 函数实现数据的排序，最后再次调用 outlist 函数输出排序后的新链表。

（2）main 函数中调用 fun 函数，头节点作为实参将链表的首地址传递给形参 h，实现单向值传递，传递的值是地址。

（3）fun 函数中使用冒泡排序法为数据域数值排序。指针 p 从头节点开始，指针 q 从指针 p 指向的节点的后一个节点开始到最后一个节点，依次将指针 p 指向节点数据域与指针 q 指向节点数据域比较。如果指针 p 指向节点数据域大于 q 指向节点数据域则交换 p 和 q 所指向节点，直到 p 指向最后一个节点，此时所有数据排序完成。

（4）请思考：如果用选择排序法，该如何修改程序？

2. 程序填空二

功能：给定程序中，fun 函数的功能是将带头节点的单向链表逆置，即若原链表中从头至尾节点数据域依次为 2、4、6、8、10，逆置后，从头至尾节点数据域依次为 10、8、6、4、2。

请在程序的下画线处填入正确的内容，并把下画线删除，使程序得出正确的结果。

注意：不要增行或删行，也不能更改程序结构。

```
1   # include < stdio. h >
2   # include < stdlib. h >
3   # define N 5
4   typedef struct node
5   {
```

```
6       int data;
7       struct node * next;
8   } NODE;
9   void fun(NODE * h)                        //逆置数据
10  {
11      NODE * p, * q, * r;
12  /* * * * * * * * * * * * * * * FILL * * * * * * * * * * * * * * * * /
13      p = _____;
14  /* * * * * * * * * * * * * * * FILL * * * * * * * * * * * * * * * * /
15      if(p == _____)   return;          //链表为空时直接返回
16      q = p -> next;
17      p -> next = NULL;
18      while(q)                              //逆置指向关系
19      {
20          r = q -> next; q -> next = p;
21  /* * * * * * * * * * * * * * * FILL * * * * * * * * * * * * * * * * /
22          p = q; q = _____;
23      }
24      h -> next = p;
25  }
26  NODE   * creatlist(int a[ ])              //创建链表
27  {
28      NODE * h, * p, * q;
29      int i;
30      h = (NODE * )malloc(sizeof(NODE));
31      h -> next = NULL;
32      for(i = 0; i < N; i++)
33      {
34          q = (NODE * )malloc(sizeof(NODE));
35          q -> data = a[i];
36          q -> next = NULL;
37          if(h -> next == NULL)
38              h -> next = p = q;
39          else { p -> next = q; p = q; }
40      }
41      return h;                            //返回值为链表头节点
42  }
43  void outlist(NODE * h)                    //输出链表
44  {
45      NODE * p;
46      p = h -> next;
47      if(p == NULL) printf("The list is NULL ! \n");
48      else
49      {
50          printf("\nHead");
51          do
52          {
53              printf(" -> % d", p -> data);
54              p = p -> next;
```

```
55              } while(p!= NULL);
56              printf(" - > End\n");
57      }
58 }
59 int main()
60 {
61      NODE * head;
62      int a[N] = {2,4,6,8,10};
63      head = creatlist(a);               //创建链表
64      printf("\nThe original list : \n");
65      outlist(head);                     //输出链表
66      fun(head);                         //逆置链表数据域
67      printf("\nThe list after inverting:\n");
68      outlist(head);                     //输出新链表
69      return 0;
70 }
```

【实验提示】

（1）main 函数中首先根据给定的数组 a 中的数据调用 creatlist 函数创建链表，再调用 outlist 函数输出链表，然后调用 fun 函数实现数据域的逆置，最后再次调用 outlist 函数输出逆置后的新链表。

（2）在 main 函数中调用 fun 函数，头节点作为实参将链表的首地址传递给形参 h，实现单向值传递，传递的值是地址。

（3）在 fun 函数中将节点的指向关系逆置从而使得链表的数据逆置，如图 9-19 所示。指针 p 从头节点的后一个节点开始，指针 q 在原链表中指向指针 p 的后一个节点，r 在原链表中指向 q 的后一个节点，逆置时将 q 的后一个节点从 r 改成 p，实现指向关系的逆置。

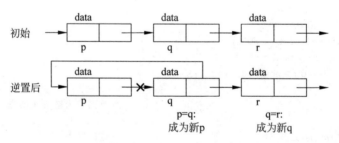

图 9-19   指向关系逆置

3. 程序改错

功能：建立一个链表，每个节点包括学号和姓名。输入一个学号，如果链表中的节点所包含的学号等于此学号，则删除此节点。

请改正程序中的错误，使它能得出正确的结果。

注意：不要增行或删行，也不得更改程序的结构。

```
1   # include < stdio. h >
2   # include < stdlib. h >
3   # define LEN sizeof(struct student)
4   struct student
5   {
6       int num;
7       char name[15];
8       struct student * next;
9   };
10  int n;
11  / ********** 建立单向链表 ********** /
12  struct student * create()
13  {
14      struct student * head, * p1, * p2;
15      n = 0;
16      p1 = (struct student * )malloc(LEN);
17      printf("Input the student's number and name(End by inputting 0):\n");
18      scanf(" % d",&p1 - > num);
19      head = NULL;
20      while(p1 - > num!= 0)
21      {
22          n++;
23          scanf(" % s",p1 - > name);
24          if(n == 1)
25              head = p1;
26          else
27              p2 - > next = p1;
28          p2 = p1;
29          p1 = (struct student * )malloc(LEN);
30          scanf(" % d",&p1 - > num);
31      }
32      p2 - > next = NULL;
33      return head;
34  }
35  / ***************** 链表节点的删除 ***************** /
36  struct student * del(struct student * head,int number)
37  {
38  / *************** ERROR *************** /
39      struct student p1,p2;
40      if(head == NULL)
41      {
42          printf("the list is null.\n");
43          return head;
44      }
45      p1 = head;
46      while(number!= p1 - > num && p1 - > next!= NULL)
47      {
48          p2 = p1;
49          p1 = p1 - > next;
50      }
```

```
51      if(number == p1 -> num)
52      {
53          if(p1 == head)
54              head = p1 -> next;
55          else
56 / *************** ERROR ***************** /
57              p1 -> next = p2 -> next;
58          printf("delete: % d",number);
59          n -- ;
60 / *************** ERROR ***************** /
61          free(p2);
62      }
63      else
64          printf(" % d not been found! \n",number);
65      return head;
66 }
67 / ************* 输出链表 ************* /
68 void print(struct student  * head)
69 {
70      struct student  * p;
71      p = head;
72      while(p!= NULL)
73      {
74          printf("\nnumber = % d   name = % s",p -> num,p -> name);
75          p = p -> next;
76      }
77 }
78 int main()
79 {
80      struct student  * head;
81      int num;
82      head = create();
83      printf("\nPlease input the number to be delete:");
84      scanf(" % d",&num);
85      del(head,num);
86      print(head);
87 }
```

【实验提示】

（1）del 函数先从头节点开始，依次寻找，如果找到，则让指针 p1 指向要被删除的节点，此时指针 p2 指向指针 p1 的前一个节点，然后让指针 p2 的成员 next 指向指针 p1 的后一个节点，这样指针 p1 就从链表中被删除了，然后释放指针 p1。当要删除的节点是头节点时，还要让头节点指向下一个节点，以保证指针变量 head 指向链表的首地址。请参看本节知识点介绍中链表节点删除的示意图。

（2）删除节点后要将链表的头指针返回到调用之处。

4．程序设计

功能：给定程序是建立一个带头节点的单向链表，并用随机函数为各节点赋值。fun 函数的功能是将单向链表节点数据域为偶数的值累加起来，并作为函数返回值。请将下列程序补充完整。

```
1   # include < stdio. h >
2   # include < stdlib. h >
3   # define N 6
4   typedef struct node
5   {
6       int data;
7       struct node  * next;
8   }NODE;
9   int fun( NODE  * h)
10  {
11      int sum = 0;
12      NODE  * p;
13      p = h − > next;
14      / * * * * * * * * * * * * * * * * BEGIN * * * * * * * * * * * * * * * * * * * * /
15
16
17      / * * * * * * * * * * * * * * * * * END * * * * * * * * * * * * * * * * * * * * /
18  }
19  NODE    * creatlist( int n)                    //创建链表
20  {
21      NODE  * h, * p, * s;
22      int i;
23      h = p = (NODE  * )malloc(sizeof(NODE));
24      for( i = 1; i < n; i++)
25      {
26          s = (NODE  * )malloc(sizeof(NODE));
27          s − > data = rand( ) % 16;                //生成随机数
28          s − > next = p − > next;
29          p − > next = s;
30          p = p − > next;
31      }
32      p − > next = NULL;
33      return h;                                  //返回值为链表头节点
34  }
35  void outlist( NODE  * h)                        //输出链表
36  {
37      NODE  * p;
38      p = h − > next;
39      if( p == NULL) printf("The list is NULL ! \n");
40      else
41      {
42          printf("\nHead");
```

```
43          do
44          {
45              printf(" -> % d",p -> data);
46              p = p -> next;
47          } while(p != NULL);
48          printf(" -> End\n");
49      }
50 }
51 int main()
52 {
53     NODE  * head;
54     int s;
55     head = creatlist(10);                //创建链表
56     printf("\nThe original list:\n");
57     outlist(head);                       //输出链表
58     s = fun(head);                       //排序
59     printf("\nSum = % d\n",s);
60     return 0;
61 }
```

【实验提示】

(1) 在 fun 函数中依次遍历各个节点,如果该节点的数据域是 2 的倍数则累加求和,直到最后一个节点为止。

(2) main 函数中首先调用 creatlist 函数创建链表,再调用 outlist 函数输出链表,最后调用 fun 函数计算累加和,并输出。creatlist 函数调用 rand 随机函数为各节点数据域赋值。

9.5 实践拓展

9.5.1 游戏榜单

某热门游戏有两份积分排名榜单,请编写程序将两份榜单按积分由高到低的顺序合并成最终榜单,并输出积分排名前 10 名的玩家信息。

两份榜单分别存放在两个已按降序排列的单向链表中,头指针分别为 list1 和 list2。链表中每一个节点的数据域是一个整数,表示对应玩家的积分。

【实验提示】

(1) 本实践项目旨在综合运用结构体、链表、动态内存分配、函数调用等相关知识解决实际问题的能力。

(2) 定义链表用于存放玩家信息,包括玩家的 ID、昵称、性别、等级、积分等。

(3) 编写 createlist 函数创建链表 list1 存放第一份榜单,链表中每个节点的数据域是对应玩家的基本信息,节点按玩家积分由大到小的顺序排列,函数返回 list1 链表的头指针 h1。同理,创建链表 list2 存放第二份榜单,函数返回 list2 链表的头指针 h2。

(4) 编写 mergelist 函数将链表 list1 和链表 list2 合并成一个新链表 lastlist,并返回新链表 lastlist 的头指针 h。合并时,首先依次比较链表 list1 和链表 list2 中未插入节点的积分成员的值,将较大的节点使用"尾插法"插入到新链表 lastlist 的尾部,直到链表 list1 和链表 list2 中的最后一个节点都插入完成,最后将新链表 lastlist 的最后一个节点的指针域设置为 NULL。

(5) 在 main 函数中首先调用 creatlist 函数根据用户输入的信息创建链表 list1 和链表 list2,然后输出原始的两份榜单,接着调用 mergelist 函数合并链表 list1 和 list2 并生成最终榜单新链表 lastlist,最后输出新链表中的前 10 个节点的数据域。

9.5.2　猴子选大王

有 M 只猴子围成一圈,对猴子从 1 到 M 进行编号,并从中选出一个大王。选大王的规则是从第 1 只猴子开始循环报数,数到 N 的猴子退出圈子,最后剩下的那只猴子就是大王。

例如:有 13 只猴子,凡数到 3 的猴子退出圈子,则依次退出圈子的猴子序号为:3、6、9、12、2、7、11、4、10、5、1、8,最后留下的 13 号猴子就是大王,程序运行结果如图 9-20 所示。

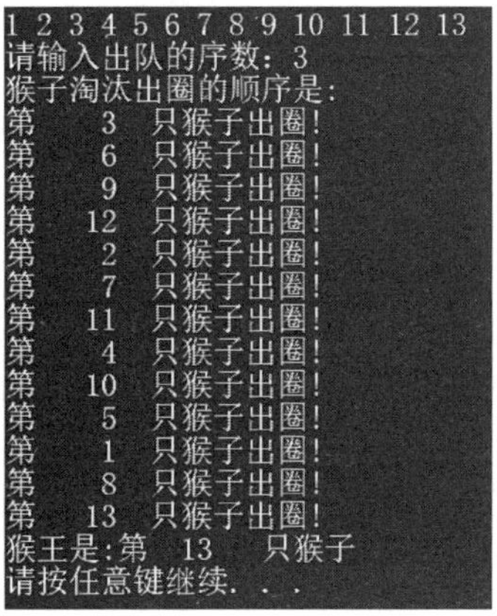

图 9-20　猴子选大王程序运行结果

【实验提示】

(1) 猴子选大王(约瑟夫环)是数据结构中一个经典的算法问题,可以使用数组、数组的回溯算法实现,也可以使用循环队列实现,还可以使用链表实现。本例使用循环链表解决该问题。

(2) 定义一个链表结构,数据域存放猴子的编号。

```
struct king
{
    int num;
    struct king * next;
};
```

(3) 编写 createlist 函数按照编号由小到大的顺序创建循环链表 list,函数返回链表 list 的头指针 head。循环链表的最后一个节点的指针域不为 NULL,而是存放头指针 head。

(4) 定义一个整型变量 count 用于存放已经出圈的猴子数,当 count 值大于 M 时,表示报数完毕,最后一个退出圈子的猴子就是大王。

（5）编写 del 函数实现报数为 N 的倍数的猴子退出圈子。即设置循环控制变量 i，i 从 1 开始遍历链表节点，当 i 值为 N 的倍数时，输出该节点的数据域，并从链表中删除该节点；然后将 i 重新置为 1，count 计数加 1，继续循环直到 count 值大于 M。

（6）在 main 函数中调用 createlist 函数创建循环链表，再调用 del 函数依次输出退出圈子的猴子编号和大王编号。

（7）思考：如何用数组的回溯算法解决猴子选大王问题？

位运算和文件

位运算使 C 语言具有汇编语言的能力,可直接对计算机硬件和物理地址进行访问,适用于编写系统软件,而且位运算能够直接操作二进制数据,所以可以节约内存,使程序的运行速度更快。通常,位运算也作为文件加密的一种方法,例如一个文档,使用某种特定的位运算对文件内容进行加密,当用户收到加密后的文件后,再使用相反的位运算就可以将文件解密。

文件(file)是程序设计中的一个重要概念。所谓"文件"一般是指存储在外部介质上数据的集合。C 语言把文件看作是字符(字节)的序列,即由一个一个字符(字节)的数据按顺序组成。根据数据的组织形式可分为文本文件和二进制文件这两类。C 语言通过调用库函数来实现对这两类文件的处理。本章将介绍一些常用的文件处理函数。

为方便读者了解、学习本章内容,绘制本章思维导图,如图 10-1 所示。

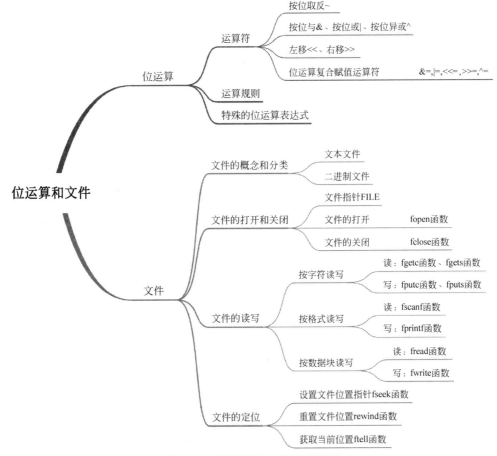

图 10-1 "位运算和文件"思维导图

10.1 位运算

位运算的作用是对运算对象按二进制位进行操作,它能够对字节或者字中的位进行检测、设置、移位,它只适用于字符型或者整型变量以及它们的变体,对其他数据类型不适用。

10.1.1 知识点介绍

C语言提供了如表10-1所示的6种位运算符,其中按位取反运算为单目运算(只需要一个运算对象),其他都是双目运算(需要两个运算对象)。

表 10-1 位运算符

运算符号	-	&	|	^	<<	>>
运算符功能	按位取反运算	按位与运算	按位或运算	按位异或运算	左移	右移
运算对象	单目运算	双目运算				
	运算对象为二进制数据					
结合方向	从右向左结合	从左向右结合				
优先级	高————————————————————→低					

1. 按位取反运算、按位与运算、按位或运算和按位异或运算

按位取反运算-、按位与运算&、按位或运算|和按位异或运算^的运算规则如表10-2所示,它们和逻辑非、逻辑与、逻辑或运算的运算规则类似,只是操作对象不同。位运算只能对数据按二进制形式进行操作,而逻辑运算可以对任何类型的数据进行操作。

表 10-2 位运算符的运算规则

变量 a	变量 b	~a	a&b	a|b	a^b
0	0	1	0	0	0
0	1	1	0	1	1
1	0	0	0	1	1
1	1	0	1	1	0

根据这4种位运算的运算规则,可以总结出如表10-3所示的规律。

表 10-3 位运算的规律

功 能	位运算表达式
数据清零	0 & 任何数 = 0
数据置为1	1|任何数 = 1
保留数据	1 & 任何数 = 任何数
	0|任何数 = 任何数
	0 ^ 任何数 = 任何数
数据翻转	1 ^ 任何数 = 任何数的反

2．左移运算和右移运算

左移运算<<的功能是把<<运算符左边运算数的二进制位全部左移若干位,左移的位数由<<运算符右边的数指定。数据左移时高位丢弃,低位补0。

例如：有 int a＝39;则 a<<2 表示把 a 的二进制位左移两位,内存中的存放情况如图 10-2 所示。

a=39 在内存中的存放形式

0000 0000 0000 0000 0000 0000 |0010 0111|

a<<2 后在内存中的存放形式

0000 0000 0000 0000 0000 00|00 1001 1100|

图 10-2　左移运算示例

右移运算>>的功能是把>>运算符左边运算数的二进制位全部右移若干位,右移的位数由>>运算符右边的数指定。当有符号数据右移时符号位将随之一起移动,即当数据为正数时,高位补0；当数据为负数时,符号位为1,高位补1；当无符号数据右移时,高位补0。

a=39 时a>>2后在内存中的存放形式

0000 0000 0000 0000 0000 0000 |0000 1001|

a=−30 补码在内存中的存放形式

1111 1111 1111 1111 1111 1111 |1110 0010|

a=−30 时a>>3在内存中的存放形式

1111 1111 1111 1111 1111 1111 |1111 1100|

图 10-3　右移运算示例

在某些 C 语言编译系统中,左移 n 位等价于原始数据乘以 2^n 运算,右移 n 位等价于原始数据除以 2^n 运算。上例中,变量 a 为 39,变量 a 左移 2 位即为 $39 \times 2^2 = 156$,变量 a 右移 2位后变成了 $39 \div 2^2$ 取整后的值为 9。

3．位运算复合赋值运算符

将位运算符与赋值运算符结合成复合的赋值运算符,相当于把位运算的计算结果再赋值给该变量。如 &＝,|＝,<<＝,>>＝,^＝,具体运算如表 10-4 所示。

表 10-4　位运算复合赋值运算符

运　算　符	举　　例	等　价　于
&＝	a&＝b	a＝a&b
|＝	a|＝b	a＝a|b
^＝	a^＝b	a＝a^b
>>＝	a>>＝2	a＝a>>2
<<＝	a<<＝2	a＝a<<2

10.1.2　实验部分

1. 实验目的

（1）掌握位运算的运算规则。

（2）掌握位运算对数据特定位的操作。

2. 实验内容

（1）程序填空

功能：取整数 a 从右端开始的 4～7 位。

请在程序的下画线处填入正确的内容，并把下画线删除，使程序得出正确的结果。

注意：不要增行或删行，也不能更改程序结构。

```
1    # include < stdio. h>
2    int main()
3    {
4        unsigned int a,b,c,d;
5        scanf(" % o",&a);              //以八进制形式输入
6        / *************** FILL ***************** /
7        b = _____;
8        / *************** FILL ***************** /
9        c = _____;
10       d = b&c;
11       printf(" % o的低四位为 % o",a,d);
12       return 0;
13   }
```

【实验提示】

① 本题中应把取出的 4～7 位作为一个整体处理。先使变量 a 右移 4 位，再设置一个低 4 位全为 1，其余位全为 0 的数，将两数做 & 运算，则保留低 4 位数据。低 4 位全为 1，其余全为 0 的数可以由运算 $-(\sim 0 << 4)$ 得到。

$-(\sim 0 << 4) = \sim((\sim 0000\ 0000\ 0000\ 0000) << 4) = \sim(1111\ 1111\ 1111\ 1111 << 4)$
$= \sim 1111\ 1111\ 1111\ 0000$

② scanf 函数输入格式为%o，输入数据时要输入八进制数据。

（2）程序改错

功能：实现对给定数据的左移 m 位和右移 m 位（$10 > m > 0$）。

请改正程序中的错误，使它能得出正确的结果。

注意：不要增行或删行，也不得更改程序的结构。

```
1    # include < stdio. h>
2    void move(unsigned num, int n);        //函数声明
3    int main()
4    {
```

```
5      unsigned int a = 65437;
6      int m;                          //m 为移动的位数
7      printf("请输入一个小于 10 大于 0 的数:\n");
8      / * * * * * * * * * * * * * * * ERROR * * * * * * * * * * * * * * * * * /
9      scanf("%d",m);
10     move(a,m);
11     return 0;
12 }
13 void move(unsigned num, int n)
14 {
15     unsigned  x,y;                  //x 表示左移后得到的数据,y 表示右移后得到的数据
16     / * * * * * * * * * * * * * * * ERROR * * * * * * * * * * * * * * * * * /
17     x = num >> n;
18     / * * * * * * * * * * * * * * * ERROR * * * * * * * * * * * * * * * * * /
19     y = num << n;
20     printf("%x 左移 %d 的结果为: %x\n",num,n,x);
21     printf("%x 右移 %d 的结果为: %x\n",num,n,y);
22 }
```

【实验提示】

① move 子函数实现数据的左移与右移。

② move 子函数写在 main 函数之后,并在 main 函数之前加以说明定义。

(3) 程序设计

功能:设计一个函数,给出一个数的原码能得到该数的补码,以八进制形式输入和输出。

```
1   # include < stdio.h >
2   int main()
3   {
4      unsigned int a;
5      unsigned int fun(unsigned);
6      printf("\nInput an octal number:");
7      scanf("%o",&a);
8      printf("result:%o\n",fun(a));
9      return 0;
10 }
11 unsigned int fun(unsigned value)
12 {
13     / * * * * * * * * * * * * * * * BEGIN * * * * * * * * * * * * * * * * * * * /
14
15
16     / * * * * * * * * * * * * * * * END * * * * * * * * * * * * * * * * * * * * /
17 }
```

【实验提示】

① 正数的原码、反码、补码相同;负数的反码除符号位外,其余各位取反;负数的补码为反码加 1。

② fun 函数中首先判断输入的数据是正数还是负数。如果是正数,直接将该数据以八进制形式输出;如果是负数,先将数据按位取反,得到反码,最后将反码加 1 后以八进制形式输出。

10.1.3　练习与思考

1. 单选题

(1) 变量 a 中的数据以二进制表示是 0101 1101,变量 b 中的数据以二进制表示是 1111 0000。若要求将 a 的高 4 位取反,低 4 位不变,则可以执行的运算是(　　)。

　　A. a^b　　　　　　　B. a|b　　　　　　　C. a&b　　　　　　　D. a<<4

(2) 设有定义 char a,b;,若使用 a&b 运算保留 a 的第 3 位和第 6 位的值(最低位是第 1 位),则 b 的二进制形式应是(　　)。

　　A. 0010 0100　　　　B. 1101 1011　　　　C. 0001 0010　　　　D. 0111 0010

(3) 程序段 int r=8; printf("%d\n",r>>1);的输出结果为(　　)。

　　A. 16　　　　　　　B. 8　　　　　　　　C. 4　　　　　　　　D. 2

(4) <<,sizeof,^,&= 运算符按优先级由高到低的正确排列次序是(　　)。

　　A. sizeof,&=,<<,^　　　　　　　　B. sizeof,<<,^,&=

　　C. ^,<<,sizeof(),&=　　　　　　　D. <<,^,&=,sizeof()

(5) 在 C 语言中要求运算数必须是整型或字符型的运算符是(　　)。

　　A. &&　　　　　　　B. &　　　　　　　C. !　　　　　　　D. ||

(6) 表达式 0x13&0x17 的值是(　　)。

　　A. 0x17　　　　　　B. 0x13　　　　　　C. 0xf8　　　　　　D. 0xec

(7) 表达式-0x13 的结果是(　　)。

　　A. 0xFFFF FFEC　　　　　　　　　B. 0xFFFF FF71

　　C. 0xFFFF FFE68　　　　　　　　　D. 0xFFFF FF17

(8) 以下程序程序运行的输出结果是(　　)。

```
# include< stdio. h >
int main()
{
  int a = 12,c;
  c = (a << 2)<< 1;
  printf(" % d\n",c);
  return 0;
}
```

　　A. 3　　　　　　　B. 50　　　　　　　C. 2　　　　　　　D. 96

(9) 以下程序若要使程序的输出结果是 248,则下画线处应填入(　　)。

```
# include< stdio. h >
int main()
{
  short c = 124;
  c = c _____;
```

```
printf("%d\n",c);
return 0;
}
```

A. >>2   B. |248   C. &0248   D. <<1

（10）以下程序运行的输出结果是（   ）。

```
#include<stdio.h>
int main()
{
  int a=2,b=2,c=2;
  printf("%d\n",a/b&c);
  return 0;
}
```

A. 0   B. 1   C. 2   D. 3

2. 填空题

（1）在位运算中,操作数每右移一位,其结果相当于操作数_____2。

（2）在位运算中,操作数每左移一位,其结果相当于操作数_____2。

（3）交换两个变量的值,不允许使用临时变量,则应该用_____位运算符实现。

（4）在C语言中,& 运算符作为单目运算时表示_____运算,作为双目运算时表示_____运算。

（5）测试char型变量a第6位是否为1的表达式是(最低位为第1位)_____==32。

（6）设二进制数x＝1100 1101,要想通过x&y运算使得x中低4位不变,高4位清零则y的二进制表示是_____。

（7）与表达式a^=b等价的另一种表示形式是_____。

（8）一个数与0按位异或的结果为_____。

（9）能使两个字节的变量x的高8位置1,低8位不变的表达式是_____。

（10）变量a为任意数据,则可以让a清零的表达式是_____。

10.2 文件

在运行之前编写的C语言程序时,用户都是在C语言开发环境的控制台上输入数据的,一旦重新运行程序或输入错误,用户都需要重新输入,过程复杂。但是如果将输入的数据存储到文件中,当C语言程序运行时直接读取该文件,并且把输出结果也存储到文件中,这样就可以避免重复输入的麻烦,数据也可以重复使用,永久保存。在C语言中提供了丰富的函数操作文件。

10.2.1 知识点介绍

1. 文件的概念及分类

文件是存储在外部介质上数据的集合,是操作系统进行数据管理的基本单位。C语言程序中的输入、输出文件,都是以数据流的形式存储在介质上。

C语言中文件按其存储数据的格式可以分为文本文件和二进制文件。

文本文件又称为 ASCII 文件,在文本文件中每个字符对应一字节,用于存放对应的 ASCII 码。

二进制文件是按二进制编码的方式保存文件,也就是说数据是按其在内存中的存储样式原样输出到二进制文件中。

例如,整数 123,在文本文件中,数字 1、2 和 3 都是以字符的形式各占 1B 存放,每个字节中存放的是每个字符的 ASCII 码值,所以文件占用 3B 的存储空间。而在二进制文件中,按照整型数据的类型分配两个字节的存储空间,存放的是整数 1、2、3 对应的二进制数据。

2. 文件的打开和关闭

在 C 语言中,所有对文件的操作都是通过文件指针来实现的。

(1) 文件指针

文件指针是指向结构体类型 FILE 的指针变量,这个结构体中包含有文件缓冲区的地址,当前存取的字符位置,文件结束标识等信息。该结构体类型在 stdio.h 头文件中已经定义,用户在使用文件指针前,只须声明指向 FILE 的文件指针即可。声明一个文件指针的格式是:

```
FILE * 文件指针名;
```

例如:FILE * fp;

(2) 文件的打开 fopen 函数

在使用文件前,必须打开文件。fopen 函数用于打开文件,其调用格式如下:

```
FILE * fp;
fp = fopen(文件名,文件使用方式);
```

其中,"文件名"指要打开的文件,文件使用方式是指对文件的操作方式。文件使用方式如表 10-5 所示。

表 10-5   文件使用方式说明

文件使用方式	说　　明
r(只读)	打开一个文本文件,只允许读数据
w(只写)	打开或建立一个文本文件,只允许写数据
a(追加)	打开一个文本文件,并在文件末尾写数据
rb(只读)	打开一个二进制文件,只允许读数据
wb(只写)	打开或建立一个二进制文件,只允许写数据
ab(追加)	打开一个二进制文件,并在文件末尾写数据
r+(读写)	打开一个文本文件,允许读、写数据
w+(读写)	打开或建立一个文本文件,允许读、写数据
a+(读写)	打开一个文本文件,允许读或在文件末尾写数据
rb+(读写)	打开一个二进制文件,允许读、写数据
wb+(读写)	打开或建立一个二进制文件,允许读、写数据
ab+(读写)	打开一个二进制文件,允许读或在文件末尾写数据

如果 fopen 函数成功打开文件,则返回一个指向 FILE 类型的指针;如果打开文件失败,则返回 NULL。

(3) 文件的关闭 fclose 函数

使用完文件要关闭文件。fclose 函数用于关闭文件,其调用格式如下:

```
fclose(fp);
```

fclose 函数也有一个返回值,当文件正常关闭时,fclose 函数返回值为 0,否则返回 EOF。

3. 文件的读写

当文件正确打开后,就可以进行读写操作了。文件处理函数的操作对象是文件,因此读文件指的是从文件中读出数据,写文件则是指向文件中写入数据。

(1) 按字符读写

① fgetc 函数

fgetc 函数用于读取文件中的一个字符,并将位置指针指向下一个字符,其一般形式如下:

```
char ch;
ch = fgetc(fp);
```

如果读取成功,则返回该字符;如果读到文件末尾,则返回 EOF。需要注意的是,文件指针 fp 所指向的文件必须是以读或读写的方式打开的。

② fgets 函数

如果需要一次读取多个字符,则可以使用 fgets 函数,其一般形式如下:

```
fgets(字符数组名,n,文件指针);
```

fgets 函数的作用是从指定的文件中读取一个字符串到字符数组中,n 表示读取的字符串中字符的个数。

③ fputc 函数

fputc 函数是把一个字符写入文件指针 fp 指向的文件中。其一般形式如下:

```
ch = fputc(ch,fp);
```

如果输出成功,则返回值就是写入的字符,如果输出失败,则返回 EOF。需要注意的是,文件指针 fp 所指向文件必须是以写或读写的方式打开的。

④ fputs 函数

如果需要一次向文件中写入多个字符,则可以使用 fputs 函数,其一般形式如下:

```
fputs(字符串,文件指针);
```

fputs 函数的作用是把一个字符串写入指定的文件中。

(2) 按格式读写

C 语言允许按指定格式读写文件。fprintf 函数和 fscanf 函数都是格式化的读写函数,与 printf 函数和 scanf 函数的作用类似,但是 fprintf 函数和 fscanf 函数的读写对象是文件。它们的一般形式如下:

```
fprintf(文件指针,格式字符串,输出列表);
fscanf(文件指针,格式字符串,输入列表);
```

例如,设程序段中已定义变量 a,指针 fp 所指向文件以读写形式正确打开,代码如下:

```
int a = 100;
FILE * fp;
fprintf(fp, "%c",a);
```

则 fprintf 函数表示将数据 100 以字符的形式写入指针 fp 所指向的文件中。

(3) 按数据块读写

当要求一次性读写一组数据(如一个结构体变量的值)时,可以使用 fread 函数和 fwrite 函数。它们的一般形式如下:

```
fread(buffer,size,count,fp);
fwrite(buffer,size,count,fp);
```

其中,指针 buffer 指向内存,size 表示每个数据块的大小,count 表示允许读写的数据块的个数,指针 fp 指向进行读写操作的文件。

fread 函数是从指针 fp 所指的文件中读取数据块并存储到指针 buffer 指向的内存中,而 fwrite 函数是将指针 buffer 指向的内存中的数据块写入指针 fp 所指文件中。

4. 文件的定位

在 C 语言中有两种对文件进行存取的方式:一种是顺序存取,另一种是随机存取。

顺序存取是指每次读写时,总是按从文件的开头到结尾的顺序读写,例如要读第 N 字节,先要读前 $N-1$ 字节。

随机存取是先通过库函数定位文件位置指针后,在当前位置上进行读写。

C 语言中常用的文件定位函数有 fseek 函数、rewind 函数、ftell 函数。

① fseek 函数

fseek 函数的功能是移动文件位置指针,其一般形式如下:

```
fseek(文件指针,位移量,起始点);
```

其中,文件类型指针表示要进行读写的文件,位移量表示移动的字节数,起始点可以是文件首(SEEK-SET 或 0)、文件当前位置(SEEK-CUR 或 1)、文件尾(SEEK-END 或 2)。

② rewind 函数

rewind 函数的功能是将文件位置指针指向文件的首字节,即重置位置指针到文件首部,其一般形式如下:

```
rewind(文件指针);
```

③ ftell 函数

ftell 函数用于获取文件位置指针的位置,用相对于文件起始位置的字节偏移量来表示,其一般形式如下:

```
long ftell(文件指针);
```

10.2.2 实验部分

1. 实验目的

（1）了解 C 语言处理文件的方法。
（2）掌握常用文件处理函数的使用。
（3）了解文件库函数的参数格式和函数的返回值。

2. 实验内容

（1）程序填空一

功能：从键盘输入一串字符，逐个把它们存到 C 盘上的 my.txt 文件中，直到输入一个 #字符为止。

请在程序的下画线处填入正确的内容，并把下画线删除，使程序得出正确的结果。

注意：不得增行或删行，也不能更改程序的结构。

```
1    # include < stdio. h>
2    int main()
3    {
4      / **************** FILL **************** /
5      _____;
6      char ch;
7      / **************** FILL **************** /
8      if((fp = fopen(_____)) == NULL)          //打开文件
9          printf("cannot open file\n");
10     else
11     {    while((ch = getchar())!= '#')           //输入字符存入文件,直到输入#
12     / **************** FILL **************** /
13          fputc(_____);
14     / **************** FILL **************** /
15          _____;                              //关闭文件
16     }
17     return 0;
18   }
```

【实验提示】

① 定义一个文件指针 fp 指向文件 my.txt。

② 调用 fopen 函数打开文件，如果文件打开成功，则依次向文件中写入字符，直到输入#；如果文件打开失败，则显示"不能打开文件"。

③ 操作完毕，关闭文件。

④ 思考：如果将一串字符作为一个整体，一次性地写入文件，应如何修改程序？

（2）程序填空二

功能：程序用于统计文件中字符的个数。

请在程序的下画线处填入正确的内容，并把下画线删除，使程序得出正确的结果。

注意：不得增行或删行，也不能更改程序的结构。

```
1    # include < stdio. h >
2    int main()
3    {
4       FILE * fp;
5       long num = 0;
6    / **************** FILL **************** /
7       if((fp = fopen("fname.txt",_____)) == NULL)      //打开文件
8          printf("Open error \n");
9    / **************** FILL **************** /
10      while(_____)                                     //读取文件内容，直到文件结束
11      {
12   / **************** FILL **************** /
13         _____;                                        //读取字符
14         num++;
15      }
16      printf("num = % ld \n", -- num);
17      fclose(fp);
18   }
```

【**实验提示**】

① 定义一个文件指针 fp 指向文件 fname. txt。

② 调用 fopen 函数以只读形式打开文件，如果文件打开成功，则依次读取文件中字符，并统计字符个数，直到文件结束；如果文件打开失败，则显示"不能打开文件"。

③ 操作完毕，关闭文件。

④ 读取的字符不必保存。

（3）程序改错

功能：从键盘输入一个字符串，将其中的小写字母全部转换成大写字母，然后输出到一个磁盘文件 test. txt 中保存。输入的字符串以！结束。

请改正程序中的错误，使之能得出正确的结果。

注意：不要增行或删行，也不得更改程序的结构。

```
1    # include < stdio. h >
2    # include < stdlib. h >
3    # include < string. h >
4    int main()
5    {
6    / **************** ERROR **************** /
7       FILE fp;
8       char str[100];
9       int i = 0;
10      if((fp = fopen("test.txt","w")) == NULL)            //打开文件
11      {
12         printf("Can not open the file\n");
13         exit(0);
14      }
```

```
15      printf("Input a string:\n");
16      gets(str);                                    //输入字符串
17      while(str[i]!= '!')                           //输入!时结束
18      {
19          if (str[i]> = 'a'&&str[i]< = 'z')         //将小写字母转换成大写字母
20              str[i] = str[i] - 32;
21      / **************** ERROR **************** /
22          fputc(fp,str[i]);                         //把转换后的字符写入文件
23          i++;
24      }
25      fclose(fp);                                   //关闭文件
26      fp = fopen("test.txt","r");                   //以只读形式打开文件
27      / **************** ERROR **************** /
28      fgets(str,sizeof(str),fp);                    //从文件中读出字符到字符串中
29      printf(" % s\n",str);                         //输出读出的字符串
30      fclose(fp);
31      return 0;
32  }
```

【实验提示】

① 定义一个文件指针 fp 指向文件 test.txt,并以写形式打开文件。

② 利用循环结构依次判断每个字符是否为小写字母,如果是小写字母则转换成大写字母,并且将该字符写入文件,直到最后一个字符是!,最后关闭该文件。

③ 再次以只读形式打开文件,从文件中读出字符串,并输出到屏幕上,最后关闭文件。

④ fgets 函数的格式为fgets(字符数组名,n,文件指针);,其中 n 表示读取的字符串中字符的个数。

⑤ 使用 exit 函数时,应使用♯include < stdlib.h >语句。

（4）程序设计

功能:输入若干字符,并把它们存储到磁盘文件中。再从该文件中读出这些数据,将其中大小写字母互换后保存在文件中,并在显示屏上输出。

```
1   # include < stdio.h >
2   # include < stdlib.h >
3   int main()
4   {
5       int i;
6       char str[80];
7       FILE * fp;
8       / **************** BEGIN **************** /
9
10
11      / **************** END **************** /
12      fclose(fp);
13      return 0;
14  }
```

【实验提示】

main 函数中先创建文本文件 test.txt,以写形式打开该文件,再将输入的字符串依次写入文件后,关闭文件;然后以只读形式打开文件,并依次将字符读出到数组中,关闭文件,通过循环结构实现数组元素大小写字母互换;最后以写形式打开该文件,将新数组写入文件,关闭文件。

10.2.3　练习与思考

1. 单选题

(1) 若指针 fp 是指向某文件的指针,且已读到文件末尾,表达式 feof(fp) 的返回值是(　　)。

　　　A. EOF　　　　　　　B. −1　　　　　　　C. 非零值　　　　　　D. NULL

(2) 下述关于 C 语言文件操作的结论中,正确的一项是(　　)。

　　　A. 对文件操作必须先关闭文件

　　　B. 对文件操作必须先打开文件

　　　C. 对文件操作顺序无要求

　　　D. 对文件操作前必须先测试文件是否存在,然后再打开文件

(3) 如果需要打开一个已经存在的非空文件 FILE 进行修改,正确的打开语句是(　　)。

　　　A. fp＝fopen("FILE","r")　　　　　　　B. fp＝fopen("FILE","ab＋")

　　　C. fp＝fopen("FILE","w＋")　　　　　　D. fp＝fopen("FILE","r＋")

(4) 在高级语言中,对文件操作的一般步骤是(　　)。

　　　A. 打开文件→操作文件→关闭文件　　　B. 操作文件→修改文件→关闭文件

　　　C. 读写文件→打开文件→关闭文件　　　D. 读文件→写文件→关闭文件

(5) C 语言可以处理的文件类型是(　　)。

　　　A. 文本文件和数据文件　　　　　　　　B. 文本文件和二进制文件

　　　C. 数据文件和二进制文件　　　　　　　D. 以上答案都不完全

(6) 函数调用语句 fseek(fp,10L,2); 的含义是(　　)。

　　　A. 将文件位置指针移动到距离文件头 10 字节处

　　　B. 将文件位置指针从当前位置向文件尾方向移动 10 字节

　　　C. 将文件位置指针从当前位置向文件头方向移动 10 字节

　　　D. 将文件位置指针从文件末尾处向文件头方向移动 10 字节

(7) fscanf 函数的正确调用形式是(　　)。

　　　A. fscanf(文件指针,格式字符串,输出列表);

　　　B. fscanf(格式字符串,输出列表,文件指针);

　　　C. fscanf(格式字符串,文件指针,输出列表);

　　　D. fscanf(文件指针,格式字符串,输入列表);

(8) 函数 ftell(fp) 的作用是(　　)。

　　　A. 获得流式文件中的当前位置　　　　　B. 移动流式文件的位置指针

　　　C. 初始化流式文件的位置指针　　　　　D. 以上答案均正确

(9) fgetc 函数的作用是从指定文件读入一个字符,该文件的打开方式必须是(　　)。

    A. 只写
                           B. 追加

    C. 读或读写
                    D. 选项 B 和选项 C 都正确

(10) 下列关于 fwrite(buffer,sizeof(Student),3,fp)函数的描述不正确的一项是(　　)。

    A. 将 3 个学生的数据块按二进制形式写入文件

    B. 将由参数 buffer 指定的数据缓冲区内的 3 * sizeof(Student)个字节的数据写入指定文件

    C. 返回实际输出数据块的个数,若返回 0 值表示输出结束或发生了错误

    D. 若由指针 fp 指定的文件不存在,则返回 0 值

(11) 以下程序运行后,abc.dat 文件的内容是(　　)。

```c
#include<stdio.h>
int main()
{
  FILE * pf;
    char * s1 = "China", * s2 = "Beijing";
    pf = fopen("abc.dat","wb + ");
    fwrite(s2,7,1,pf);
    fwrite(s1,3,1,pf);
    fclose (pf);
  return 0;
}
```

    A. China
           B. Beijing
           C. BeijingChi
        D. BeijingChina

(12) 以下程序运行后,其输出结果是(　　)。

```c
#include<stdio.h>
int main()
{
  FILE * fp;
  int i = 20,j = 50,k,n;
    fp = fopen("dl.dat","w");
    fprintf(fp,"% d\n",i);
    fprintf(fp,"% d\n",j);
    fclose(fp);
    fp = fopen("dl.dat","r");
    fscanf(fp,"% d % d",&k,&n);
    printf("% d % d\n",k,n);
    fclose(fp);
  return 0;
}
```

    A. 20 30
          B. 20 50
          C. 30 50
          D. 30 20

(13) 下面程序运行后,文件 tl.dat 中的内容是(　　)。

```c
#include<stdio.h>
void WriteStr(char * fn,char * str)
{
```

```
    FILE * fp;
    fp = fopen(fn,"w");
    fputs(str,fp);
    fclose(fp);
}
int main(void)
{
    WriteStr("tl.dat","start");
    WriteStr("tl.dat","end");
    return 0;
}
```

　　A. start　　　　　　B. end　　　　　　C. startend　　　　D. endrt

(14) 以下程序运行后,其输出结果是(　　)。

```
# include < stdio.h >
int main()
{
    FILE * fp;
    int i,a[4] = {1,2,3,4},b;
    fp = fopen("data.dat","wb");
    for(i = 0;i < 4;i++)
        fwrite(&a[i],sizeof(int),1,fp);
    fclose(fp);
    fp = fopen("data.dat","rb");
    fseek(fp, - 2L * sizeof(int),SEEK_END);
    fread(&b,sizeof(int),1,fp);
    fclose(fp);
    printf(" % d\n",b);
    return 0;
}
```

　　A. 2　　　　　　　B. 1　　　　　　　C. 4　　　　　　　D. 3

(15) 设下面程序执行前文件 readme.txt 的内容为 readme,程序运行后,其输出结果是(　　)。

```
# include < stdio.h >
int main()
{
    FILE * fp;
    long pos;
    fp = fopen("readme.txt","a");
    pos = ftell(fp);
    printf("position = % ld;",pos);
    fprintf(fp,"Please read me!\n");
    pos = ftell(fp);
    printf("position = % ld",pos);
    fclose(fp);
    return 0;
}
```

A. position＝0；position＝17   B. position＝0；position＝23

C. position＝6；position＝17   D. position＝6；position＝23

2. 填空题

(1) C 语言系统把文件当作一个流,按_____进行处理。

(2) 在 C 语言程序中,文件可以用_____存取,也可以用_____存取。

(3) 在 C 语言程序中,数据可以用_____和_____两种形式存取。

(4) C 语言中的文本文件以_____形式存取。

(5) FILE ＊p 的作用是定义一个文件指针变量,其中的 FILE 是在_____头文件中定义的。

(6) feof(fp)函数用于判断文件是否结束,如果遇到文件结束,则其返回值为_____,否则为_____。

(7) 设有定义 FILE ＊fp;,请将下面打开文件的语句补充完整,以便可以向 t1. txt 文件中添加内容:fp＝fopen("t1. txt",_____);。

(8) 若指针 fp 已正确定义为一个文件指针,ss. dat 为二进制文件,请填空 fp＝fopen (_____,"rb");,使之可以以读形式打开此文件。

(9) 当 fread 函数从磁盘文件中读取数据时,若函数的返回值为3,则表明_____;若函数的返回值为0,则表明_____。

(10) 设有下面定义的结构体类型,且结构体数组 s 中的元素都已赋值,若要将这些元素写到指针 fp 所对应的磁盘文件中,请将 fwrite 语句补充完整:fwrite(s,_____,1,fp);。

```
struct st
{
    char name [8];
    int num;
} s[10];
```

10.2.4　综合应用

1. 程序填空

功能:有5个学生,每个学生有3门课的成绩,输入以上数据(包括学号、姓名、3门课成绩),计算出平均成绩,将原有数据和计算出的平均分数存放在磁盘文件 stud. txt 中。

请在程序的下画线处填入正确的内容,并把下画线删除,使程序得出正确的结果。

注意:不要增行或删行,也不能更改程序结构。

```
1   # include < stdio. h>
2   struct student
3   {
4       char num[10];
5       char name[8];
```

```
 6        int score[3];
 7        double ave;
 8    }stu[5],stu1[5];                                    //定义结构体
 9    int main()
10    {
11        int i,j,sum;
12        /ㅈㅈㅈㅈㅈㅈㅈㅈㅈㅈㅈㅈㅈㅈㅈㅈㅈ FILL ㅈㅈㅈㅈㅈㅈㅈㅈㅈㅈㅈㅈㅈㅈㅈㅈㅈ/
13        FILL _____;
14        for(i = 0;i < 5;i++)                            //输入信息
15        {
16            printf("\n input score of student % d:\n",i + 1);
17            printf("NO.:");
18            scanf(" % s",stu[i].num);
19            printf("name:");
20            scanf(" % s",stu[i].name);
21            sum = 0;
22            for(j = 0;j < 3;j++)
23            {
24                printf("score % d :",j + 1);
25        /ㅈㅈㅈㅈㅈㅈㅈㅈㅈㅈㅈㅈㅈㅈㅈㅈㅈ FILL ㅈㅈㅈㅈㅈㅈㅈㅈㅈㅈㅈㅈㅈㅈㅈㅈㅈ/
26                scanf(" % d",_____);
27                sum += stu[i].score[j];
28            }
29            stu[i].ave = sum/3.0;                        //计算平均分
30        }
31        fp = fopen("stud.txt","w");
32        for(i = 0;i < 5;i++)
33        /ㅈㅈㅈㅈㅈㅈㅈㅈㅈㅈㅈㅈㅈㅈㅈㅈㅈ FILL ㅈㅈㅈㅈㅈㅈㅈㅈㅈㅈㅈㅈㅈㅈㅈㅈㅈ/
34            if(fwrite(&stu[i],_____,1,fp)!= 1)        //写入信息
35                printf("File write error\n");
36        fclose(fp);
37        fp = fopen("stud.txt","r");
38        for(i = 0;i < 5;i++)
39        {
40            fread(&stu1[i],sizeof(struct student),1,fp);  //从文件读出信息
41            printf(" % s, % s,",stu1[i].num,stu1[i].name);
42            for(j = 0;j < 3;j++)
43                printf(" % d,", stu1[i].score[j]);
44            printf(" % 6.2lf\n", stu1[i].ave);
45        }
46        return 0;
47    }
```

【实验提示】

（1）为结构体类型的变量赋值时，只能一次操作一个成员，但写入文件时可以一次写入一批数据。

（2）输入的学生信息，首先将学生信息存放在结构体数组 std 中，然后将数组 std 中的信息写入 stud.txt 文件，写入完成关闭文件。

（3）再次以只读的形式打开 stud. txt 文件，将文件中内容读出到数组 stud1 中，最后输出数组元素值。

（4）理解 fread 函数与 fwrite 函数的用法，并与 fscanf 函数和 fprintf 函数比较。

（5）请修改程序，将 stud. txt 文件中的学生数据，按平均分进行排序处理，将已排序的学生数据存入到一个新文件 stud_sort. txt 中。

2. 程序改错

功能：输入职工数据存放在 work. dat 文件中，然后输出第 1、3、5 个职工的信息。

请改正程序中的错误，使它能得出正确的结果。

注意：不要增行或删行，也不得更改程序的结构。

```
1   # include < stdio. h >
2   # include < stdlib. h >
3   # define SIZE 6
4   struct staff
5   {
6       char name[10];
7       int salary;
8       int cost;
9   }worker1[SIZE],worker2[SIZE];
10  int main()
11  {
12      FILE * fp;
13      int i;
14  / ***************** ERROR ***************** /
15      if((fp = fopen("work. dat", "rb")) == NULL)
16      {
17          printf("cannot open the file\n");
18          exit(0);
19      }
20      else
21      {
22          for(i = 0;i < SIZE;i++)
23          {
24              scanf(" % s % d % d", worker1[i]. name, &worker1[i]. salary, &worker1[i]. cost);
25  / ***************** ERROR ***************** /
26              fwrite(&worker1[i],1,fp);
27          }
28      }
29      fclose(fp);
30      fp = fopen("work. dat", "r");
31      for(i = 0;i < SIZE;i = i + 2)
32      {
33  / ***************** ERROR ***************** /
34          fseek(fp, sizeof(struct staff),0);
35          fread(&worker2[i], sizeof(staff),1,fp);
```

```
36      printf("%s %d %d\n",worker2[i].name,worker2[i].salary,worker2[i].cost);
37      }
38      fclose(fp);
39      return 0;
40  }
```

【实验提示】

（1）当文件读取不是顺序读取时，需要使用文件定位函数重新定位到要读取数据的开头，即每次要跳过 i 个结构体数组元素。

（2）程序中结构体数组 worker1 的作用是将从键盘上输入的数据暂存到该数组中，然后再将此数组中的数据写入到文件 work.dat 中。结构体数组 worker2 的作用是从 work.dat 文件中读出的数据暂存到该数组中，然后将此数组中的数据在屏幕上显示出来。

（3）思考：上述程序中为什么两次使用 fclose 函数和 fopen 函数？

3. 程序设计

功能：有两个磁盘文件 a.txt 和 b.txt，各存放一行字母，要求把这两个文件中的信息合并（按字母顺序排列），输出到一个新文件 c.txt 中。

fun1 函数的功能是将磁盘文件 a.txt 中的内容读入到字符数组 c 中，fun2 函数的功能是将磁盘文件 b.txt 中的内容连接到字符数组 c 的后面，fun3 函数的功能是将字符数组 c 中的字符按字母顺序排序，然后输出到一个新文件 c.txt 中。

```
1   # include < stdio.h>
2   # include < stdlib.h>
3   # include < string.h>
4   void fun1(char c[])
5   {
6       FILE * fp;
7       /****************** BEGIN ******************/
8
9
10      /****************** END ******************/
11      c[i] = '\0';
12      fclose(fp);
13  }
14  void fun2(char c[])
15  {
16      FILE * fp;
17      /****************** BEGIN ******************/
18
19
20      /****************** END ******************/
21      c[i] = '\0';
22      fclose(fp);
23  }
```

```
24  void fun3(char c[])
25  {
26      FILE * fp;
27      /****************** BEGIN ******************/
28
29
30      /****************** END ******************/
31      fclose(fp);
32  }
33  int main()
34  {
35      char c[100];
36      fun1(c);
37      fun2(c);
38      fun3(c);
39      return 0;
40  }
```

【实验提示】

（1）磁盘文件 a.txt 和 b.txt 必须存在，且均已以只读形式打开。

（2）fun1 函数通过循环结构依次将字符读出到字符数组 c 中，然后关闭文件 a.txt。

（3）fun2 函数将文件 b.txt 中的字符通过循环结构依次读出后追加在字符数组 c 的后面，然后关闭文件 b.txt，应注意读入结束后，要在数组 c 中加入字符串结束标志'\0'。

（4）fun3 函数使用排序方法对字符数组中字符进行排序，排序完成后以写的形式打开文件 c.txt，然后依次将字符写入文件 c.txt，最后关闭文件。

（5）main 函数中函数调用的实参均为字符数组名，对应的形参也为字符数组，实现的是地址的传递。

（6）思考：若磁盘文件 a.txt 和 b.txt 不存在，该如何修改程序以实现相同的功能？

10.3 实践拓展

在实际生活中，经常需要将大量的数据保存在文件中，并存放到计算机存储设备中，这样数据才不会丢失。C 语言中的文件处理可以解决很多问题，本节通过两个案例让大家了解文件的实际应用。

10.3.1 客服自动回复系统

当电子商务平台的在线客服接待客户时，对于很多重复性强或者简单的问题，都是直接通过设定好的自动回复来进行解答。客服自动回复是指在没有人工客服的帮助下，由客服系统自动在现有的知识库或帮助指南中匹配合适的答案，然后由系统将匹配好的答案发送给提问用户。这样一方面能帮助人工客服减少工作量，同时也能在很短的时间内解决用户的问题，给客户带来良好的服务体验。

编写程序实现一个简单的客服自动回复系统。例如，当客户输入"你好！"，系统自动回复："您好,非常高兴为您服务!";当客户输入"什么时候发货?",系统自动回复:"亲,您拍下的宝贝将于 42 小时内发货,请耐心等待!"等。

【实验提示】

(1) 本实践项目是结构体数组和文件基本操作的综合应用,通过该项目能进一步加深对结构体数据类型和文件概念的理解,能巩固结构体数组的定义和使用,文件读写、定位等基础知识。

(2) 由于客户输入信息和回复信息一般不会改变,可以考虑用结构体数组存放相关信息,如:

```
struct data
{
    int num;
    char question[50];
    char answer[50];
}list[30];
```

其中 num 成员存放信息编号。

(3) 将结构体数组的数据存放到文件 auto.txt 中,以避免重复输入。当用户每次输入询问语句后,只需要在文件中查找相关记录,给出回复即可。

(4) 结构体数组的初值可以在第一次打开文件时,通过输入的方式存放到结构体数组中,再写入文件 auto.txt;也可以直接通过记事本编辑文件 auto.txt 保存原始信息。

(5) 当使用结构体数组存放信息时,结构体数组的大小必须事先确定。在本例中声明结构体数组时含有 30 个元素,即只允许最多给出 30 条提问和回复记录。当提问和回复记录的个数超过 30 时,须重新定义结构体数组;而当提问和回复记录的个数不足 30 时,分配的存储空间被置空,可以考虑使用动态分配内存的链表来存储相关信息。请试使用链表实现上述功能。

10.3.2　日程管理小助手

日程管理就是将每天的工作和事务安排在日志中,并做一个有效的记录,方便管理日常的工作和事务,达到工作备忘的目的。日程管理小助手以月为单位,用户可以插入一个事件安排,包括事件的日期、具体时间(时分秒)、事件内容等;可以删除事件也可以修改事件信息,还可以浏览事件信息等。

【实验提示】

(1) 本实践拓展项目是数据输出格式控制、链表和文件知识的综合应用。

(2) 程序根据用户输入的年份和月份,显示出月历。

(3) 定义结构体类型存放事件信息,如:

```
struct sj
{
    int year;
    int month;
    int day;
    char s[200];          //事件说明
```

```
        int hour;
        int minute;
    };
```

（4）根据用户输入的事件信息动态创建链表，链表的数据域是 struct sj 类型的变量。当事件添加完成后，将链表首先根据数据域 day 成员值进行排序，然后再根据 hour 成员值进行排序，最后根据 minute 成员值进行排序，以保证链表所有节点均按时间顺序存放。

（5）将链表数据域信息写入文件 calendar.txt，并释放链表存储空间。

（6）当用户需要添加新事件时，打开文件 calendar.txt，将新事件节点按时间顺序插入到文件中。

（7）当用户需要查询事件时，打开文件 calendar.txt，根据输入的日期在文件中查询相关信息，把信息读出到结构体变量（或数组）中，并显示到屏幕上。

（8）当用户需要删除某事件时，打开文件 calendar.txt，将文件信息读出到链表中，然后根据输入的关键字在链表中删除相关信息节点，最后把新链表重新写入文件 calendar.txt 中。

（9）当用户需要修改某事件时，打开文件 calendar.txt，将文件信息读出到链表中，然后根据输入的关键字在链表中修改相关节点信息，最后把新链表重新写入文件 calendar.txt。

第11章

综合项目——歌手比赛系统设计

本书前10章对C语言程序设计的相关知识进行了详细的学习与上机实践。学习一门编程语言,最重要的是学会在实际项目中如何去应用这些知识培养训练计算思维能力。因此,本章通过开发一个歌手比赛系统项目帮助大家对前面知识进行巩固,让大家进一步熟悉Visual Studio 2010 环境下C语言程序的开发步骤,掌握C语言的语法规则和代码书写风格,体验自顶向下、分而治之的结构化程序设计思想。

为方便读者了解、学习本章内容,绘制本章思维导图,如图11-1所示。

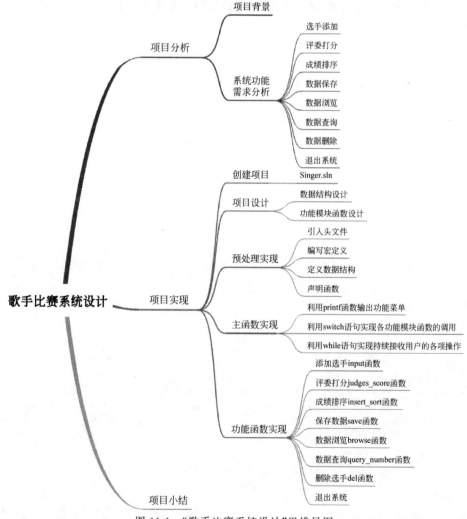

图 11-1 "歌手比赛系统设计"思维导图

11.1　项目分析

一个好的程序员在开发项目前,首先会对项目进行需求分析,然后根据需求分析实现该项目。本章以歌手比赛系统项目为例,展示项目开发中需求分析与项目实现的过程。

11.1.1　项目背景

本项目要求利用所学 C 语言的知识设计并开发校园歌手比赛系统,实现歌手分数实时录入、计算、排序等功能。为了使用户能尽快地读懂代码,提高代码的实用性,要求项目设计遵循自顶向下、逐步求精的模块化、结构化程序设计的原则。

11.1.2　系统功能需求与总体框架设计

1．系统功能需求

在实现该项目前,需要先了解本项目的功能需求。

(1) 录入全部选手的基本信息:选手编号、姓名、班级,为方便对数据的管理,每个选手编号唯一。

(2) 10 个评委的打分均由键盘输入,分数在 0~10,选手最后得分为去掉一个最高分、去掉一个最低分后的平均值。

(3) 对全部选手按成绩排序并标注名次。

(4) 将全部选手信息、评委评分、比赛成绩、名次保存在一个 Excel 文件中。

(5) 浏览选手所有信息。

(6) 根据选手编号或姓名查询选手信息。

(7) 删除选手信息。

(8) 要求项目具有较好的交互性和容错功能。

2．系统总体框架设计

在系统设计过程中,为方便开发和维护,遵循结构化程序设计思想,采用功能抽象、模块分解、自顶向下、分而治之的方法,以操作方便、快捷、可靠为设计理念,将歌手比赛系统设计任务分解成多个易于控制和处理的子任务,如添加选手、评委打分、成绩排序、数据保存、数据浏览、数据查询、数据删除和退出系统这 8 个模块,系统总体设计框架如图 11-2 所示。

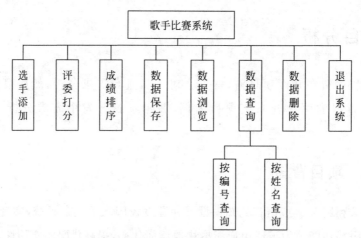

图 11-2   系统总体框架结构

11.2   项目实现

本项目的实现基于 Windows 7 以上的操作系统,以 Visual Studio 2010 为开发环境,C语言为开发工具,遵循自顶向下、逐步求精的结构化程序设计原则。

11.2.1   创建项目

开发任何一个项目的第一步,都是创建一个新的项目。启动 Visual Studio 2010,创建名为 Singer 的项目,并在该项目中添加 3 个文件:singer. h、main. cpp、singer. cpp,这 3 个文件的具体功能描述如下:

(1) singer. h 头文件

该文件用于结构体数据类型的定义,外部变量与功能函数的声明。

(2) main. cpp 源文件

该文件用于连接各个功能模块,并通过 while 语句保证各功能模块操作的持续进行。

(3) singer. cpp 源文件

该文件用于实现各个功能模块。

成功创建上述 3 个文件后,解决方案资源管理器视图窗口显示如图 11-3 所示的 Singer 项目结构,从图中可以看出,Singer 项目中的文件 singer. h 在头文件结构中,文件 singer. cpp 和文件 main. cpp 在源文件结构中。

11.2.2   项目设计

项目创建完成后,接下来需要设计项目中的数据,其中包括数据结构设计和数据处理函数设计(即功能模块函数设计)。

1. 数据结构设计

首先需要对加工处理的信息进行数据结构设计。本系统需要加工处理的信息包含选手

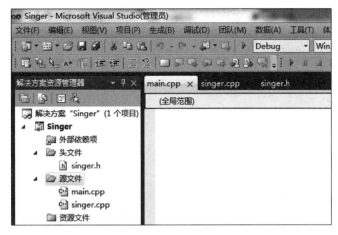

图 11-3　Singer 项目结构

编号、姓名、班级、评委打分、最后得分、名次等,这些信息具有不同的数据类型,而 C 语言允许用户自己建立由不同类型数据组成的组合型数据结构,即结构体,因此在程序中建立一个结构体类型表示选手信息。

2. 功能模块函数设计

在开发项目时,除了要针对项目中需要加工处理的数据结构进行设计,还需要根据系统的需求,规划项目中需要定义的函数。本项目拟定义 9 个函数实现系统总体框架设计中的各功能模块,详见表 11-1。

表 11-1　功能模块函数设计

函 数 声 明	函数功能描述
SINGER * input(SINGER * head);	声明选手信息录入函数
SINGER * del(SINGER * head);	声明删除选手信息函数
void judges_score(SINGER * head);	声明评委给选手打分函数
SINGER * insert_sort(SINGER * head);	声明插入法排序函数
void query_name(SINGER * head);	声明按姓名查询函数
void query_number(SINGER * head);	声明按编号查询函数
void query(SINGER * head);	声明查询函数
SINGER * browse(SINGER * head);	声明数据浏览函数
void save(SINGER * head);	声明数据保存函数

11.2.3　预处理实现

为了使程序更加清晰、易读,在实现具体功能函数之前,通常会在头文件中声明 main 函数中会用到的功能函数和数据结构。在文件 singer.h 中编写宏定义、引入头文件、定义结构体数据类型、声明函数。代码如下:

```
1   # include < stdio. h>
2   # include < stdlib. h>
3   # include < string. h>
4   typedef struct singer                      //定义选手信息数据结构
5   {
6       int number;                            //选手编号
7       char name[10];                         //选手姓名
8       char banji[20];                        //选手班级
9       float score[10];                       //评委打分
10      float final_score;                     //最后得分
11      int ranking;                           //名次
12      struct singer * next;                  //结构体指针变量
13  }SINGER;
14  extern   int   num;                        //声明实际选手个数为外部变量
15  SINGER * input(SINGER * head);             //声明选手信息录入函数
16  SINGER * del(SINGER * head);               //声明删除选手信息函数
17  void judges_score(SINGER * head);          //声明评委给选手打分函数
18  SINGER * insert_sort(SINGER * head);       //声明插入法排序函数
19  void query_name(SINGER * head);            //声明按姓名查询函数
20  void query_number(SINGER * head);          //声明按编号查询函数
21  void query(SINGER * head);                 //声明查询函数
22  SINGER * browse(SINGER * head);            //声明数据浏览函数
23  void save(SINGER * head);                  //声明数据保存函数
```

第 4～13 行定义结构体数据类型 SINGER 表示需要加工处理的选手信息。计算机内存是非常宝贵的资源,为了不造成内存浪费,系统采用链表的方式,根据需要动态地开辟内存单元,用于存储选手信息,链表在进行数据排序、插入等操作时不需要移动大量元素,只需修改指针,操作方便。因此,在结构体数据类型中定义了结构体指针变量 next。

第 14 行声明外部变量 num 为实际选手个数,避免在文件 main. cpp 与文件 singer. cpp 中引用变量 num 时出现重复定义变量的错误信息。

第 15～23 行声明系统中使用的一系列功能函数。

11.2.4 主函数实现

按照自顶向下程序设计原则,首先编写 main. cpp 函数,将系统各功能模块按照项目的逻辑思路整合起来,形成一个完整的项目。main 函数是系统总体框架结构的体现,利用 printf 函数输出功能菜单,利用 switch 语句实现各功能模块函数的调用,利用 while 语句实现持续接收用户的各项操作。代码如下:

```
1   # include "singer. h"
2   int num = 0;                    //实际选手个数
3   int main()
4   {
5       SINGER * head = NULL;
6       int flag = 1, n;
```

```
7        system("title 歌手比赛系统");
8        while(flag)
9        {
10           printf("\n****************** 歌手比赛系统 ******************\n");
11           printf("\t\t1.添加选手\n");
12           printf("\t\t2.评委打分\n");
13           printf("\t\t3.成绩排序\n");
14           printf("\t\t4.保存数据\n");
15           printf("\t\t5.数据浏览\n");
16           printf("\t\t6.数据查询\n");
17           printf("\t\t7.删除选手\n");
18           printf("\t\t0.退出系统\n");
19           printf(" ****************************************************\n");
20           printf("\n 你想进行的操作:");
21           scanf(" % d",&n);
22           switch(n)
23           {
24               case 1: head = input(head);break;
25               case 2: judges_score(head); break;
26               case 3: head = insert_sort(head);break;
27               case 4: save(head);      break;
28               case 5: head = browse(head); break;
29               case 6: query(head); break;
30               case 7: head = del(head);      break;
31               case 0: exit(0);      break;
32               default: flag = 0;
33           }
34       }
35       return 0;
36   }
```

C 语言程序的执行总是从 main 函数开始,运行界面示例,如图 11-4 所示。

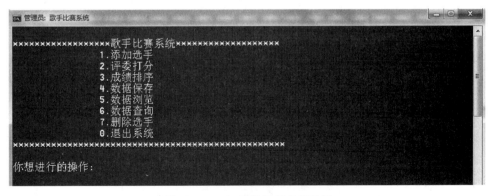

图 11-4 main 函数运行界面示例

11.2.5 功能函数实现

按照自顶向下、分而治之程序设计原则,在源文件 singer. cpp 中编写头文件 singer. h 中声明的各功能函数。在编写各功能函数之前,需要在 singer. cpp 文件中首先引入头文件 singer. h,即程序的第一句应该是 #include "singer. h"。

1. 添加选手(input 函数)

在比赛前需要将参赛选手的信息,如选手编号、姓名、班级基本信息录入到系统中,在比赛过程中也可能需要追加选手,追加选手的基本信息也需要录入系统。input 函数可以实现选手信息的录入与追加,代码如下:

```
1   SINGER * input(SINGER * head)              //选手信息录入函数
2   {
3       SINGER   * p, * p1;
4       p = head;
5       while(p!= NULL&&p -> next!= NULL)
6           p = p -> next;
7       printf("请输入选手信息!注意若要结束输入,请输入选手编号为 0!\n");
8       while(1)
9       {
10          p1 = (SINGER * )malloc(sizeof(SINGER));
11          printf("请输入选手编号:");
12          scanf("% d",&p1 -> number);getchar();
13          if(p1 -> number == 0)
14          {
15              printf("选手信息录入结束!\n");
16              break;
17          }
18          printf("请输入选手姓名:");
19          gets(p1 -> name);
20          printf("请输入选手班级:");
21          gets(p1 -> banji);
22          num = num + 1;                       //实际选手个数
23          for(int i = 0;i < 10;i++)
24              p1 -> score[i] =- 1;            //标记评委还没有给该选手打分
25          p1 -> final_score =- 1;             //标记评委还没有给该选手打分,最后分数为 - 1
26          p1 -> ranking =- 1;                 //标记评委还没有给该选手打分,名次为 - 1
27          if(num == 1)     head = p = p1;
28          else
29          {
30              p -> next = p1;
31              p = p1;
32          }
33          p -> next = NULL;
34          printf("% d\t\% s\t% s\t",p -> number,p -> name,p -> banji);   //输出选手信息
35          for(int i = 0;i < 10;i++)
```

```
36              printf("%5.2f\t",p->score[i]);   //输出10个评委给选手的打分
37              printf("%5.2f\t\t%d\n",p->final_score,p->ranking);   //输出选手编号、
38                                                                  //姓名、班级
39          }
40          printf("num=%d\n",num);
41          return head;
42      }
```

在程序中定义变量 num 为外部全局变量,表示实际录入参赛选手的个数。

第5~6行,第1个 while 循环语句的作用是查找录入选手信息的链表节点位置。如果是空链表,录入节点位置为头节点 head,while 循环语句的循环次数为0,即比赛前,创建链表录入选手信息。如果是追加选手,则通过 while 循环语句将录入节点位置移到链表的末尾,while 循环语句的循环次数为已有参赛选手的个数,即 num 次。

第8~39行,第2个 while 循环语句实现选手编号、姓名、班级基本信息的录入。第23~26行,为方便评委只对追加选手打分,而不对已经参赛选手重复打分,在录入选手信息时,将评委给选手打分、选手最后得分、名次初值均设为−1,表示评委还没有给该选手打分。当输入编号为0时,跳出 while 循环语句,结束选手信息录入。

input 函数运行界面示例,如图11-5所示。

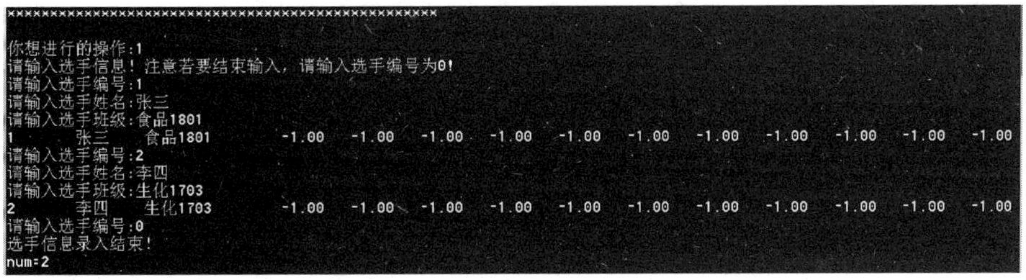

图 11-5　Input 函数运行界面示例

2. 评委打分(judges_score 函数)

歌手比赛具有表演性,同时也具有选拔性,因此需要有评委对参赛选手评分。评分原则在此定为满分10分,10个评委给出分数,将去掉一个最高分和一个最低分后的平均分作为选手的最后得分,要求分数精确到小数点后两位。程序中定义 judges_score 函数实现评委打分,代码如下:

```
1   void judges_score(SINGER * head)              //评委给选手打分函数
2   {
3       SINGER * p = head;
4       float score[11], max,min;
5       int i,j;
6       while(p->final_score!=-1&&p->next!=NULL)
7           p = p->next;                          //查找打分选手节点
8       while(p!=NULL)
```

```
9        {
10           score[10] = 0;
11           max = -1;min = 100;                        //选手得分介于0～10
12           for(i = 0;i < 10;i++)
13           {
14               printf("\n 请评委给选手 % d 打分!
15                       注意选手得分为 0～10!\n",p-> number);
16               printf("请评委 % d 给选手 % d 打分: ",i + 1,p-> number);
17               scanf(" % f",&score[i]);
18               score[10] += score[i];
19               if(max < score[i])max = score[i];
20               if(min > score[i])min = score[i];
21           }
22           score[10] = (score[10] - max - min)/8;      //选手最后得分
23           for(i = 0;i < 10;i++)                        //将评委分数写入选手信息中
24               p-> score[i] = score[i];
25           p-> final_score = score[10];
26           p = p-> next;
27       }
28 }
```

judges_score 函数实现了从第 1 个选手开始打分和只对追加选手打分。

第 6～7 行,作用是查找应打分的选手,循环条件为 p-> next!=NULL&&p-> final_score!=-1。若第 1 个选手 p-> final_score=-1,则不进入循环,循环次数为 0,表示评委还没有打分,应从头节点 head 开始。若只对追加选手打分,前面已打分的选手 p-> final_score 不等于-1,则循环条件成立,指针 p 后移,指向下一个节点。当遇到追加选手时,p-> final_score=-1,则循环条件不成立,退出循环,指针 p 指向当前应打分的选手节点。

第 8～27 行,while 循环语句实现 10 个评委依次对选手打分,利用打擂台算法求出 10 个评委分数的最高分和最低分,去掉最高分和最低分后的平均分,即为选手的最后得分。

评委打分 judges_score 函数运行界面示例,如图 11-6 所示。

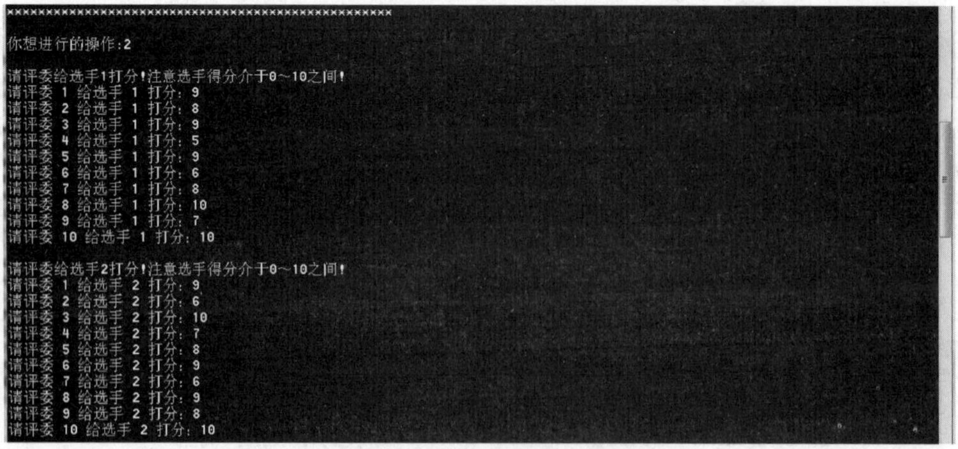

图 11-6　judges_score 函数运行界面示例

3. 成绩排序（insert_sort 函数）

排序算法有很多，如冒泡法、选择法、插入法等，本系统利用插入排序算法实现对链表中所有成绩由高到低排序。直接插入排序的基本思想就是假设链表的前面 $n-1$ 个节点已经按最后得分由高到低的顺序排好序，找到节点 n 在这个序列中的插入位置，使得节点 n 插入后所得的新序列仍然有序。按此思想，依次对链表从头到尾执行一遍，就可以实现将无序链表变为有序链表。程序中用 insert_sort 函数实现成绩按由高到低的顺序排序，排序完成后，标明每位选手的排名名次，得分相同者名次相同。代码如下：

```
1   SINGER * insert_sort(SINGER * head)
2   {
3       SINGER * first;            //无序链表的头节点指针变量
4       SINGER * t;                //插入节点的临时指针变量
5       SINGER * p, * q;           //临时指针变量
6       first = head -> next;      //无序链表的头节点指针变量
7       head -> next = NULL;       //只含有一个节点的有序链表
8       while (first!= NULL)       //遍历剩下的无序的链表
9       {
10          //for 语句查找无序节点在有序链表中的插入位置,找到插入的位置后退出循环
11          for (t = first,q = head;((q!= NULL)&&(q -> final_score > t -> final_score));p = q,
12          q = q -> next);
13          first = first -> next;//无序链表中的头节点指针后移,该语句与上一条 for 语句
                                   //对齐
14          if (q == head)         //插在第一个节点之前
15              head = t;
16          else 指针变量 p 是指针变量 q 的前驱
17              p -> next = t;
18          t -> next = q;         //完成插入动作
19      }
20      //插入法排序完成后,标明每位选手排名名次
21      int ranking = 1;           //名次
22      float final;
23      p = head;
24      final = p -> final_score;
25      p -> ranking = ranking;
26      for(p = p -> next;p!= NULL;p = p -> next)
27      {
28          if(final!= p -> final_score)
29          {
30              ranking = ranking + 1;
31              final = p -> final_score;
32          }
33          p -> ranking = ranking;
34      }
35      //显示排序后的结果
36      printf("\n 选手比赛成绩排序结果\n");
37      printf("编号\t 姓名\t 班级\t 最后得分\t 名次\n");
```

```
38        p = head;
39        for(int i = 1;i < = num;i++)
40        {
41            printf(" % d\t\ % s\t % s\t % 5.2f\t\t % d\n",p - > number,p - > name,p - > banji,p - >
42        final_score,p - > ranking);
43            p = p - > next;
44        }
45        return head;
46   }
```

第 6~19 行,利用插入法对选手最后得分排序,每位选手信息由多种不同数据类型的数据集合而成,只需要改变链表中节点指针的指向,不需要进行大量数据的移动。采用链表结构能动态地存储选手信息的优点在成绩排序中得以充分体现。插入法排序后运行界面示例,如图 11-7 所示。

图 11-7　插入法排序后运行界面示例

4. 数据保存(save 函数)

为了使歌手比赛信息能够永久地保存,利用 C 语言文件处理函数将选手的比赛信息保存到 Excel 文件中,方便比赛完成后利用 Excel 表格查阅比赛情况,也方便在系统中直接打开文件,浏览选手比赛数据。

使用 C 语言打开 Excel 文件后,文件指针指向表格的第 1 行第 1 列单元格,利用转义字符'\t'指向同一行的下一个单元格,如第 1 行第 2 列单元格;利用转义字符'\n'指向下一行第一列单元格,如第 2 行第 1 列单元格。定义 save 函数实现选手比赛数据的保存,程序中利用 fprintf 函数按指定的格式将选手信息输出到文件指针 fp 所指定的文件 singer. xls 中,代码如下:

```
1    void save(SINGER * head)
2    {
3        SINGER * p = head;
4        FILE * fp = NULL;
5        fp = fopen("singer.xls","w");
6    fprintf(fp," % s\t % s\t % s\t % s\t % s\t % s\t % s\t % s\t % s\t % s\t % s\t % s\t % s\t % s\
t % s\n","编号","姓名","班级","评委 1","评委 2","评委 3","评委 4","评委 5","评委 6",
     "评委 7","评委 8","评委 9","评委 10","最后得分","名次");
```

```
7        for(int i = 1;i < = num;i++)
8        {
9           fprintf(fp,"%d\t%s\t%s\t",p->number,p->name,p->banji);
10          {
11             for(int j = 0;j < 10;j++)
12                 fprintf(fp,"%5.2f\t",p->score[j]);
13             fprintf(fp,"%5.2f\t",p->final_score );
14             fprintf(fp,"%d\n",p->ranking);
15          }
16          p = p->next;
17       }
18       printf("数据已保存到 singer.xls 文件中!\n");
19       fclose(fp);
20    }
```

数据保存运行界面示例,如图 11-8 所示。

图 11-8　数据保存运行界面示例

5. 数据浏览(browse 函数)

数据浏览功能主要实现的是比赛结束后,浏览保存到 Excel 文件中的数据并显示,程序定义 browse 函数实现数据的浏览与显示,代码如下:

```
1    SINGER * browse(SINGER * head)
2    {
3        SINGER  * p,* p1,* p2;
4        p = head;                      //指针变量 p 作为是否创建链表的标志
5        FILE * fp = NULL;
6        char temp[15][20];             //存放 Excel 表格的表头信息
7        int number,ranking;
8        char name[10],banji[20];
9        float score[10];
10       float final_score;
11       if((fp = fopen("singer.xls","r")) == NULL)
12       {
13          printf("您要浏览的数据文件 singer.xls 不存在!\n");
14          return head;
15       }
16       printf("\n******************* 选手比赛信息浏览 ******************* \n");
```

```
17      for(int i = 0;i < 15;i++)
18        fscanf(fp,"% s",temp[i]); //读取 Excel 表格表头
19      for(int i = 0;i < 15;i++)
20        printf("% s\t",temp[i]); //输出表头
21      printf("\n");
22      if(p == NULL||num == 0) //判断 XLS 文件已经存在,但链表还没有建立,
23                             //即打开的是已经比赛结束后的文件
24        head = p1 = p2 = (SINGER * )malloc(sizeof(SINGER));
25      while(feof(fp) == 0)
26      {
27        fscanf(fp,"% d\t% s\t% s\t",&number,name,banji);//读取选手的编号、姓名、班级
28        for(int i = 0;i < 10;i++)
29            fscanf(fp,"% f\t",&score[i]);                //读取 10 个评委给选手的打分
30        fscanf(fp,"% f\t% d\n",&final_score,&ranking);   //读取选手最后的得分和名次
31        printf("% d\t\% s\t% s\t",number,name,banji);    //输出选手的编号、姓名、班级
32        for(int i = 0;i < 10;i++)
33            printf("% 5.2f\t",score[i]);                 //输出 10 个评委给选手的打分
34        printf("% 5.2f\t\t% d\n",final_score,ranking);   //输出选手的编号、姓名、班级
35        if(p == NULL)                                    //创建链表
36        {
37            p1 - > number = number;
38            strcpy(p1 - > name,name);
39            strcpy(p1 - > banji,banji);
40            for(int i = 0;i < 10;i++)
41                p1 - > score[i] = score[i];              //读取 10 个评委给选手的打分
42            p1 - > final_score = final_score;
43            p1 - > ranking = ranking;
44            num = num + 1;                               //统计已有 singer.xls 中选手的个数
45            p2 = (SINGER * )malloc(sizeof(SINGER));
46            p1 - > next = p2;
47            p1 = p2;
48            p2 - > next = NULL;
49        }
50      }
51      printf("num = % d\n",num);
52      printf(" ******************************************** \n");
53      return head;
54 }
```

程序中利用 fscanf 函数,按指定的格式将选手的比赛信息,从已有文件 singer.xls 中读取出来。fscanf 函数读取文件中数据信息的格式,必须与 fprintf 函数写入 Excel 文件中的格式完全一致,否则,读取信息将会出错。

如果文件 singer.xls 已经存在,运行程序时用户最先执行的操作是数据浏览,然后在此基础上执行增加选手、评委打分等操作,而此时链表还没有创建。因此,browse 函数在打开文件 singer.xls,实现数据浏览的同时,还创建链表,以便进行后续其他操作。程序中指针变量 p 作为是否创建链表的标志,第 22~24 行和第 35~49 行实现链表创建。

执行前面所述各项功能后,数据浏览运行界面示例如图 11-9 所示。

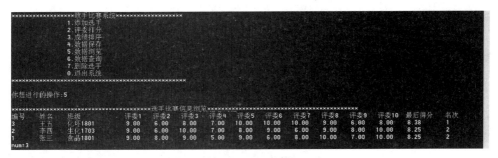

图 11-9　数据浏览运行界面示例

6. 数据查询（query_ number 函数）

数据查询算法采用顺序查找法，从链表头节点开始，依次遍历。本项目按选手编号查询，选手编号是唯一的，当查找到查询编号，用 break 语句结束查找，在程序中定义 query_ number 函数实现按编号查找，代码如下：

```
1   void query_number(SINGER * head)      //按编号查询
2   {
3       SINGER * p;
4       int number;
5       printf("\n 请输入要查询的选手编号:");
6       scanf(" % d",&number);
7       p = head;
8       while(p!= NULL)
9       {
10          if(number == p -> number)
11          {
12              printf("\n 选手编号 % d 比赛成绩如下：\n",number);
13              printf("编号\t 姓名\t 班级\t 最后得分\t 名次\n");
14              printf(" % d\t\ % s\t % s\t % 5.2f\t\t % d\n",p-> number,p-> name,
15                        p-> banji,p-> final_score,p-> ranking);
16              break;                     //因编号是唯一的,所以找到后即可退出循环
17          }
18          p = p-> next;
19      }
20      if(p == NULL)                      //表示查找到链表尾部,也即选手不存在
21          printf("编号 % d 选手不存在!\n",number);
22  }
```

按编号查询运行界面示例，如图 11-10 所示。按姓名查询算法与按编号查询算法类似。

7. 删除选手（del 函数）

利用动态链表存储选手信息，在进行删除操作时避免了数据的大量移动，提高了程序运行效率。但在进行删除操作时，需要考虑删除的节点是否为头节点、尾节点和中间节点，不同的节点位置有不同的操作方法，代码如下：

图 11-10　按编号查询运行界面示例

```
1    SINGER * del(SINGER * head)              //删除选手
2    {
3        int bh, flag = 0;
4        SINGER * p1, * p, * p2;
5        printf("请输入要删除的选手编号: ");
6        scanf(" % d", &bh);
7        p = p2 = head;                        //指针变量 p 指向当前节点,指针变量 p2 指向前节点
8        p1 = p - > next;                      //指针变量 p1 指向后节点
9        while(p != NULL)
10       {
11           if(p - > number == bh)
12           {
13               flag = 1;
14               if(p == head)                 //判断删除节点是否为头节点
15               {
16                   head = p - > next;
17                   break;
18               }
19               else if(p1 - > next == NULL)  //判断删除节点是否为尾节点
20               {
21                   p - > next = NULL;
22                   break;
23               }
24               else                          //删除中间节点
25               {
26                   p2 - > next = p1;         //删除当前节点,前节点与后节点相连
27                   break;
28               }
29           }
30           Else                             //当前节点不是要删除节点,当前节点后移
31           {
32               p2 = p;                       //当前节点变成前节点
33               p = p - > next;               //后节点变成当前节点
34               if(p == NULL) continue;       //判断新的当前节点是否为尾节点
35               p1 = p1 - > next;             //后节点向后移
36
37           }
38       }
```

```
39    if(p!= NULL)              //判断是否删除了当前节点
40    {
41        num = num − 1;        //删除当前节点后,选手个数减 1
42        save(head);
43    }
44    else
45        printf("要删除的选手不存在!\n");
46    return head;
47 }
```

8. 退出系统(exit 函数)

利用 exit(0)标准库函数,退出系统,在 main 函数中,当输入 0 时,运行菜单退出系统。

11.3 项目小结

本章综合运用前面所讲的知识,设计了歌手比赛系统,并通过对这个项目的设计,使大家了解如何开发一个多模块多文件的 C 语言程序。在开发这个程序时,首先将一个工程拆分成若干个小的模块,然后分别设计每个模块,将每个模块的声明和定义分开,放置在头文件和源文件中,最后在一个 main 函数的源文件中将头文件包含进来,并利用 main 函数将所有的模块联系起来。通过本项目的学习,大家可以对 C 语言程序的开发流程有一个整体的认识,并在以后的学习和工作中能够灵活地运用 C 语言知识。

参 考 文 献

[1] 谭浩强. C 语言程序设计[M]. 3 版. 北京：清华大学出版社,2005.

[2] 谭浩强. C 语言程序设计[M]. 4 版. 北京：清华大学出版社,2010.

[3] 谭浩强. C 语言程序设计[M]. 5 版. 北京：清华大学出版社,2017.

[4] 刘光蓉,汪靖,陆登波,等. C 语言程序设计实验与实践教程[M]. 北京：清华大学出版社,2011.

[5] 谭浩强,鲍有文,周海燕,等. C 语言程序设计试题汇编[M]. 北京：清华大学出版社,1999.

[6] 刘光蓉. 融入计算思维的 C 语言实验教学设计[J]. 实验室研究与探索,2015,10：81-83,103.

[7] 刘光蓉. C 语言程序设计实验教学的理实一体化教学模式[J]. 实验室研究与探索,2013,10：350-352.

[8] 刘光蓉. 以计算思维能力培养为导向的 C 语言程序设计实验教学[J]. 实验技术与管理,2013,1：154-156,191.

[9] 传智播客高教产品研发部. C 语言程序设计教程[M]. 北京：中国铁道出版社,2018.

[10] 苏小红,王宇颖,孙志岗,等. C 语言程序设计[M]. 2 版. 北京：高等教育出版社,2014.

[11] 张宁. C 语言其实很简单[M]. 北京：清华大学出版社,2016.

[12] 张曙光,郭玮,周雅洁,等. C 语言程序设计实验指导与习题[M]. 北京：人民邮电出版社,2014.

[13] 明日科技,刘志铭,李菁菁,等. 玩转 C 语言程序设计(全彩版)[M]. 长春：吉林大学出版社,2018.

[14] 全国计算机等级考试命题研究中心,未来教育教学与研究中心. 全国计算机等级考试一本通二级 C 语言[M]. 北京：人民邮电出版社,2019.

图书资源支持

感谢您一直以来对清华版图书的支持和爱护。为了配合本书的使用,本书提供配套的资源,有需求的读者请扫描下方的"书圈"微信公众号二维码,在图书专区下载,也可以拨打电话或发送电子邮件咨询。

如果您在使用本书的过程中遇到了什么问题,或者有相关图书出版计划,也请您发邮件告诉我们,以便我们更好地为您服务。

资源下载、样书申请

书 圈

我们的联系方式:

地　　址: 北京市海淀区双清路学研大厦 A 座 701

邮　　编: 100084

电　　话: 010-83470236　010-83470237

资源下载: http://www.tup.com.cn

客服邮箱: tupjsj@vip.163.com

QQ: 2301891038 (请写明您的单位和姓名)

扫一扫,获取最新目录

课 程 直 播

用微信扫一扫右边的二维码,即可关注清华大学出版社公众号"书圈"。